普通高等教育计算机类系列教材

Python 经典教程

张基温 等　编著

机械工业出版社

Python 以其集命令式编程、函数式编程和面向对象编程于一身的特点，以及庞大的并正在急剧增长的模块库优势，成为了程序设计界的新星。本书以 Python 3.6 为蓝本，共分为 6 章，主要介绍 Python 编程的基本知识。

第 1 章从模仿计算器入手，带领读者迈入 Python 的大门，介绍操作符、模块、数据类型。

第 2 章介绍 Python 命令式编程的关键内容：变量的概念、流程控制、函数、命名空间与变量作用域、Python 异常处理。

第 3 章介绍 Python 函数式编程的基本机制和语法。

第 4 章以容器为题，介绍 Python 内置数据结构——列表、元组、字符串、字典、集合和文件的用法。

第 5 章介绍 Python 面向对象编程的基本机制和特点。

第 6 章以网络编程和数据库连接为例介绍 Python 基于库模块的编程方法。

本书重在彰显程序设计语言自身的特色，概念表述精准清晰、例题经典、习题丰富，并以二维码链接形式提供了有关知识扩展，为读者创造良好的学习环境，适合作为高校相关专业的 Python 程序设计教材，也可供有关技术人员和专业培训机构使用。

图书在版编目（CIP）数据

Python 经典教程/张基温等编著 . —北京：机械工业出版社，2020.10
（2021.8 重印）

普通高等教育计算机类系列教材

ISBN 978-7-111-66900-5

Ⅰ.①P…　Ⅱ.①张…　Ⅲ.①软件工具－程序设计－高等学校－教材
Ⅳ.①TP311.561

中国版本图书馆 CIP 数据核字（2020）第 220113 号

机械工业出版社（北京市百万庄大街 22 号　邮政编码 100037）
策划编辑：路乙达　责任编辑：路乙达
责任校对：张晓蓉　封面设计：马精明
责任印制：单爱军
北京虎彩文化传播有限公司印刷
2021 年 8 月第 1 版第 2 次印刷
184mm×260mm · 18.5 印张 · 454 千字
1001—2000 册
标准书号：ISBN 978-7-111-66900-5
定价：49.80 元

电话服务　　　　　　　　　　网络服务
客服电话：010-88361066　　机 工 官 网：www.cmpbook.com
　　　　　010-88379833　　机 工 官 博：weibo.com/cmp1952
　　　　　010-68326294　　金 书 网：www.golden-book.com
封底无防伪标均为盗版　　　机工教育服务网：www.cmpedu.com

前　言

近年来，一种程序设计语言日渐粲然，让许多红极一时的程序设计语言黯然失色，得到人们的空前青睐。这种程序设计语言就是 Python。

（一）

Python 之所以能够冉冉升起，在于其鲜明的特色。

Python 简单、易学。它虽然是用 C 语言写的，但是它摒弃了 C 语言中"任性不羁"的指针，降低了学习和应用的难度。

Python 明确、优雅。它的代码描述具有伪代码风格，使人容易理解；其强制缩进的规则，使得代码具有极佳的可读性。

Python 自由、开放。它是 FLOSS（自由/开放源码软件）之一，支持向不同的平台上移植，允许部分程序使用 C/C++ 编写；它可提供脚本功能，允许把 Python 程序嵌入到 C/C++程序之中。

但是，这些都是 Python 的皮毛。实际上，Python 最关键的特点是如下两点：

（1）Python 博采众长，趋利避害，集命令式编程、函数式编程以及面向对象编程的优势于一身，形成了一套独特的语法体系，为代码编写提供了多种模式。

（2）Python 鼓励创造、改进与扩张。因此使其在短短的发展历程中，形成了异常庞大、几乎覆盖一切应用领域的标准库和第三方库，为开发者提供了丰富的可复用资源和便利的开发环境。

Python 的许多语法是将命令式编程、函数式编程和面向对象编程融合在一起考虑的，不了解这三种编程的特点，就无法深入理解 Python 语法，也无法有效地发挥 Pyhon 的潜能。另外，Python 的广泛应用是基于其丰富的模块库的。不了解使用 Python 模块开发的基本思路，学了 Python 也只能束之高阁。

（二）

本书的编写动机是正本清源，力求从基本理论出发，对 Python 的语法给出清晰的概念和解释，以此为基础快速地将读者带入 Python 应用开发领域。经过反复推敲，本书编写为6章：

第 1 章是启蒙，引领读者进入 Python 世界，介绍一些最基本的 Python 语法知识：操作符、表达式、数据输出、函数与模块、数据对象，为后面的学习奠定基础。

第 2~5 章为深化与夯实，分别介绍 Python 命令式编程、Python 函数式编程、Python 数据容器和 Python 面向对象编程，在第 1 章内容的基础上向纵深扩展，为应用开发打下扎实的基础。

第6章是应用，以网络应用和数据管理与处理开发两个领域的基本应用为例，介绍基于模板库的应用开发方法。

（三）

教材是学习者学习环境的重要组成部分。为向学习者提供更好的学习环境，本书除了在正文中准确地介绍有关概念、方法，选择经典例题之外，还配有习题，供学习者对学习成果进行测试。习题的题型有选择题、判断题、填空题、简答题、代码分析题、实践题和资料收集题。

除此之外，本书还在正文的有关部分插入了一些二维码，主要分为两种类型：一种是有关知识的扩展和深化内容；另一种是在纸质书中不便或条件不允许表示的内容，如彩色图片。为了便于查阅，书后的附录中给出了二维码目录。

（四）

在本书编写过程中，张秋菊、史林娟、张展赫、戴璐参加了资料收集、代码校验、文字校对、PPT制作等工作，在此谨表谢意。

本书就要出版了。它的出版，是本人在程序设计教学改革工作中跨上的一个新台阶。本人衷心希望得到有关专家和读者的批评与建议，也希望能多结交一些志同道合者，把这本书编写得更好一些。

张基温
己亥金秋于锡蠡溪苑

目 录 Contents

可以分为算术操作符、逻辑操作符、关系操作符等不同的种类。

1.2.1　Python 算术操作符

表 1.2 给出了 Python 内置的算术操作符。

表 1.2　Python 内置的算术操作符（假定 a = 10，b = 3）

优先级	操作符	操作对象数目	操作类型	操作对象类型	实　例	结合方向
高	**	双目	幂	数字	a ** b 返回 1000	右先
	+、-	单目	正、负号	数字	+10，-3	
中	//	双目	floor 除	数字	a // b 返回 3 3.2 // 1.5 返回 2.0	左先
	%	双目	求余	数字	a % b 返回 1 3.2 % 1.5 返回 0.20000000000000018	
	/	双目	真除	数字	a / b 返回 3.3333333333333335	
	*	双目	重复	数字	a * b 返回 30	
				序列	"abc" * 3 返回 "abcabcabc"	
低	+	双目	相加	数字	a + b 返回 13	
			连接	序列	"abc" + "def" 返回 "abcdef"	
	-	双目	相减	数字	a - b 返回 7	

说明：

1）在 Python 中，有的算术操作符用一个字符表示，如 +、-、*、/；有的算术操作符则要用两个字符表示，如 //、**。注意，由两个字符组成的算术操作符，在两个字符之间一定不能加入空格。

2）程序设计语言中的算术操作符与普通数学中的算术操作符在形式上有些相同，有些不同，例如，在 Python 中用 * 表示乘，用 / 和 // 表示除，用 ** 表示幂。这主要是为了便于用键盘进行操作。

3）在 Python 3.x 中，将除分为两种：真除（/）和 floor 除（//）。真除也称浮点除，即无论是两个整数相除还是带小数的浮点数相除，结果都是要保留小数部分的浮点数。floor 除则是一种整除，是将真除结果向下舍入（或称向无穷舍入）小数部分（例如，5.6 舍入为 5，-5.3 舍入为 -6）得到的整数，而不是简单地将小数部分截掉。floor 除虽然总是截去余数，但结果可以是整数，也可以是浮点数（保留小数点，并在后面添加 0），这取决于两个操作数都是整数还是有一个是浮点数。

代码 1-1　操作符 / 与 // 用法示例。

```
>>> 5/3,5//3
(1.6666666666666667,1)
>>> -5/3,-5//3
(-1.6666666666666667,-2)
>>> 5/3.3,5//3.3
(1.5151515151515151,1.0)
```

```
>>> 5/ -3.3,5// -3.3
(-1.5151515151515151, -2.0)
```

4）在 Python 中，括在圆括号中的几个用逗号分隔的数据对象序列称为一个元组（tuple，简写为 tup）。在语法上每个元组都相当于一个数据对象。显然，多个用逗号分隔的表达式被一次性解释执行时，生成的是一个元组。

5）取模操作符%是取 floor 除后的余数。

6）表 1.2 中给出的操作符在于对非数字对象的非算术操作法，将在后面章节进行介绍。

代码 1-2　操作符%用法示例。

```
>>> 5 %3,5% -3, -5% -3
(2, -1, -2)
>>> 5 %3.3,5% -3.3, -5% -3.3
(1.7000000000000002, -1.5999999999999996, -1.7000000000000002)
```

1.2.2　表达式与操作符的特性

表达式是获取数据对象的简洁表示形式，通常是操作符与被操作对象的合法组合。表达式的计算规则与操作符的特性有关，关系到对表达式求取值的正确理解。从表 1.2 中可以看出，每个操作符都具有四个方面的特性。

代码 1-3　操作符特性示例。

```
>>> + 2                  #求正
2
>>> * 2                  #非法表达式
SyntaxError: can't use starred expression here
>>> 5 % + 3              #求正优先,合法
2
>>> 5 + % 3              #求正优先,非法
SyntaxError: invalid syntax
```

下面以此例说明操作符的四个特性。

1）操作类型。在表 1.2 中列出了 9 种操作符，并说明了它们执行的操作分别为幂、正、负、floor 除、取模、真除、乘（或重复）、加（或连接）和减。

2）操作对象。不同的操作符要求不同的操作对象。对操作对象的要求有两个方面：

一是对操作对象类型的要求。如 ** 、//、%、/和 - 只能对数字类型的数据对象进行操作，不能对字符串类型的数据对象进行操作，因此表达式"a"//"b" 就是错误的而 * 和 + 既可以对数字进行算术操作，也可以对序列进行重复和连接。

二是对操作对象数量的要求。例如，正负号操作要求一个操作对象，称为单目操作符；而其他算术操作符都要求两个操作对象，称为双目操作符。以后还会遇到要求三个操作对象的三目操作符。

3）不同的操作符具有不同的优先级（precedence）。如表 1.2 所示，Python 算术操作符分为三个不同的优先级。当一个表达式中含有不同级别的操作符时，高优先级的操作符先与

数据对象结合。例如，表达式 5% + 3 执行的顺序相当于 5% (+ 3)，即先对 3 取正，再用 + 3 对 5 求模，得 2。而表达式 5 + %3 就是错误的，因为按照优先级，应当先进行求模操作，但%要求两个数据对象，而 + 不是数据对象。

不过，在表达式中，圆括号可以对表达式进行分组，以强制先执行圆括号中的子表达式。当有多个圆括号形成嵌套结构时，内层圆括号内的子表达式优先级别高于外层；当有多个分组并列时左优先。所以圆括号具有内先左先性。这一点与普通数学相同，不再赘述。但需要指出的是，在复杂表达式中，人们往往会显式使用圆括号来提高子表达式优先级别的可读性。

4）不同的操作符具有不同的结合性（associativity）。操作符的结合性规定了在一个表达式中两个同级别的操作符相邻时哪个操作符先与数据对象结合，或两个子表达式相邻时先进行哪个子表达式的计算。"左先"就是操作符左面的数据对象先与之结合，"右先"就是操作符右面的数据对象先与之结合。例如操作符 ∗∗ 和 − 都是右先，所以在表达式 − 10 ∗∗ − 2 中，先执行 − 2 中的 − ，再执行 ∗∗ ，最后执行最前面的 − ；而不是先执行 − 10 中的 − ，因为那样的结果是 0.01 ，而不是 − 0.01 。

1.2.3 注释

程序代码是用程序设计语言描述计算机实现某种功能的命令序列，是供计算机执行特定任务的，但是也要供人阅读。阅读的目的是发现程序中的错误、与别的程序代码协同以及对程序进行维护升级。为了便于自己和别人阅读，程序设计提倡"清晰第一"的设计风格——要让读程序的人能方便地理解代码的逻辑和作用。

注释（comments）就是在代码级别上实现清晰第一的一种措施——由程序编写人向程序阅读人提供必要而充分的说明。

不同的程序设计语言有不同的注释语法。按照其语法书写的文字，只能供人阅读，而不可供编译器或解释器阅读。Python 规定了两类注释：单行注释和多行注释。

1. 单行注释

在 Python 程序中，用#引出的、不超过一个程序行的字符序列是一个单行注释，也简称行注释，如代码 1-3 中所示。

应当注意，在一个程序行中，任何可执行代码都不能写在符号#的右边，否则它们将被作为注释被解释器忽略。这一特点也常常被用于程序调试时：当要测试一个语句不存在时所产生的影响，可以简单地在其前面加上一个#，将其注释掉。

2. 多行注释

顾名思义，多行注释是可以占多行的注释，也称批量注释或块注释，多为用三重单引号或三重双引号引起的一行或多行字符。多行注释常作为包、模块、类或函数的第一个语句，进行有关信息的说明。

代码 1-4　三重单引号多行注释示例。

```
>>> def func():
    '''
    这是一个函数定义的开头部分,用多行注释进行如下一些说明:
    函数作用:实现一个功能
```

```
        编写者：Zhang
        时间：2019 年 8 月 8 日
        '''

...
```

如果用三重双引号多行注释，上例可以改为

```
>>> def func():
        """
        这是一个函数定义的开头部分,用多行注释进行如下一些说明:
        函数作用:实现一个功能
        编写者:Zhang
        时间:2019 年 8 月 8 日
        """

...
```

1.2.4　回显与 print( ) 函数

1. 回显与 print( ) 函数的异同

在交互模式下输入一个表达式，就会自动返回该表达式的值，这种"输出"称为回显（echo）。回显使用简便，但往往会受某些限制。因此，Python 的专用输出指令是内置函数 print( )。

代码 1-5　回显与 print( ) 函数的用法比较。

```
>>> 1 / 7
0.14285714285714285
>>> print(1 / 7)                     #回显 10 个'#*'组成的新字符串
0.14285714285714285
>>> '#* ' * 10
#*#*#*#*#*#*#*#*#*#*
>>> print('#* ' * 10)                #输出 10 个'#*'组成的新字符串的值
#*#*#*#*#*#*#*#*#*#*
>>> 3,5,8                            #三个表达式一起解释执行的回显
(3, 5, 8)
>>> print(3,5,8)                     #输出三个表达式的值
3 5 8
>>> print('abc',123)                 #输出两个不同类型的值
abc 123
```

说明：

回显与 print( ) 函数的输出在多数情况下略有差别，回显字符串或元组这些容器对象时，也表明它们是容器，而 print( ) 函数仅输出值。此外，print( ) 函数可以进行输出格式控制，而回显无法实现这个功能。

2. print( ) 函数中分隔符与终结符的控制

一般说来，print( ) 函数的输出具有如下默认格式：

1）一个 print( ) 函数可以输出多个表达式的值。这时，作为参数的表达式之间用逗号分隔，而所输出的值之间默认用空格作为分隔符。

2）print( ) 函数执行时，默认最后添加一个换行操作。

然而，print( ) 函数允许使用参数 sep 改变分隔字符，并允许使用参数 end 改变终结符。

代码 1-6　print( ) 函数中分隔符与终结符的控制示例。

```
>>> print(1,2,3)                          #用默认格式输出 3 个表达式值
1 2 3
>>> print(1,2,3,sep = '**')               #用指定分隔符'**'分隔 3 个表达式值
1**2**3
>>> print(1);print(2)                     #用默认终结符的 2 个 print()
1
2
>>> print(1,end = '##');print(2,end = '##')   #用终结符'##'的 2 个 print()
1##2##
>>> print(1,end = ' ');print(2,end = ' ')     #用终结符' '的 2 个 print()
1 2
```

习题 1.2

1. 判断题

（1）Python 代码的注释只有一种方式，那就是使用#符号。（　　　）

（2）放在一对三引号之间的任何内容都被认为是注释。（　　　）

2. 选择题

（1）表达式 5//3 的输出值为_____。

A. 1.0 　　　　　　　　　　　　　　　B. 1.6666666666666666

C. 1.6666666666666667 　　　　　　　D. 2

（2）表达式 5/3 的输出值为_____。

A. 1 　　　　　　　　　　　　　　　　B. 1.6666666666666666

C. 1.6666666666666667 　　　　　　　D. 2

（3）表达式 5%3 的输出值为_____。

A. 1 　　　　　　　　　　　　　　　　B. 1.0

C. 2 　　　　　　　　　　　　　　　　D. 2

（4）表达式 2 ** 3 **2 的输出值为_____。

A. 512 　　　　　　　　　　　　　　　B. 64

C. 32 　　　　　　　　　　　　　　　　D. 36

（5）语句 world = "world"；print("hello" + world) 的执行结果是_____。

A. helloworld 　　　　　　　　　　　　B. "hello" world

C. hello world 　　　　　　　　　　　　D. 语法错

3. 填空题

（1）表达式 5%3 +3//5 *2 的运算结果是_____。

（2）表达式（1234.5678 * 10 + 0.5）% 100 的运算结果是_____。

1.3　使用内置函数与模块计算

1.3.1　函数及其意义

计算机程序设计最直接的思想，就是用计算机所能执行的操作，一步一步地对原始数据进行操作，直到实现问题的求解。当问题比较简单时，使用的指令代码数量不多，构筑相应的指令序列比较简单。但是随着问题难度的增加，程序的规模也随之扩展，程序可靠性往往难以保证。这种境况在20世纪50年代中期已经初现端倪。当时，有人曾用面对几只马蜂和面对成百上千只马蜂的遭遇和心态来比喻程序员们面对不同程序规模的心理反应。随着情况不断恶化，最终导致了20世纪60年代前后出现的第一次软件危机。

经过冷静思考，人们悟出了一条解决这场软件危机的出路——结构化程序设计。结构化程序设计的要旨是构建一个系统，首先分析其可以分解成一些子系统，再分析每个子系统可以通过哪些功能实现，每个功能可以分解成哪些子功能。这样就形成清晰的层次型逻辑结构了。图1.5所示为一个家庭安防系统的逻辑结构。

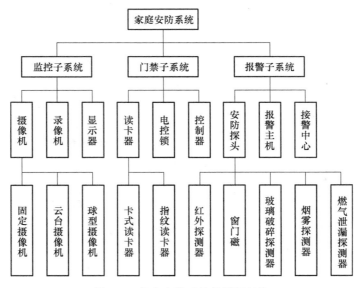

图1.5　家庭安防系统的逻辑结构

这种设计思想称为"自顶向下，逐步细化"。当系统细化到功能单一，很容易编码实现时才开始进行代码设计，设计的代码仅仅是一个小模块。这样，分而治之、各个击破的策略，为程序设计保驾护航了至少20年。

函数就是实现模块代码封装的经典形式。它用一个名字定义一个代码段后，就可以用这个名字代表其所定义的代码段，称为函数调用，形成一次定义、多次被调用的机制。通常，这个被定义的代码段是为处理某些数据而编写的，这些被处理的数据可能会因这个代码段在程序中的运行环境不同而异。为此，函数定义时，还需要为其指定需要处理并且因上下文而

A. sin(pi)　　　　　　　　　　B. math. sin(math. pi)

C. mth. sin(pi)　　　　　　　　D. mth. sin(mth. pi)

（7）导入 math 模块后，指令 math. floor（11/3）；math. floor（ - 11/3）的执行结果为_____。

A. 3　　　　　B. 3　　　　　C. 4　　　　　D. 4

　- 3　　　　　　- 4　　　　　　- 3　　　　　　- 4

（8）导入 math 模块后，指令 math. ceil（11/3）；math. ceil（ - 11/3）的执行结果为_____。

A. 3　　　　　B. 3　　　　　C. 4　　　　　D. 4

　- 3　　　　　　- 4　　　　　　- 3　　　　　　- 4

（9）导入 math 模块后，指令 math. trunc（11/3）；math. trunc（ - 11/3）的执行结果为_____。

A. 3　　　　　B. 3　　　　　C. 4　　　　　D. 4

　- 3　　　　　　- 4　　　　　　- 3　　　　　　- 4

3. 实践题

在交互编程模式下，计算下列各题。

（1）将一个任意二进制数转换为十进制数。

（2）一架无人机起飞 3min 后飞到了高度 200m、水平距离 350m 的位置，计算该无人机的平均速度。

（3）计算你上学期各门课程成绩的下列值：

1）最好成绩分数；

2）最差成绩分数；

3）总成绩；

4）平均成绩。

（4）已知一个矩形的长和宽，求对角线长。

（5）已知三角形的两个边长及其夹角，求第三边长。

（6）边长为 a 的正 n 边形面积的计算公式为 $S = 1/4na^2\cot(\pi/n)$，给出这个公式的 Python 描述，并计算给定边长、给定边数的多边形面积。

1.4　Python 数据对象及其类型

1.4.1　Python 对象的三属性及其获取

1. Python 对象的三属性

Python 是一种面向对象的程序设计语言，真正做到了"一切皆对象"，且其每个对象都有三个基本属性：ID、类型和值。关于对象的值不用介绍，下面仅介绍对象的 ID 和类型。

（1）对象的 ID

ID 称为 Python 对象的身份码。在 Python 程序中，一个对象一旦被创建，就会得到系统分配的一份资源和一个唯一的、不允许更改的身份码（identity）。这个身份码将伴随这个对象一生，直到这个对象被撤销。

（2）对象的数据类型

任何计算都是在其计算资源（计算和存储）配置环境中进行的。普通计算器结构简单、体积小、便于携带，用其进行计算，数据量很小，可以直接计算，不用存储。而使用计算机程序计算，则可以进行大量数据的计算，多数需要存储。由于不同的计算对象要求的计算资源是不相同的。因此，为了提高计算资源的效率和利用率，必须为不同的计算对象配置合理的计算资源。在高级程序设计语言中都具有完善的数据类型机制，有了数据类型机制，可以带来如下好处：

1）不同数据类型的对象，取值空间不同，所需要的存储空间大小不同。

2）不同类型的对象可以施加的操作是不同的。类型规定了实例的操作属性（可以施加的操作类型）。

3）有了数据类型，可以通过类型检查，发现对象的取值错误和不当操作。类型检查可以在编译时进行，称为静态数据类型（dynamic data type）；也可以在运行中检查，称为动态数据类型（static data type）。Python 是一种动态数据类型语言。

在 Python 中，每一个数据对象属于特定的类型。为了便于用户开发，Python 提供了丰富的数据类型。表 1.6 给出了 Python 3.x 主要的内置数据类型，可分为标量和容器两大类型。

表 1.6　Python 3.x 主要的内置数据类型

类型分类		类型名称		可变类型	示例
标量类型	数值类型	整数	int	否	123
		浮点数	float	否	12.3、1.2345e+5
		复数	complex	否	(1.23,5.67j)
	布尔类型	布尔值	bool	否	True、False
容器类型	序列	字符串	str	否	'abc' "abc" '''abc''' "123"
		列表	list	是	[1,2,3]、['abc', 'efg', 'ijklm']、list[1,2,3]
		元组	tup	否	(1, 2, 3, '4', '5')、tuple（"1234"）
	字典	字典	dict	是	{'name': 'wuyuan', 'blog': 'wuyuans.com', 'age': 23}
	集合	可变集合	set	是	set([1,2,3])
		不可变集合	frozenset	否	frozenset([1,2,3])
空对象		无值	None		

说明：

1）标量类型也称原子类型，是不可再分的数据对象，主要包括数值类型和布尔类型。容器类型也称组合类型，主要包括序列、字典和集合。在 Python 中比较特殊的是字符串，它具有容器的性质，可以容纳字符。但是在 Python 中，字符不是原子类型，也常把字符串看成基本类型。

2）尽管 Python 有 int、float、str 等一系列的类型声明符，但在使用一个数据对象时，并不需要先声明其类型。一个对象一经创建，Python 就会根据其存在形式自动判定出其类型，并在内部为其添加一个类型标志。

3）在数据处理的过程中，经常会遇到数据为空。这时，就可以将这个对象标为 None。None 是 Python 里一个特殊的值，表示空对象。注意 None 不能理解为 0，因为 0 是一个具有具体值的对象。

4）Python 还内置了一些其他特殊对象类型，如模块、类、函数、文件等。这些内容将穿插在有关章节中介绍。

5）按照数据对象是否可以自动转变为其他类型，程序设计语言有强类型和弱类型之分。Python 是一种强类型程序设计语言，一个对象的类型是不可以自动转换为其他类型的。并且 Python 的类型检查是在程序运行时进行的，而非程序编译时进行的，即它又是一种动态类型程序设计语言。

2. 对象属性的获取

数据对象的值可以通过直接回显（echo）或者用 print() 函数获取，而数据对象的类型和身份码可以分别用内置函数 type() 和 id() 获取。

代码 1-16　数据对象的类型以及 ID 的获取示例。

```
>>> type(123),id(123)
(<class 'int'>, 1405666176)
>>> type(123.456),id(123.456)
(<class 'float'>, 2753616288336)
>>> type('abcdef'),id('abcdef')
(<class 'str'>, 2753627142160)
```

1.4.2　Python 字符串类型

1. Python 字符串表现形式

在 Python 中，用一对单撇号（'）、一对双撇号（"或""）以及一对三撇号（'''或"""）作为起止符的字符序列称为字符串（string）。

用撇号定义字符串应注意下列几点。

1）作为字符串的定界符的（单、双和三）撇号必须成对使用。

2）单撇号与双撇号可以互相包含，但只有外层成对的撇号才作为字符串的定界符，中间所包含的撇号不管是否成对，都仅作为普通字符。

3）三撇号可以包含单撇号和双撇号，但单撇号和双撇号不可以包含三撇号。

4）字符串可以写成单行形式，也可以写成多行形式。写成多行形式时，需要在转行处加一个反斜杠（\）。

代码 1-17　撇号使用规则示例。

```
>>> "I 'm a student."                    #一对双撇号中包含一个单撇号
"I 'm a student."
>>> 'I say:"I am a student." and ......'  #一对单撇号中包含一对双撇号
'I say:"I am a student." and ......'
```

```
>>> "I say:'I am a student.' and ......"          #一对双撇号中包含一对单撇号
"I say:'I am a student.' and ......"
>>> '''I say:"I am a student." and ......'''       #一对三撇号中包含一对双撇号
'I say:"I am a student." and ......'
>>> 'I say:'''I am a student.''' and ......'       #一对单撇号中包含一对三撇号
SyntaxError: invalid syntax
>>> 'I am a\
student.'
'I am a student.'
```

2. 转义字符与原始字符串

转义字符是被赋予某种特殊意义的字符,如用来表示换行、回车、制表、响铃、换页、退格、续行、终止、八进制、十六进制等。它们都以斜杠（/）为前缀,以与原意相区别。也有些转义字符是避免与其他字符已经赋予的意义冲突、混淆而变义的。例如,要在字符序列中增加一个\,但是\已经被定义为转义字符前缀,为了避免这个意义上可能的冲突,就在其前再加一个\。表1.7列出了一些常用转义字符。

表1.7 常用转义字符

转义字符	描 述	转义字符	描 述	转义字符	描 述	转义字符	描 述
\(行尾)	续行符	\a	响铃	\n	换行	\f	换页
\\	反斜杠符号	\b	退格（Backspace）	\v	纵向制表符	\o	后为八进制字符
\'	单引号	\e	转义	\t	横向制表符	\x	后为十六进制字符
\"	双引号	\000	空	\r	回车	\000	终止,忽略后面字符串

代码1-18 字符串应用示例。

```
>>> "abc'def'gh"
"abc'def'gh"
>>> '''a"bb'ccc'dd"ee'''
'a"bb\'ccc\'dd"ee'
>>> '''abcdefg''hijk'lmn'op''qrst
uvw'''
"abcdefg''hijk'lmn'op''qrst\nuvw"
```

其中,最后一行输出中的\n称为转义字符,表示换行。

但是,有时就需要一个\,例如打印一个文件路径:C:\a\b\Python\第1章,doc,照原样打印的情况为:

```
>>> print('C:\a\b\Python\第1章,doc')
C:□□\Python\第1章,doc
```

显然这是不对的。当然可以采用转义形式:

```
>>> print('C:\\a\b\\Python\\第1章,doc')
```

或

```
>>> print('C:\\a\\b\Python\第 1 章,doc')
```

但这又不符合习惯，容易造成错误。面对诸如此类的情况，Python 推出了原始字符串——即在字符串前加一个字符 r 或 R，就表明后面的字符串中没有转移字符。如

```
>>> print(r'C:\a\b\Python\第 1 章,doc')
C:\a\b\Python\第 1 章,doc
```

3. 用内置函数 eval( ) 计算数字字符串表达式

当一个字符串中的字符都是数字字符时，使用内置函数 eval( ) 可以将之转换为数值对象并可以对其进行计算。

代码 1-19　用内置函数 eval( ) 计算数字字符串示例。

```
>>> '2 + 3'                      #数字字符串表达式不可以直接计算
'2 + 3'
>>> eval('2 + 3')               #使用内置函数 eval()对数字字符串表达式计算
5
>>> eval('3.14156')            #内置函数 eval()的数字字符串转换功能
3.14156
>>> eval(123)                   #内置函数 eval()不可对数值表达式进行转换
Traceback (most recent call last):
  File " <pyshell#5 >", line 1, in <module >
    eval(123)SyntaxError: invalid token
>>> eval('0123')               #内置函数 eval()不可对 0 开头的数字字符串进行转换
Traceback (most recent call last):
  File " <pyshell#4 >", line 1, in <module >
    eval('0123')
  File " <string >", line 1
    0123
```

1.4.3　Python 数值类型

数值类型分为整数（int）、浮点数（float）和复数（complex），它们都由数字组成，也称数字类型。

1. Python 整数与浮点数

在计算机中，数值对象分为整数和浮点数以及复数三种。

1）Python 整数类型数据对象可以用下列 4 种形式表示。

二进制（bin）：0、1，并加前缀 0b 或 0B，如 0b1001。

八进制（oct）：数字 0 ~ 7，加前缀 0o，或 0O，如 0o3567810。

十六进制（hex）：数字 0 ~ 9、A ~ F（或 a ~ f），加前缀 0x 或 0X，如 0x3579acf。

链 1-3　机器数的浮点格式与定点格式

十进制：数字 0 ~ 9，不加任何前缀。

2）Python 浮点数类型的数据对象仅能表现为一个 0 ~ 9 和小数点组成的数字序列。

3）Python 复数用实部（real）和虚部（imag）两部分浮点数表示，虚部用 j 或 J 作后缀，形成：real + imagj 的形式。

4）整数类型数据对象表示的整数数值是精确的，而浮点数类型数据对象表示的大部分实数是近似的。因为许多二进制小数换算成十进制小数时，得到的是一个无穷小数值，其精度受计算机字长限制。也就是说，浮点数类型并不能精确地表示任何实数。在程序设计语言中，之所以称为浮点数，是因为在计算机内，它们采用了浮点表示格式，而整数类型采用了定点表示格式。此外，大部分带小数的十进制数不能用二进制精确表示，所以不提倡在计算机中对两个浮点数进行相等比较。

5）Python 支持任意大的数字，并且用 inf（不区分大小写）表示无限大。

代码 1-20　Python 整数类型数据对象的取值范围可以任意大。

```
>>> 99999 ** 99
99901048494318863660880598040280291540043453697965538665400949081385945759861620683717982141230269242091187823839211469435387220570546997999775800084754407449739807160303446757481086249295631540316414518131785036401037630021345375243798226551846456832579055955740172527641304556492725832569935313004254820806492400921609354754610123174752597599931573543726059025428134110301558193384319100976877121546249527232820980193529015326592980740191994963363686114203387145923106356255684895149000989999
```

6）为了一些特殊需要，Python 3.6 及其以上版本允许在数值类型对象的数字之间插入单个下画线。但不允许把下画线插入到数值类型对象的两端和与小数点相邻。

代码 1-21　Python 3.6 及其以上版本在数值对象的数字之间插入单个下画线示例。

```
>>> 3.14_1516          #下画线插入到数字之间,正确
3.141516
>>> 3_.141516          #下画线插入到非数字之间,错误
SyntaxError: invalid token
>>> 3._141516          #下画线插入到非数字之间,错误
SyntaxError: invalid syntax
>>> _3.141516          #下画线插入到非数字之间,错误
SyntaxError: invalid syntax
>>> 3.141516_          #下画线插入到非数字之间,错误
SyntaxError: invalid token
```

2. 数值对象类型转换与值的获取

1）内置函数 bin（）、oct（）和 hex（）可以分别将其他进制的整数转换为二进制数字串、八进制数字串和十六进制数字串。int（）可以将其他进制整数以及十进制数字串转换为十进制数，并将浮点数截去小数部分。float（）可以将 int 类型数字转换成浮点数。complex（）可以将整数和浮点数转换为复数类型。

代码 1-22　数字类型对象获取示例。

```
>>> bin(123)
'0b1111011'
>>> oct(123)
'0o173'
>>> hex(123)
'0x7b'
>>> int(0b1111011)
123
>>> int(0o173)
123
>>> int(0x7b)
123
>>> int(123.789)
123
>>> int(-123.456)
-123
>>> float(123)
123.0
>>> complex(3)
(3+0j)
>>> complex(123.456)
(123.456+0j)
```

2）复数可以用 abs( )、. real 和 . imag 获取其模、实部和虚部。

代码 1-23　Python 中复数的模、实部和虚部的获取示例。

```
>>> abs(3 + 4j)
5.0
>>> 3 + 4j.real
3.0
>>> 3 + 4j.imag
7.0
>>> (3 + 4j).imag
4.0
>>> (3 + 4j).real
3.0
```

显然，如果复数类型不加括号，会把复数的实数部分和虚数部分的数字相加作为虚部，因此写复数一定要注意写成（a + bj）的形式，括号不能不写。

1.4.4　Python 元组、列表、字典和集合类型

本节介绍 Python 元组、列表、字典和集合的基本概念，它们都称为 Python 数据容器。数据容器的具体内容将在第 4 章详细介绍。

1. 元组和列表

（1）序列类型

元组（tuple）和列表（list）都是由数据对象组成的序列。所谓序列，是指它们的组成元素与元素在容器中的位置顺序有对应关系。二者的不同，首先在于元组是不可变对象，而列表是可变对象。另外，元组用圆括号作为边界符，例如：

```
(1,7,'a',5,3)
```

而列表用方括号作为边界符，例如：

```
[1,7,'a',5,3]
```

（2）数字型序列对象求极值和求和

内置函数 max( ) 和 min( ) 可以对可比较序列对象求极值，sum( ) 可以对可数值计算序列元素求和。

代码1-24　内置函数 max( )、min( ) 和 sum( ) 可以对序列元素求极值和求和示例。

```
>>> max('a','b','r','d')
'r'
>>> min('a','b','r','d')
'a'
>>> sum(1,2,3,4,5,6)
Traceback (most recent call last):
  File "<pyshell#9>", line 1, in <module>
    sum(1,2,3,4,5,6)
TypeError: sum expected at most 2 arguments, got 6
>>> sum([1,2,3,4,5,6])
21
>>> sum((1,2,3,4,5,6))
21
```

2. 字典

字典是以花括号为边界符，其元素为键值对，键与值之间用冒号连接，例如：

```
{'A':90,'B':80,'C':70,'D':60}
```

3. 集合

Python 中的集合与数学中的集合概念一致，有如下一些特征：

1）集合对象以花括号作为边界符，元素可以为任何对象。例如：

```
{'B',6,9,3,'A'}
```

2）集合中的元素不能重复出现，即集合中的元素是相对唯一的。

3）元素不存在排列顺序。

4）Python 集合分为可变集合（set）和不可变集合（frozenset）。

1.4.5　Python 的可变数据对象与不可变数据对象

前面介绍的数据类型是指按照取值对对象进行的分类。在 Python 中对象还有一个很重要的分类方法——按照对象的值是否可以修改，将对象分为可变对象和不可变对象。

可变对象指一个对象的（元素）值可以修改，修改后其 id 不变，即对象的值可以在原来的存储位置被改变；不可变对象也称只读对象，指一个对象的值不可以修改，修改后其 id 随之变化，成为另一个对象，即对象的值不可在原来的存储地址改变。可变对象包括列表（list）、字典（dict）等；不可变对象包括整型（int）、浮点型（float）、字符串型（string）和元组（tuple）等。

习题 1.4

1. 选择题

（1）通常说的数据对象的三要素是_____。

A. 名字、id、值 　　　　　　　　　　　B. 类型、名字、id

C. 类型、名字、值 　　　　　　　　　　D. 类型、id、值

（2）在下列词汇中，不属于 Python 内置数据类型的是_____。

A. char 　　　　　　B. int 　　　　　　C. float 　　　　　　D. list

（3）表达式 r" \a\b" 的回显为_____。

A. "ab" 　　　　　B. "\\a\\b" 　　　　C. " \a\b" 　　　　D. \a\b

（4）基本的 Python 内置函数 eval(x) 的作用是_____。

A. 将 x 转换成浮点数

B. 去掉字符串 x 最外侧引号，当作 Python 表达式评估返回其值

C. 计算字符串 x 作为 Python 语句的值

D. 将整数 x 转换为十六进制字符串

（5）代码 print（type({'China', 'Us', 'Africa'}）的输出为_____。

A. < clsss, 'set' > 　　B. < clsss, 'list' > 　　C. < clsss, 'dict' > 　　D. < clsss, 'tuple' >

2. 判断题

（1）在 Python 中内置的数字类型有整数、实数和复数。（　　　　）

（2）在 Python 中没有字符常量和变量的概念，只有字符串类型的常量和变量。（　　　　）

（3）在 Python 中除非显式地修改对象类型，否则该对象将一直保持之前的类型。（　　　　）

（4）在 Python 中可以使用任意大的整数，不用担心范围问题。（　　　　）

（5）在 Python 中 0xad 是合法的十六进制数字表示形式。（　　　　）

（6）在 Python 中 0oa1 是合法的八进制数字表示形式。（　　　　）

（7）3 +4j 不是合法的 Python 表达式。（　　　　）

（8）Python 列表中所有元素必须为相同类型的数据。（　　　　）

（9）Python 集合中的元素可以重复。（　　　　）

3. 填空题

（1）在 Python 中_____表示空类型。

（2）查看类型的 Python 内置函数是_____。

第 2 章

Python 命令式编程

命令式编程（imperative programming）源于在诺依曼计算机中，用 CPU 指令编制一个计算机操作命令序列，以描述计算机进行问题求解的过程，它有三大关键环节：过程管理、流程控制和使用变量。

（1）过程管理

命令式编程也称为过程式编程（procedural programming）。这就表明如何管理程是程序设计的一个重要环节。这是随着程序规模的不断扩大和程序设计思想的发展而提出的。其基本思想是将一个大的程序分而治之，将一个复杂的大过程划分为一些功能单一的子过程，以减低程序设计的难度。在 Python 中用函数（functions）实现这一思想。

（2）流程控制

流程控制考虑命令序列的书写顺序与执行顺序的关系，称为过程的流程控制，目的在于提高程度效率与灵活性。流程控制包括了正常处理过程中的流程结构（顺序、分支和重复），还包括了函数调用与返回以及异常（exception）处理时的流程转移。

（3）使用变量

一个解题过程就是从问题的初始状态（或环境）出发（开始）直到得到目标状态（或环境）结束。而问题的状态由许多因素（参数）组成，为了描述在解题过程中这些状态因素（参数）的变化，借助代数中的术语，在程序中引入了变量（variables）。

从形式上看，变量有两大要素：对象（数据）和名字。或者说，变量是名字与对象（数据）的绑定。在不同的程序设计语言中，这种绑定采取不同的方式：有的是静态绑定——编译时绑定，有的则是动态绑定——解释时绑定。Python 的变量属于后者。

2.1 Python 变量

在命令式程序中，变量用于描述一个过程或子过程的环境变化。

链 2-1　变量与代数

2.1.1 Python 变量及其引用操作

在 Python 中，一个变量就是为对象起的一个名字，或者说一个变量就是指向某个对象的引用（reference）。它与所指向的对象之间采用动态绑定形式。这种动态绑定关系用赋值（reference）操作符（=）建立。在 Python 中，只有绑定了对象的变量才是合法的。直接使用一个没有绑定对象的名字将导致 "is not defined" 语法错误。

代码 2-1　使用一个未绑定对象的名字引发的语法错误示例。

```
>>> a = 3
>>> b
Traceback (most recent call last):
  File " <pyshell#1 >", line 1, in <module >
    b
NameError: name 'b' is not defined
```

下面介绍对 Python 变量进行引用操作的几种形式。

1. 简单引用

简单引用是将一个对象与一个变量绑定，格式如下：

变量 = 对象

在一个程序中，变量在第一次引用一个对象时创建，以后的引用则仅可以改变其指向的对象，因为在 Python 中，多数数据类型的对象（int、float、complex、str、tup、frozenset）是不可变的，即其值是不可修改的，一经修改就成了另一个对象，即其 id 就改变了。只有极少数数据类型（list 和 dict 值）可变。

代码2-2　对不可变对象的引用操作示例。

```
>>> a = 5                #创建对象,并用变量 a 指向该对象
>>> id(a)                #获取 a 所指向对象的身份
1349432512
>>> a = a + 1            #修改变量 a 所指向对象的值
>>> a,id(a)             #观察 a 所指向对象的新值和 id
(6, 1349432544)
```

2. 扩展引用

扩展（augmented）引用也称复合引用或自变引用，是引用操作符与其他二元操作符的组合。对于可变对象来说，它是在原处修改对象；对于不可变对象来说，它将使变量从原来指向的对象移向另一个对象。

如图 2.1 所示，当有多个变量指向同一不可变对象（如 5）时，若其中一个变量（如 a）引起对象的值变化时，只有该变量（a）指向新对象（6），其他变量（b）仍指向原来的对象（5）。

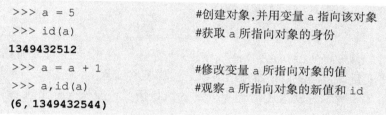

图 2.1　对象的值改变就成为另一个对象

3. 多变量引用

多变量引用也称同时引用，格式如下：

变量 1,变量 2,… =对象 1,对象 2,…

这个表达式执行后，变量1、变量2、……将分别指向对象1、对象2、……。多变量引用还多应用于变量所指向对象的交换。

代码2-3　多变量引用示例。

```
>>> 多变量引用的一般用法示例
>>> a,b,c,d,e = 1,2,3,4,5
>>> a,b,c,d,e
(1, 2, 3, 4, 5)
>>> 交换变量所指向的对象值
>>> a,b,c,d,e = e,d,c,b,a
>>> a,b,c,d,e
(5, 4, 3, 2, 1)
```

4. 多目标引用

多目标引用是一次把一个对象与多个变量绑定，格式如下：

变量1 = 变量2 = … = 变量n = 对象

引用操作符（=）具有右结合性，即当多个引用操作符相邻时，最右面的引用操作符先与操作对象结合。所以，上述表达式的运算顺序为：

变量1 = (变量2 = (… = (变量n = 对象)))

这个表达式执行时，首先将变量n指向对象，然后让变量n−1指向变量n所指向的对象，依此类推，最后将变量1指向变量2所指向对象。这样就将变量1、变量2、…、变量n都指向了同一对象。图2.2所示为表达式 a = b = 3 的执行情况：变量a和b都指向了3。

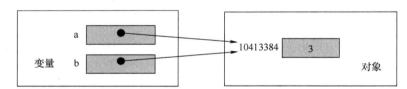

图2.2　两个变量指向同一个数据对象

代码2-4　引用操作的用法示例。

```
>>> a,b,c = 3,5,7          #定义3个变量分别指向3个对象
>>> a,b,c                  #测试a,b,c指向的对象值
(3,5,7)
>>> d = e = a             #同时赋值
>>> d
3
>>> e
3
```

注意：

每个 Python 引用操作都是一个语句，它只完成引用操作，而不产生值。因此，多个引用语句写在一行时，必须用分号分隔，不能用逗号分隔。

代码 2-5　几个引用语句写在一行的用法示例。

```
>>> a = 3, b = 5                        #语句间不可用逗号分隔
SyntaxError: can't assign to literal
>>> a = 3; b = 5                        #语句间须用分号分隔,赋值语句将不产生值
>>> a,b                                 #用逗号连接表达式,将显示一个元组
(3, 5)
>>> a;b                                 #用分号分隔表达式语句,将分行显示各表达式的值
3
5
```

说明：显然，用分号分隔语句时，隐含有一个回车操作在其间。

2.1.2　Python 变量特点

在 Python 中，变量具有如下特点。

1. 在 Python 中，ID、类型和值属于对象，而不属于变量。但变量可以引用其所指向对象的属性

这是 Python 与 C 等程序设计语言的一个显著不同，在 C 语言等程序设计语言中，变量被赋予存储数据的职责。因为一个变量一旦被定义，就有了确定的类型与存储位置，只有值可以改变。在那里，使用 " = " 改变变量值，称为赋值（assigment）操作符。而 Python 不赋予变量以存储职责，只有给对象一个名字来引用对象的作用。在 1.4.1 节中已经看到，在 Python 中，一个对象的 ID、类型和值是与有无指向它的变量没有关系的，因为这些属性是对象自己的，而不是属于变量。变量与对象之间是一种动态绑定关系，变量绑定的对象不同，所引用的对象的属性就不相同。操作符 " = " 仅用于建立变量与对象之间的引用（绑定）关系。所以称其为 "引用操作符"。现在，许多地方用 "赋值" 来称呼它，但在 Python 中，变量仅是个名字，并没有值可赋。

代码 2-6　Python 变量作为数据对象的引用以及动态绑定示例。

```
>>> 3,id(3),type(3)
(3, 1861203072, <class 'int'>)
>>> a = 3
>>> a,id(a),type(a)                     #变量 a 引用对象属性
(3, 1861203072, <class 'int'>)
>>> a = ['a','b','c']                   #重新绑定
>>> a,id(a),type(a)
(['a', 'b', 'c'], 2747801398728, <class 'list'>)
```

还需要指出，Python 的驻留机制可以让多个值相同的小整数、字符串和一个解释单元中的常量只保持一份存储，即只具有一个 id，以提高程序的时间与空间效率。

2. 在 Python 中，对象的引用与否决定了对象的生命

虽然，在 Python 中，变量不是用来存储对象的，但是为提高计算机资源的利用率，Python 采用了垃圾自动回

链 2-2　Python 的
对象驻留机制

链 2-3　Python 数据
对象的生命周期与
垃圾回收机制

收机制。垃圾回收的主要条件是程序不再使用该对象，而判定一个对象是否仍会被使用的标志为有无变量指向它。因此，一个对象有无被变量引用，关系到其生命，即没有被变量引用的对象一现即逝，不可被再利用。通常引起对象引用数变化的操作有：

1）每将对象引用给一个变量，其引用数增1。

2）函数返回或模块结束，随着其运行时定义变量的消失，该变量所指向的对象的引用数减1。

3）强制使用 del 函数删除一个变量，使其所指向对象的引用数减1。

2.1.3　Python 标识符与关键字

1. Python 标识符规则

Python 变量是指向数据对象的名字。使用变量就涉及如何给变量起名字的问题。除变量之外，在程序中还会对函数、模块和类等起名字。这些名字统称为标识符（identifiers）。不同的程序设计语言在标识符的命名上都有一定的规则。Python 要求所有的标识符都须遵守如下规则。

1）Python 标识符是由字母、下画线（_）和数字组成的序列，并要以字母（包括中文字）或下画线开头，不能以数字开头，中间不能含有空格。例如，a345、abc、_ab、ab_、a_6、aa_b_等都是合法的标识符，而 3a、3 + a、$10、a ** b.、2&3 等都是不合法的标识符。

2）Python 标识符中的字母是区分大小写的，如 a 与 A 被认为是不同的标识符。

3）Python 标识符没有长度限制。

4）Python 3. x 支持中文，一个中文字与一个英文字母都作为一个字符对待，即可以使用中文名词作为标识符。

注意：好的标识符应当遵循"见名知意"的原则，不要简单地把变量定义成 a1、a2、b1、b2 等，以免造成记忆上的混淆。此外，要避免使用单独一个大写 I（i 的大写）、大写 O（o 的大写）和小写 l（L 的小写）等容易误认的字符作为变量名或用其与数字组合作为变量名。

5）关键字是 Python 保留的标识符，不可用做用户标识符。使用它们将会覆盖 Python 内置的功能，可能导致无法预知的错误。

2. Python 关键字

程序设计语言的关键字（keywords）是系统定义的、保留在具有特定意义的情况下使用的标识符。因此，它们不再可以被程序员定义为其他用途。因此，在定义标识符时，应先了解所用程序设计语言有哪些关键字。在 Python 语言中提供了下列途径了解其关键字。

（1）使用内置函数 help( ) 获取关键字列表

代码2-7　使用内置函数 help( ) 获取 Python 关键字列表示例，如图 2.3 所示。

```
>>> help('keywords')
Here is a list of the Python keywords.  Enter any keyword to get more help.

False           def             if              raise
None            del             import          return
True            elif            in              try
and             else            is              while
as              except          lambda          with
assert          finally         nonlocal        yield
break           for             not
class           from            or
continue        global          pass
```

图 2.3　使用内置函数 help( ) 获取 Python 关键字列表示例

可以看出，Python 有 33 个关键字，除 True、False 和 None 之外，其他关键字均为小写形式。不过要注意，任何程序设计语言都在不断升级进化，关键字也许会有变化。

（2）使用 keyword 模块中的列表 kwlist

代码 2-8   使用内置函数 keyword 获取 Python 关键字列表示例，如图 2.4 所示。

```
>>> import keyword as kw
>>> kw.kwlist
['False', 'None', 'True', 'and', 'as', 'assert', 'break', 'class', 'continue',
'def', 'del', 'elif', 'else', 'except', 'finally', 'for', 'from', 'global', 'if',
'import', 'in', 'is', 'lambda', 'nonlocal', 'not', 'or', 'pass', 'raise', 'retu
rn', 'try', 'while', 'with', 'yield']
>>>
```

图 2.4   使用 keyword 模块中的关键字列表 kwlist 观察 Python 关键字

（3）用 keyword 模块中的 iskeyword( ) 方法判断一个名字是否是关键字

代码 2-9   用 keyword 模块中的 iskeyword( ) 方法判断一个名字是否是关键字示例。

```
>>> import keyword as kw
>>> kw.iskeyword('for')
True
>>> kw.iskeyword('For')
False
```

如果是关键字，返回 True；否则，返回 False。

此外，Python 内置了许多类（将在第 5 章介绍）、异常、函数，如 bool、float、str、list、pow、print、input、range、dir、help 等。这些虽不在 Python 明文保留之列，但使用它们作为标识符也会引起混乱，所以应避免使用它们作为标识符，特别是 print 以前曾经被作为关键字。

2.1.4   input( ) 函数

input( ) 是 Python 提供的一个内置输入函数，它能接收用户从键盘上输入的字符串，将它们转换为需要的类型对象后，用一个变量引用。简单地说，它可以通过键盘输入的形式创建对象。为了能让用户清楚要输入的内容，它还支持一个提示，其格式如下：

变量 = input('提示')

代码 2-10   从键盘上输入圆半径，计算圆面积。

```
>>> from math import pi
>>> radius = float( input('请输入一个圆半径:'))
请输入一个圆半径:2.
>>> area = pi * pow(radius,2)
>>> print("圆面积为:" + str(area))          #" +"的作用是将两个字符串连接起来
圆面积为:12.566
```

说明：

1）用 input( ) 从键盘上输入的是字符串，不能进行算术计算求圆面积。求圆面积需要的是一个带小数点的数值。为此，对于从键盘输入的字符串，要转换成带小数的数值数据。float( ) 函数用于将数字字符串转换浮点数。

2）表达式 str（area）是将浮点数 area 转换为字符串，因为该项要与前面的字符串连接。

3）使用 input（）可以在程序运行中创建数据对象，为程序提供了一种灵活手段。

习题 2.1

1. 选择题

（1）下面的代码执行后，结果是_____。

```
a, b = 3, 5; b, a = a, b
```

A. a 指向对象 5，b 指向对象 3   B. a 和 b 都指向对象 3

C. a 和 b 都指向对象 5   D. 出现语法错误

（2）下面的代码执行后，结果是_____。

```
a, b = 3, 5; a = a + b; b = a - b; a = a - b
```

A. a 指向对象 5，b 指向对象 3   B. a 指向对象 10，b 指向对象 -2

C. a 和 b 都指向对象 2   D. a 指向对象 3，b 指向对象 5

（3）下面的代码执行后，结果是_____。

```
a, b = 3, 5; a, b, a = a + b, a - b, a - b
```

A. a 指向对象 5，b 指向对象 3   B. a 和 b 都指向对象 2

C. 出现错误   D. a 指向对象 3，b 指向对象 5

（4）下列 4 组符号中，都是合法标识符的一组是_____。

A. name，class，number1，copy   B. sin，cos2，And，_or

C. 2yer，day，Day，xy   D. x%y，a（b），abcdef，λ

（5）下列 Python 语句中，非法的是_____。

A. x = y = z = 1   B. x = （y = z + 1）

C. x,y = y,x   D. x += y

（6）_____不是 Python 合法的标识符。

A. int32   B. 40XL

C. self   D. __name__

（7）下列关于 Python 变量的叙述中，正确的是_____。

A. 在 Python 中，变量是值可以变化的量

B. 在 Python 中变量是可以指向不同对象的名字

C. 变量的值就是它所引用的对象的值

D. 变量的类型与它所引用的对象的类型一致

（8）对于代码 a = 56，下列判断中，不正确的是_____。

A. 对象 56 的类型是整型

B. 变量 a 的类型是整型

C. 变量 a 绑定的对象是整型

D. 变量 a 指向的对象是整型

2. 判断题

（1）变量对应着内存中的一块存储位置。（　　）

（2）在 Python 中，变量是内存中被命名的存储位置。（　　）

（3）在 Python 中，定义变量不需要事先声明其类型。（　　）

（4）在 Python 中，变量用于引用值可能变化的对象。（　　）

（5）在 Python 中，变量的引用操作即变量的声明和定义过程。（　　）

（6）在 Python 中，用引用语句可以直接创建任意类型的变量。（　　）

（7）在计算机程序中使用的变量与数学中使用的变量概念相同。（　　）

（8）已有 x = 3，那么引用表达式 x = 'abcedfg' 是无法正常执行的。（　　）

（9）在 Python 中，变量的类型决定了分配的内存单元的多少，即多少个字节。（　　）

（10）已有列表 x = [1,2,3]，那么执行语句 x = 3 之后，变量 x 的地址不变。（　　）

（11）Python 允许先定义一个无指向的变量，然后在需要时让其指向某个数据对象。
（　　）

（12）在 Python 程序中，常量是值不能改变的对象，变量是值指可以变化的对象。
（　　）

（13）在 Python 中，创建一个变量时，系统就会自动给为之分配一块内存，用于存放其
值。（　　）

（14）在 Python 程序中，变量的类型可以随时发生变化。（　　）

（15）在 Python 中可以使用 import 作为变量名。（　　）

（16）在 Python 3.x 中可以使用中文变量名。（　　）

（17）虽无须在使用前显式地声明变量及其指向的对象类型，但 Python 仍属于强类型编
程语言。（　　）

（18）Python 不允许使用关键字作为变量名，但允许使用内置函数名作为变量名，但这
会改变函数名的含义。（　　）

3. 简答题

（1）下面哪些是 Python 合法的标识符？如果不是，请说明理由。在合法的标识符中，
哪些是关键字？

```
int32          40XL           $ aving $        printf          print
_print         this           self             _name_          0x40L
bool           true           big-daddy        2hot2touch      type
thisIsn'tAVar  thisIsAVar     R_U_Ready        Int             True
if             do             counter-1        access
```

（2）执行引用表达式 x,y,z = 1,2,3 后，变量 x、y、z 分别指向什么？若再执行 z,x,y =
y,z,x，则 x、y、z 分别指向什么值？

（3）"一个对象可以用多个变量指向"和"一个变量可以指向多个对象"这两句话正
确吗？

（4）有的程序设计语言要求使用一个变量前，先声明变量的名字及其类型，但 Python
不需要，为什么？

（5）有如下两个语句：

```
a, b = b, a
t = a; a = b; b = t
```

试分析二者的异同。

（6）下列三组语句，若在交互环境下，分别执行每组语句，请写出每个语句执行后的显示内容。

```
第1组:a = 1      a = a + a     a = a + a     a = a + a
第2组:a = True   a = not a     a = not a     a = not aa
第3组:a = 2      a = a * a     a = a * a     a = a * a
```

2.2　语句的流程控制

在计算机程序中，指令都是以语句（statement）形式呈现的。程序设计时，一方面要将语句组织成一个序列。这个序列基本上是按照执行的先后顺序排列的。但是，为了提高程序的灵活性和效率，常常要在一些局部改变语句执行的顺序，形成语句排列与执行不一致的情况。

计算机出现的初期，为了便于程序员发挥自己的技巧，提供了 goto 语句，允许进行流程无条件的转移。这一机制导致了程序流程结构的杂乱，使程序的流程结构像一团乱麻，程序难以阅读，不易理解，给调试、纠错、修改造成极大困难，使得程序可靠性大大降低。

针对这一糟糕状况，20 世纪 60 年代人们提出了"清晰第一"的结构化程序设计思想：规范程序的流程结构，不开放无条件转移的 goto 语句，提倡使用如图 2.5 所示的三种有条件转移的结构化流程结构。目前证明有了这三种基本的流程控制结构，就可以构建出任何复杂的程序结构。其中顺序结构是书写与执行一致的结构，不需要特意介绍。本节介绍 Python 实现选择和循环（重复）的方式。

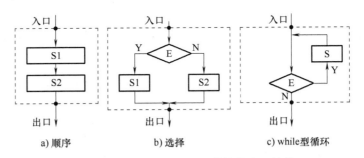

图 2.5　三种有条件转移的结构化流程结构

2.2.1　布尔类型与判断表达式

任何条件都以命题为前提，要以命题的"真"（True）"假"（False）决定对某一选择说"yes"，还是说"no"。所以，条件是一种只有 True 和 False 取值空间的表达式。这种数据类型称为布尔（bool）类型，以纪念在符号逻辑运算领域做出特殊贡献的 19 世纪最重要的数学家之一乔治·布尔（George Boole，1815—1864，见图 2.6）。

注意：

1）布尔类型只有两个实例对象：True 和 False。

2）True 与 False 都是字面量，也是保留字。

3）在底层，True 被解释为 1，False 被解释为 0。所以，常把布尔类型看作是一种特殊的 int 类型。进一步扩展，把一切空（无、0、空白、空集、空序列）都当作 False，把一切非空（有、非 0、非空白、非空集、非空序列）都当作 True。

代码2-11 布尔类型属性获取。

图2.6 乔治·布尔

```
>>> True == 1,False == 0
(True, True)
>>> True is 1,False is 0
(False, False)
>>> id(True),id(1)
(1350066400, 1350546496)
>>> id(False),id(0)
(1350066432, 1350546464)
```

取值为布尔类型的表达式称为判断表达式或布尔表达式，分为关系表达式和逻辑表达式两种。

1. 关系表达式

布尔对象可以由关系表达式创建。关系表达式常含有比较操作符、判等操作符、判是操作符、判含操作符和判属函数等。Python 关系操作符和函数见表2.1。

表 2.1　Python 关系操作符和函数

类　　型	操　作　符	功　　能	示　　例
比较操作符	<，<=，>=，>	大小比较	a<b，a<=b，a>=b，a>b
判等操作符	==,!=	相等性比较	a==b，a!=b
判是操作符	is，is not	是否为同一对象	a is b，a is not b
判含操作符	in，not in	是否是一个容器成员	a in b，a not in b
判属函数	isinstance（对象，类型）	判断一个对象是否属于某个类型	isinstance(5,int)

说明：

1）由两个字符组成的比较操作符和判等操作符中间一定不可留空格。例如，<=、==和>=绝对不可以写成 <　=、=　=和>　=。

2）只有当操作对象的类型兼容时，比较才能进行。判等、判是和判含操作则无此限制。

3）注意区分操作符 == 与 =，前者进行相等比较，后者进行引用操作。

4）注意区分判等与判是。判等操作有两个操作符 == 和 != ，用于判定两个对象的值是否相等；判是操作有两个操作符 is 和 is not，用于判定两个对象是否为同一个对象，即它们的身份码是否相同。

5）一般来说，关系操作符的优先级别比算术操作符低，但比引用操作符高。因此，一个表达式中含有关系操作符、算术操作符和引用操作符时，先进行算术操作，再进行关系操作，最后进行引用操作。比较操作符和判等操作符具有左优先的结合性。

6）判等和比较操作符的优先级高于判是和判含操作符。

代码2-12　关系操作符用法示例。

```
>>> a = 2 + 2 > 6
>>> a
False
>>> b = 2 + 3 == 5
>>> b
True
>>> a = 5; b = 2 + 3
>>> a == b, a is b
(True, True)
>>> 0 < a < b, 6 < b < 9 (True, False)
>>> id(a == b), id(a is b)
(1348952288, 1348952288)
>>> a ! = b, a is not b
(False, False)
>>> id(a ! = b), id(a is not b)
(1348952320, 1348952320)
>>> isinstance(5,int)
True
>>> isinstance(5,float)
False
>>> isinstance('1',int)
False
>>> isinstance('abc',str)
True
```

说明：

1）对于表达式3 is 3 == 1，若判等操作的优先级不高于判是操作，则会先计算3 is 3得True（=1），再计算1 == 1得True，这与实际运算结果矛盾。所以，必定有判等操作符的优先级比判是操作符的优先级高。

2）对于表达式1 + 2 == 3 < 5，若比较操作符和判等操作符是右优先的结合性，则要先计算3 < 5为True（相当于1），再计算1 + 2 == 1，结果应当为False。这与实际运行结果不符，所以它们的结合性应当是左优先的。

2. 逻辑表达式

（1）逻辑运算的基本规则

逻辑运算也称布尔运算。最基本的逻辑运算只有三种：not（非）、and（与）和or（或）。表2.2为逻辑运算的真值表，表示逻辑运算的输入与输出之间的关系。

表 2.2　逻辑运算的真值表

a	b	not a	a and b	a or b
True	任意	False	b	True
False	任意	True	False	b

代码2-13　验证逻辑运算真值表。

```
>>> a = True
>>> b = 2; a and b;type(a and b); a or b;type(a or b)
2
<type 'int'>
True
<type 'bool'>
>>> b = 0; a and b;type(a and b); a or b;type(a or b)
0
<type 'int'>
True
<type 'bool'>
>>>
>>> a = False
>>> b = 2; a and b;type(a and b); a or b;type(a or b)
False
<type 'bool'>
2
<type 'int'>
>>> b = 0; a and b;type(a and b); a or b;type(a or b)
False
<type 'bool'>
0
<type 'int'>
>>> a = 1; not a
False
>>> a = 0; not a
True
```

进一步推广，可以得到如下结论。

1）在下列两种情况下，表达式的值和类型都随 a 指向的对象。
- a 指向 True 时的 a or b；
- a 指向 False 时的 a and b。

2）在下列两种情况下，表达式的值和类型都随 b 指向的对象。
- a 指向 True 时的 a and b；
- a 指向 False 时的 a or b。

3）执行 not 操作的表达式，其结果一定是布尔类型。

<label>39</label>

4）逻辑运算符适合于对任何对象的操作。

5）3个逻辑操作符的优先级不一样：

- not 最高，比乘除高，比幂低，是右优先结合。
- and、or 比算术低，比引用高；其中，and 比 or 高，都是左优先结合。

（2）短路逻辑

由上面的讨论可以看出：

1）对于表达式 a and b，如果 a 为 False，表达式的值就已经确定，可以立刻返回 False，而不管 b 的值是什么，所以就不需要再执行子表达式 b。

2）对于表达式 a or b，如果 a 为 True，表达式的值就已经确定，可以立刻返回 True，而不管 b 的值是什么，所以就不需要再执行子表达式 b。

链 2-4　重要逻辑
运算法则

这两种逻辑都被称为短路逻辑（short-circuit logic）或惰性求值（lazy evaluation），即第二个子表达式"被短路了"，从而避免无用地执行代码。这是程序设计中可以采用的技巧。

代码 2-14　错误的逻辑操作表达式示例。

```
>>> a > 2 and (a = 5 > 2)
SyntaxError: invalid syntax
>>> (a = 5) < 3
SyntaxError: invalid syntax
>>> (a = True) and 3 > 5
SyntaxError: invalid syntax
>>> ! (a = True)
SyntaxError: invalid syntax
>>> a = 5 < 3
>>> a
False
```

2.2.2　选择型流程结构

选择就是依据条件选择不同的操作。

1. if-else 型选择的基本结构

if-else 是二选一的流程结构，基本语法如下：

```
if 条件：
    语句块 1
else：
    语句块 2
```

如图 2.7 所示，这个结构的功能是若条件为 True 或其他等价值时，执行语句 1，否则执行语句 2。

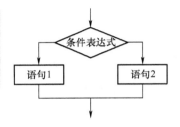

图 2.7　二选一的 if-else 结构

代码 2-15　输出一个数的绝对值。

```
>>> aNumber = float(input('请输入一个数：'))
```

```
请输入一个数：-123
>>> if aNumber < 0.0:
       print ('绝对值为:' + str(-aNumber))
else:
       print ('绝对值为:' + str(aNumber))

绝对值为:123
```

说明：

1）在控制结构中，每一个冒号都引出一个下层子结构。

2）从语法的角度，一个 if-else 结构是一个语句，其两个分支各是一个子结构。子结构可以是一条语句，也可以是多条语句，还可以用 pass 表示无语句。

3）Python 要求以缩进格式表示一个结构的子结构，并且每级子结构的缩进量要一致。这种使程序结构表现清晰的形式已经成为它的语法要求。通常，与语法相关的每一层都应统一缩进四个空格（space）。

4）Python 允许将代码 2-15 中的 if-else 写成如下单行形式。

代码 2-16　写在一行的 if-else。

```
>>> aNumber = float(input('请输入一个数:'))
请输入一个数：-1.23
>>> print ('绝对值为:' + str(-aNumber)) if Number < 0.0 else ('绝对值为:' + str(aNumber))
绝对值为:1.23
```

2. 选择表达式

if-else 选择结构有两个子语句块。但是，在许多情况下，每个分支并不需要一个或多个语句，有一个表达式就可以解决问题。这时，Python 就允许将一个 if-else 结构收缩为一个表达式，称为选择表达式。其语法格式如下：

```
表达式 1 if 条件 else 表达式 2
```

这里，if 和 else 称为必须一起使用的条件操作符。它的运行机理为：执行表达式 1，除非命题为假（False）才执行表达式 2。

代码 2-17　用选择表达式计算一个数的绝对值。

```
>>> x = float(input('请输入一个数:'))
请输入一个数：-5
>>> print(-x) if  x < 0  else  print(x)
5
```

3. if-else 蜕化结构

Python 允许 if-else 结构中省略 else 子结构，蜕化（degenerate）为取舍选择结构，也称缺腿 if-else 结构，或简称为 if 结构。如图 2.8 所示，这时只有一个可选项，选择的意思是：选或不选。

代码 2-18　计算一个数的绝对值。

```
>>> x = int(input('请输入一个数:'))
请输入一个数:-5
>>> if  x < 0:
     x = -x
>>> print(x)
5
```

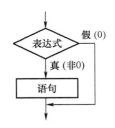

图 2.8　取舍型 if 结构

4. if-else 嵌套

当一个 if-else 语句的子结构中又含有 if-else 语句时，便组成了嵌套型 if-else 选择结构。基本的嵌套型 if-else 选择结构有如图 2.9 所示的 if 分支的 if-else 嵌套结构和 else 分支的 if-else 嵌套结构，实际应用中两种结构往往是组合的。

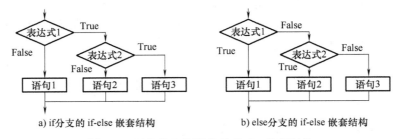

a) if分支的 if-else 嵌套结构　　　　　b) else分支的 if-else 嵌套结构

图 2.9　两种基本的嵌套型 if-else 选择结构

例 2.1　表 2.3 为联合国世界卫生组织（The World Health Organization，WHO），经过对全球人体素质和平均寿命进行测定，对五个年龄段划分标准做出的新规定。

表 2.3　世界卫生组织提出的五个人生年龄段

年　　龄	0～17	18～65	66～79	80～99	100
年龄段	未成年人	青年人	中年人	老年人	长寿老人
英语称呼	Minors	Youth	Middle aged person	Aged	Longevity elderly

代码 2-19　用 if 分支的 if-else 嵌套结构实现年龄段判断。

```
>>> age = int(input('请输入您的年龄:'))
请输入您的年龄:50
>>> if age >= 18:                        #先按 18 把人分成两大类
     if age >= 66:                       #再从≥18 的人中按 66 分为两大类
          if age >= 80:                  #再从≥66 的人中按 80 分为两大类
               if age >= 100:            #再从≥80 的人中按 100 分为两大类
                    print('您是长寿老人。')   #≥100 者为长寿老人
               else:
                    print('您是老年人。')    #≥80 而不满 100 者为老年人
          else:
               print('您是中年人。')        #≥66 而不满 80 者为中年人
     else:
```

```
                print('您是青年人。')                    #≥18 而不满 66 者为青年人
        else:
                print('您是未成年人。')                  #不满 18 者为未成年人
您是青年人。
```

代码 2-20   用 else 分支的 if-else 嵌套结构实现年龄段判断。

```
>>> age = int(input('请输入您的年龄:'))
请输入您的年龄:50
>>> if age < 18:                               #先看是否 <18,小者为未成年人
        print('您是未成年人。')
    else:
        if age < 66:                           #再看是否 <66,小者为青年人
            print('您是青年人。')
        else:
            if age < 80:                       #再看是否 <80,小者为中年人
                print('您是中年人。')
            else:
                if age < 100:                  #再看是否 <100,小者为老年人
                    print('您是老年人。')
                else:                          #不 <100 者为长寿老人
                    print('您是长寿老人。')
您是青年人。
```

有时根据具体问题也会有两种嵌套结合使用的情况。

5. if-elif 型选择结构

if-elif 选择结构是 else 分支 if-else 嵌套的改进写法，就是将相邻的 else 与 if 合并为一个 elif。

代码 2-21   采用 if-elif 结构实现年龄段判断。

```
>>> age = int(input('请输入您的年龄:'))
请输入您的年龄:50
>>> if age < 18:                               #先看是否 <18,小者为未成年人
        print('您是未成年人。')
    elif age < 66:                             #再看是否 <66,小者为青年人
        print('您是青年人。')
    elif age < 80:                             #再看是否 <80,小者为中年人
        print('您是中年人。')
    elif age < 100:                            #再看是否 <100,小者为老年人
        print('您是老年人。')
    else:                                      #不小于 100 者为长寿老人
        print('您是长寿老人。')
您是青年人。
```

这样就把嵌套结构变成并列结构了。

6. 在交互环境中运行一个完整模块

一般来说，在 Python 交互环境中程序代码要一条一条地执行，并立即给出结果。这样，对于尝试语言机制很有好处，但也带来了许多不便。例如，代码 2-19 到代码 2-21 由于语句一条一条地执行，给人一种支离破碎的感觉，不能把完整的输出一次性地展示出来。

改变这一状况的办法是用 if __name__ == __main__ 封装一段代码，让其在主模块（main）中作为一个语句执行。

代码 2-22　用 if__name__ =='__main__' 封装一段代码在交互环境中作为主模块的一个语句执行示例（由代码 2-21 改写）。

```
>>> if __name__ == "__main__":
        age = int(input('请输入您的年龄:'))
        if age < 18:                         #先看是否<18,小者为未成年人
            print('您是未成年人。')
        elif age < 66:                       #再看是否<66,小者为青年人
            print('您是青年人。')
        elif age < 80:                       #再看是否<80,小者为中年人
            print('您是中年人。')
        elif age < 100:                      #再看是否<100,小者为老年人
            print('您是老年人。')
        else:                                #不小于100者为长寿老人
            print('您是长寿老人。')
请输入您的年龄:50
您是青年人。
```

说明：__name__ 和 __main__ 是 Python 的两个"魔法属性"：前者用于指向当前模块，后者作为主模块（入口模块）的默认名字。这样，执行到 __name = '__main__' 时，若它属于主模块，则会被执行；若它属于导入模块，就会被跳过。

2.2.3　重复型流程结构

重复（repetition）结构也称循环（loop）结构，就是控制一段代码反复执行多次。这样，既充分发挥了高速计算的优势，又大大缩短了程序的长度，提高了程序设计的效率和可读性。这种可以控制某些代码按照需要进行重复计算的结构称为重复结构或循环结构。

Python 提供了两种基本循环控制结构：while 循环结构和 for 循环结构。尽管它们都可以控制多个语句重复执行，但这两种结构从外部看在语法上都各相当于一个语句。

1. while 语句

（1）while 循环语法格式

while 循环语法格式如下：

```
while 条件：
    语句块(循环体)
```

说明：

1）当程序流程到达 while 结构时，while 就以某个命题作为循环条件（loop continuation condition），此条件为 True，则进入循环；为 False，就跳过该循环。

2）流程进入该循环后，将顺序执行循环体中的语句。

3）每执行完一次循环体，就会返回到循环体前，再对"条件"进行一次测试，为 True 就再次进入该循环，为 False 就结束该循环。

4）循环应当在执行有限次后结束。为此，在循环体内应当有改变"条件"值的操作。同时，为了能在最初进入循环，在 while 语句前也应当有对"条件"进行初始化的操作。

代码 2-23　用 while 结构输出 2 的乘幂序列。

```
>>> if __name__ == "__main__":
    n = int(input('请输入序列项数:'))
    power = 1
    i = 0                          #初始化计数器
    while i <= n :                 #循环次数不大于 n
        print('2 ^',i,' = ',power)
        power * = 2
        i += 1


请输入序列项数:5
2 ^ 0 = 1
2 ^ 1 = 2
2 ^ 2 = 4
2 ^ 3 = 8
2 ^ 4 = 16
2 ^ 5 = 32
```

说明：之所以将 power 所引用的对象初值设为 1，而将 i 所引用的对象初值设为 0，是因为 power 所引用的对象要进行乘操作，而 i 所引用的对象要进行加操作。

（2）由用户输入控制循环

在游戏类程序中，当用户玩了一局后，是否还要继续不能由程序控制，要由用户决定。这种循环结构的循环继续条件是基于用户输入的。

代码 2-24　由用户输入控制循环示例。

```
#其他语句
#...
isContinue = 'Y'
while isContinue == 'Y' or isContinue == 'y':
    #主功能语句,如游戏相关语句
    ...
    #主功能语句结束
    isContinue = input('Enter Y or y to continue and N or n to quit:')
```

注意：人们最容易犯的错误是将循环条件中的关系操作符等号（==）写成引用操作符（=）。

这里的 Y 和 y 也称为哨兵值（sentinel value）。哨兵值是一系列值中的某特殊值。用哨兵值控制循环就是每循环一次，都要检测一下这个哨兵值是否出现。一旦出现，就退出循环。

代码 2-25 　用哨兵值控制循环分析考试情况：记下最高分、最低分和平均成绩。

```python
if __name__ == "__main__":
    total = highest = 0                        #总分数、最高分数初始化
    minimum = 100                              #最低分数初始化
    count = 0                                  #成绩数初始化
    score = int(input('输入一个分数:'))
    while(score ! = -1):                       #哨兵值作为循环继续条件
        count += 1                             #分数个数
        total += score                         #总分数加一个分数
        highest = score if score > highest else highest
        minimum = score if score < minimum else minimum
        score = int(input('输入下一个分数:'))
    print('最高分 = ', highest,',最低分 = ', minimum, ',平均分 = ', total/
count)
```

```
输入一个分数:83
输入下一个分数:79
输入下一个分数:95
输入下一个分数: -1
最高分 = 95 ,最低分 = 79 ,平均分 = 85.66666666666667
```

2. for 语句

for 循环是 Python 提供的功能最强大的循环结构，其最基本的语法格式如下：

```
for 循环变量 in range(初值,终值,递增值):
    语句块(循环体)
```

说明：

1）for 结构相当于这样的 while 结构：当程序流程到达 for 结构时，for 就默认将循环变量指向 range 中的第一个对象。所以，采用这种结构不需要另外一个单独的初始化表达式，这也说明了 for 循环不需要先测试再进入。

流程进入该循环后，将顺序执行循环体的语句。每执行完一次循环体，就会在 range() 产生的序列中取下一个值作为循环变量的值，直到取完序列中的最后一个值。当递增值为 1 时，循环变量就是一个控制循环次数的计数器。所以，for 循环也称计数式循环。

2）在 Python 3.x 中，range() 每次执行时依次返回特定序列中的一个值。最常用的序列是整数序列。这个整数序列由 range 的初值、终值和递增值三个 int 类型参数定义：从初值开始到终值前以递增值递增。递增值缺省时，默认其为 1；初值缺省时，默认其为 0。并且只有当递增值缺省时，才可缺省初值。表 2.4 为 range() 整数序列的用法示例。

表 2.4　range( ) 整数序列用法示例

range( ) 生成器设置	对应的整数序列	说　　明
range(2,10,2)	[2,4,6,8]	序列不包括终值
range(2,10)	[2,3,4,5,6,7,8,9]	省略递增值，默认按 1 递增
range(0,10,3)	[0,3,6,9]	有递增值，初值不可省略
range(10)	[0,1,2,3,4,5,6,7,8,9]	递增值缺省，才可缺省初值，默认初值为 0
range(-4,4)	[-4,-3,-2,-1,0,1,2,3]	初值可以为负数
range(4,-4,-1)	[4,3,2,1,0,-1,-2,-3]	终值小于初值，递增值应为负数

代码 2-26　测试 for 执行的循环变量值。

```
>>> for i in range(1,10):
    print(i,end = '\t')

1    2    3    4    5    6    7    8    9
```

说明：

1）输出的最后一个数是 10 - 1，即 9。

2）在 Python 中，print( ) 函数除了有输出数据作参数外，还可以用 end 参数指定最后的操作。在上述代码中，end 指向的是'\t'，表示一个制表符，即下一个数字要与前一个数字相隔一个制表距离。若 end 参数项缺省，则默认为换行操作。

代码 2-27　用 for 循环输出 2 的乘幂序列。

```
>>> if __name__ == "__main__":
        n = int(input('请输入序列项数:'))
        power = 1
        for i in range(n + 1):          #循环变量依次取[1,n]中的各整数
            print('2 ^',i,' = ',power)
            power *= 2                   #指数加 1


请输入序列项数:5
2 ^ 0 = 1
2 ^ 1 = 2
2 ^ 2 = 4
2 ^ 3 = 8
2 ^ 4 = 16
2 ^ 5 = 32
```

执行结果与代码 2-23 相同。

3）for 不一定依靠 range( )，它也可以借助任何一个序列（如字符串）实现迭代。

代码 2-28　用字符串实现 for 循环迭代过程。

```
>>> x = 'I\'mplayingPython.'
>>> for i in x:
```

```
    print(i,end = '')
```

I'mplayingPython.

说明：这个 print( ) 函数先输出一个字符，然后输出一个 end 指向的字符串。这里，end 指向的是两个紧挨在一起的单撇号，即不指向任何字符串。因此，下一个字符要紧靠前一个字符打印，直到打印完变量 x 指向的完整字符串。

3. 循环嵌套

一个循环结构中还包含循环结构就是循环嵌套。

（1）for 循环嵌套举例

例 2.2   用 for 结构输出一张如图 2.10 所示的矩形九九乘法口诀表。

问题分析：输出矩形九九乘法口诀表的过程，按照该表的结构可以分为以下三部分：

S1：输出表头；

S2：输出隔线；

S3：输出表体。

图 2.10　矩形九九乘法口诀表

1）S1：输出表头。表头有 9 个数字 1，2，…，9，可以看成输出一个变量 i 的值，其初值为 1，每次加 1，直到 9 为止。因此使用 for 结构最合适。设每个数字区占 4 个字符空间，则很容易写出 S1。代码如下：

```
for i in range(1,10):
    print('%4d'%i,end = '')    #输出1个数,占4个字符空间,不换行
print()                        #输出一个换行
```

说明：这段代码中使用了两个 print( )。第一个 print( ) 有两个参数：数据参数和结尾参数。关于结尾参数前面已经介绍，这里主要介绍数据参数。它由两部分组成：以 % 引导的格式字符串和以 % 引导的数据对象。在这个格式字符串中，d 表示后面要输出的数据对象是一个整数，4 表示这个整数数据输出时占用 4 个字符空间，并且默认是右对齐。

在打印前 8 个数字时不换行，打印第 9 个数则需要增加一个换行的操作，否则后面要打印的数据会接着 9 打在同一行中。这个操作由第二个 print( ) 执行。

2）S2：输出隔线。考虑到隔线的总宽度与表头同宽，只打印 4×9 个短线即可。代码如下：

```
print('-' * 36)
```

3）S3：输出表体。这个表体中的每个位置上的数字都是两个数的积。设这个积为 i * j，i 随行变，j 随行中的列变。为此采用一个嵌套循环结构：j 在内层，既作为行内列的控制变量，又作为每个位置上的一个乘数；i 在外层，既作为行的控制变量，又作为每行的一个乘数。它们的循环都在 [1，10) 进行。代码如下：

```
for i in range(1,10):
    for j in range(1,10):
```

```
        print('%4d'%(i * j),end = '')    #输出1个整数,占4个字符空间,不换行
        print()                          #输出一个换行
```

上述三部分组合就得到了如图 2.5 所示的矩形九九乘法口诀表的程序代码。

代码2-29　输出矩形九九乘法口诀表的程序代码。

```
>>> for i in range(1,10):
        print('%4d'%i,end = '')          #输出1个数,占4个字符空间,不换行

    1   2   3   4   5   6   7   8   9
>>> print()                              #输出一个换行

>>> print('-' * 36).
- - - - - - - - - - - - - - - - - - - - - - - - - - - - - - - - - - - -
>>> for i in range(1,10):
        for j in range(1,10):
            print('%4d'%(i * j),end = '') #输出1个数,占4个字符空间,不换行
        print()                          #输出一个换行
1   2   3   4   5   6   7   8   9
2   4   6   8  10  12  14  16  18
3   6   9  12  15  18  21  24  27
4   8  12  16  20  24  28  32  36
5  10  15  20  25  30  35  40  45
6  12  18  24  30  36  42  48  54
7  14  21  28  35  42  49  56  63
8  16  24  32  40  48  56  64  72
```

（2）while 循环嵌套举例

代码2-30　用 while 结构输出一张如图 2.11 所示的左下直角三角形九九乘法表。

```
>>> if __name__ == "__main__":
    i = 1
    while i <= 9:
        print('%4d'%i,end = '')
        i += 1
    print()
    print('-' * 36)
    k = 1
    while k <= 9:
        j = 1
        while j <= k:
            print ('%4d'% (k * j),end = '')
            j += 1
        print()
```

图 2.11　左下直角三角形九九乘法表

```
        k += 1

1    2    3    4    5    6    7    8    9
-----------------------------------------------------
1
2    4
3    6    9
4    8    12   16
5    10   15   20   25
6    12   18   24   30   36
7    14   21   28   35   42   49
8    16   24   32   40   48   56   64
9    18   27   36   45   54   63   72   81
```

4. 循环中断语句与短路语句

循环中断与短路的代码结构如图2.12所示。

1）循环中断语句 break：循环在某一轮执行到某一语句时已经有了结果，不需要再继续循环，就用这个语句跳出（中断）循环，跳出本层循环结构。

2）循环短路语句 continue：某一轮循环还没有执行完，已经有了这一轮的结果，后面的语句不需要执行，需要进入下一轮时，就用这个语句"短路"该层后面还没有执行的语句，直接跳到循环起始处，进入下一轮循环。

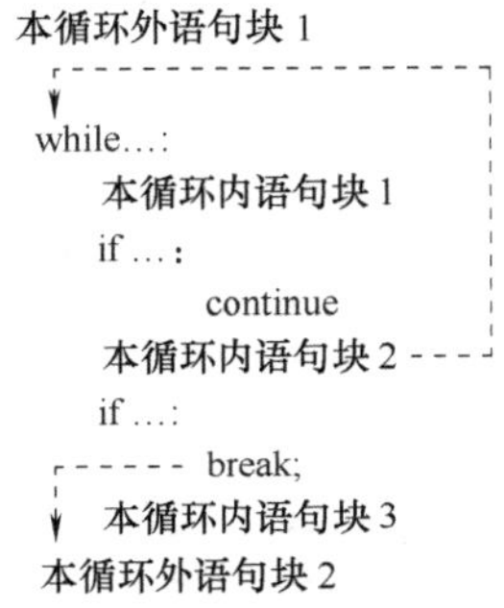

注意：在循环嵌套结构中，它们只对本层循环有效。

```
本循环外语句块 1
  ↓
while...:
    本循环内语句块 1
    if ...:
            continue
    本循环内语句块 2
    if ...:
            break;
    本循环内语句块 3
本循环外语句块 2
```

图 2.12   循环中断与短路的代码结构

例 2.3   测试一个数是否为素数。

分析：素数（prime number）又称质数。在大于 1 的自然数中，除了 1 和它本身以外不再有其他因数的数称为素数。按照这个定义判断一个自然数 n 是否为素数：用从 2 到 n-1 依次去除这个 n。一旦发现此间有一个数可以整除 n，就可以判定 n 不是素数；若到 n-1 都不能整除 n，则 n 就是素数。

代码 2-31   用 range(2, n-1) 设置循环范围，判定一个自然数是否为素数。

```python
>>> if __name__ == '__main__':
    flag = 1
    n = int(input('输入一个自然数:'))
    for i in range(2, n - 1):
        if n % i == 0:
                flag = 0
                break
        else:
                continue
    if flag == 0:
        print('%d 不是素数。'% (n))
```

```
else:
        print('%d 是素数。'% (n))
输入一个自然数:5
5 是素数。
```

5. for-else 语句与 while-else 语句

看到代码 2-31 许多人都会感觉到它有些烦琐。为此，Python 提供了 for-else 语句，允许在 for 后面增加一个 else 分支。

代码 2-32　代码 2-31 改用 for-else 语句后的情形。

```
>>> if __name__ == '__main__':
    flag = 1
    n = int(input('输入一个自然数:'))
    for i in range(2, n - 1):
        if n % i == 0:
            print('%d 不是素数。'% (n))
            break                       #for 用 break 中断
        else:                           #for 的 else 分支
            print('%d 是素数。'% (n))

输入一个自然数:6
6 不是素数。
```

另一次执行情况:

```
输入一个自然数:5
5 是素数。
```

说明:

1）采用 for-else 结构时，for 分支须用 break、return 或异常中断，否则会出现逻辑错误。

代码 2-33　不使用 break、return 或异常中断 for 分支的 for-else 结构运行情况。

```
>>> if __name__ == '__main__':
    flag = 1
    n = int(input('输入一个自然数:'))
    for i in range(2, n - 1):
        if n % i == 0:
            print('%d 不是素数。'% (n))
        else:
            print('%d 是素数。'% (n))

输入一个自然数:6
6 不是素数。
6 不是素数。
6 是素数。
```

2）while-else 结构与 for-else 结构的作用及用法相同。

2.2.4 穷举与迭代

程序是计算之魂，而程序之魂是人们为求解问题整理出的计算思路，这些思路被称为算法（algorithm）。一般来说，求解不同类型的问题有不同的算法，求解同一个问题也会有不同的算法，只是不同算法的效率有所不同。因此，算法的研究与开发就成为程序设计最核心的内容。

算法尽管多种多样，但在组成上，一定有一些环节或元素是可以共享的。有许多相同的计算环节可以组成不同算法的基本元素，这是程序设计研究和学习的重要内容。本节要介绍的迭代与穷举就是应用极为频繁的两种重要的算法元素。

1. 穷举

（1）穷举的概念与基本步骤

在许多情况下，问题的初始条件是可能含有解的集合。这时，问题的求解就是从这个可能含有解的集合中搜索（search）问题解的过程。穷举（枚举）法（exhaustive attack method）又称蛮力法（brute-force method），就是根据问题中的部分约束条件对解空间逐一搜索、验证，以按照需要得到问题的一个解、一组解或得到在这个集合中解不存在的结论。

穷举一般采用重复结构，并且由如下三要素组成：穷举范围、判定条件、穷举结束条件。

穷举算法是所有搜索算法中最简单、最直接的一种算法。但是，其效率比较低。有相当多的问题需要运行较长的时间。为了提高效率，使用穷举算法时，应当充分利用各种有关知识和条件，尽可能地缩小搜索空间。前面讨论过的判定一个数是否为素数，须不断用从2开始的数去一一相除，这就是一个穷举过程；在一个自然数区间内，逐一对每个数判定是否为素数，从而打印出该区间的所有素数的过程也是一个穷举过程。下面介绍一个典型的穷举问题。

（2）穷举应用举例

1）问题描述

例2.4 百钱买百鸡是我国古代数学家张丘建在《算经》一书中提出的数学问题：鸡翁一值钱五，鸡母一值钱三，鸡雏三值钱一。百钱买百鸡，问鸡翁、鸡母、鸡雏各几只？

设鸡翁、鸡母、鸡雏的数量分别为 cocks、hens、chicks，则可得如下模型：

$$5 \times cocks + 3 \times hens + chicks/3 = 100$$

$$cocks + hens + chicks = 100$$

这是一个不定方程，未知数个数多于方程数，因此求解还须增加其他约束条件。下面考虑如何寻找另外的约束条件：按常识，cocks、hens、chicks 都应为正整数，且它们的取值范围分别应为

cocks：0～20（假如100元全买 cocks，最多20只）

hens：0～33（假如100元全买 hens，最多33只）

chicks：0～100（假如100元全买 chicks，最多100只）

以此作为约束条件，就可以在有限范围内找出满足上述两个方程的 cocks、hens、chicks 的组合。一个自然的想法是：依次对 cocks、hens、chicks 取值范围内的各数进行试探，找满

足前面两个方程的组合。这样，就可以得到本题的穷举过程。

2）算法分析

首先从 0 开始，列举 cocks 的各个可能值，在每个 cocks 值下找满足两个方程的一组解，算法如下：

```
for cocks in range(0,20):
    S1:找满足两个方程的解的 hens,chicks
    S2:输出一组解
```

下面进一步用穷举法表现其中的 S1：

```
for hens in range(0,33):
    S1.1 找满足方程的一个 chicks
    S1.2 输出一组解
```

由于列举的每个 cocks 与每个 hens 都可以按下式求出一个 chicks：

$$chicks = 100 - cocks - hens$$

因此，只要该 chicks 满足另一个方程

$$5 \times cocks + 3 \times hens + chicks/3 = 100$$

便可以得到一组满足题意的 cocks、hens、chicks，故 S1.1 与 S1.2 可以进一步表示为

```
chicks = 100 - cocks - hens;
if 5 * cocks + 3 * hens + chicks / 3 == 100:
    print(cocks,hens,chicks,sep = '\t')
```

3）参考代码

经过以上求解过程，再加入类型声明语句并调整输出格式，便可得到一个 Python 程序。

代码 2-34　百钱买百鸡程序。

```
>>> if __name__ == '__main__':
    print('鸡翁数','鸡母数','鸡雏数',sep ='\t')
    for cocks in range(0,20):
        for hens in range(0,33):
            chicks = 100 - cocks - hens
            if 5 * cocks + 3 * hens + chicks / 3 == 100:
                print(cocks,hens,chicks,sep = '\t')
```

鸡翁数	鸡母数	鸡雏数
0	25	75
4	18	78
8	11	81
12	4	84

2. 迭代

（1）迭代的概念与基本步骤

迭代（iteration）就是不断用变量新绑定的对象替代其旧绑定的对象，不断向目标靠近，直到得到需要的对象。正如原始的磨面方式如图 2.13 所示，每转一圈，颗粒就粉碎一次，

直到全部达到要求的粒度。显然，迭代应当采用重复结构，并由如下三要素组成。

1）建立迭代关系，即一个问题中某个属性的后值与前值之间的关系。

2）设置迭代初始状态，即迭代变量的初始绑定值。

3）确定迭代终止条件。

与迭代相近的概念是递推（recursive）。递推是按照一定的规律通过序列中的前项值导出序列中指定项的值。由于在程序中，一个序列中的前项和后项与一个变

图2.13　原始的磨面方式

量原先绑定对象和新绑定对象之间常常没有严格的区分，所以递推与迭代也没有严格的区别。实际上，它们的基本思想都是把一个复杂而庞大的计算过程转换为简单过程的多次重复。

从结束条件的取值看，迭代可以分为精确迭代和近似迭代两种。

（2）精确迭代举例

精确迭代过程中的每一步都必须按相关的计算法则正确进行，并且所用的计算公式要能准确地表达有关的几个数量间的关系。因此，经过有限步骤，就能得到准确的结果。

1）问题描述

例2.5　用更相减损术求两个正整数的最大公约数（Greatest Common Divisor，GCD）。

最大公约数也称最大公因数、最大公因子，指两个或多个整数共有约数中最大的一个。a、b的最大公约数记为（a，b）。同样，a、b、c的最大公约数记为（a，b，c），多个整数的最大公约数也有同样的记号。求最大公约数有多种方法，我国古代《九章算术》（见图2.14）中记载的更相减损术是与欧几里得的辗转相除法可以媲美的最古老的迭代算法之一。

图2.14　我国古代的《九章算术》

2）算法分析

《九章算术》中记载的更相减损术原文是："可半者半之；不可半者，副置分母、子之数，以少减多，更相减损，求其等也。以等数约之"。白话译文为：如果需要对分数进行约分，那么可以折半就折半（也就是用2约分）；如果不可以折半，就比较分母和分子的大小，用大数减去小数，一直到减数与差相等为止。该算法原本是计算约分的，去掉前面的"可半者半之"，就是一个求最大公约数的方法。图2.15是用它计算两个正整数的算法流程图。其中的菱形框为判断，矩形框为操作，斜边平行四边形为输入或输出。

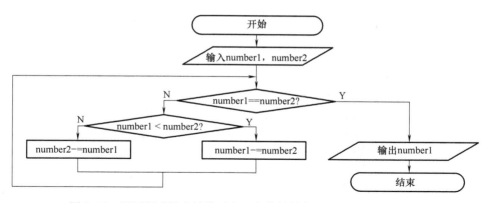

图 2.15　用更相减损术计算两个正整数的最大公约数的算法流程图

下面是按照这个算法进行计算的示例：

$(98,63)=(35,63)=(35,28)=(7,28)=(7,21)=(7,14)=(7,7)=7$

3）参考代码

代码 2-35　用更相减损术计算两个正整数的最大公约数。

```python
if __name__ == '__main__':
    from math import *
    number1 = eval (input ('输入第 1 个正整数:'))
    number2 = eval (input ('输入第 2 个正整数:'))

    while number1 != number2:
        print ('(%d,%d) ='% (number1,number2),end = '')
        if number1 < number2:
            number2 -= number1
        else:
            number1 -= number2
    print ('%d'% (number1))
```

输入第 1 个正整数:98
输入第 2 个正整数:63
(98,63) = (35,63) = (35,28) = (7,28) = (7,21) = (7,14) =7

（3）近似迭代举例

近似迭代中得到的结果不要求完全准确，只要求误差不超出规定的范围，并且以要求的准确度是否到达，决定迭代是否结束。

1）问题描述。

例 2.6　使用格雷戈里-莱布尼茨级数计算 π 的近似值。

圆是人类生活中极为常见的图形之一。在计算它的半径、周长与面积的过程中，人们发现了圆周率（ratio of circumference to diameter），并想方设法寻找它的精确值。格雷戈里-莱布尼茨级数就是其中一种，它的计算公式为

$$\pi = (4/1) - (4/3) + (4/5) - (4/7) + (4/9) - (4/11) + (4/13) - (4/15)\ldots$$

2）算法分析。

根据迭代法，需要分析格雷戈里-莱布尼茨级数，找出其三个要素。为了便于计算，将格雷戈里-莱布尼茨级数简单变换为

$$pi4 = \pi/4 = 1/1 - 1/3 + 1/5 - 1/7 + \ldots$$

这样，迭代求 π 就变成迭代求 pi4，计算的结果再乘4即可得到 π。

① 建立迭代关系。按照变换后的格雷戈里-莱布尼茨级数，可以把其每一项写为 $1/i$，下一项的分母为 i += 2。但是还存在一个问题，格雷戈里-莱布尼茨级数是一加一减的，为了表示正负，把每一项写成 s/i。迭代时，下一项有迭代 s = -s，即可使各项正负交叠。对于 pi4 来说，迭代执行操作

```
s = -s; i += 2; pi4 = pi4 + s/i
```

② 确定迭代初值。按照格雷戈里-莱布尼茨级数，对 pi4 的迭代中有三个变量，它们的初值依次为

```
s = 1; i = 1.0; pi4 = 1.0
```

③ 确定迭代终止条件。由于格雷戈里-莱布尼茨是无穷级数，所以得到其精确值是一个无穷计算过程，这是永远没有办法实现的。人们只能在达到需要的精度后结束迭代过程，即在 $|\pi/4 - pi4|$ 小于预先给定的误差后结束迭代。但是，精确的 π 是不知道的。一个变通的办法是：考虑这个级数是收敛的，也就是说，相邻两个中间值之差会越来越小，因此可以把一个中间值与精确 π 之差变通为两个迭代中间值之差，即当两个相邻中间值之差的绝对值小于给定误差时，就可以终止迭代。对本题来说，每一项变化的值就是 $|s/i|$。

现在要确定这个误差值的选定方法。由于在 64 位的计算机中，float 类型的精度是 15 位，故以小于 $1.0e-15$ 的数作为误差，将会使迭代无限进行下去。并且，误差越小，运行时间越长。所以，误差值的选择应基于应用的需要，不是越小越好。

3）参考代码。

代码 2-36　用格雷戈里-莱布尼茨无穷级数计算 π 近似值的基本程序。

```
#code022601.py
s = 1; i = 1
pi4 = 1
err = 1e-10
while abs(s / i) > err:
    s = -s; i += 2; pi4 = pi4 + s/i
print('误差为%G时的π值为%f.'%(err,pi4 * 4))
```

4）扩展代码。

代码 2-37　分别按不同精度进行 π 近似值的计算。

```
if __name__ == '__main__':

    err = 1e-5
```

```
while err > 1.0e-10:
        s = 1; i = 1; pi4 = 1
        while abs(s / i) > err:
            s = -s; i += 2; pi4 = pi4 + s/i
        print ('误差值:{0:g}\t 计算所得 π 值:{1:18.17f}. '.format(err, (pi4
* 4)))
        err = err/10
```

误差值:1e-05   计算所得 π 值:3.14161265318978522.
误差值:1e-06   计算所得 π 值:3.14159465358569223.
误差值:1e-07   计算所得 π 值:3.14159285358973950.
误差值:1e-08   计算所得 π 值:3.14159267359025041.
误差值:1e-09   计算所得 π 值:3.14159265558925771.
误差值:1e-10   计算所得 π 值:3.14159265378820107.

一般情况下，科学记数法把 $a \times 10^n$ 记为 ae + n（或 aE + n），其中（$1 \leqslant |a| < 10$，n 为整数）。

习题 2.2

配合第 2.2.1 和 2.2.2 小节的习题

1. 选择题

（1）如果 a = 2，则表达式 not a < 1 的值为_____。

A. 2   B. 0   C. False   D. True

（2）如果 a = 1，b = 2，c = 3，则表达式 .（a == b < c）==（a == b and b < c）的值为_____。

A. -1   B. 0   C. False   D. True

（3）表达式 1 != 1 >= 0 的值为_____。

A. 1   B. 0   C. False   D. True

（4）表达式 1 > 0 and 5 的值为_____。

A. 1   B. 5   C. False   D. True

（5）表达式 1 is 1 and 2 is not 3 的值为_____。

A. 2   B. 3   C. False   D. True

（6）如果 a = 1，b = True，则表达式 a is 2 or b is 1 or 3 的值为_____。

A. 1   B. 3   C. False   D. True

（7）表达式 x = 't' if 'd' else 'f' 的执行结果是（   ）。

A. True   B. False   C. 't'   D. 'f'

（8）表达式 not a + b > c 等价于（   ）。

A. not((a + b) > c)   B. ((not a) + b) > c

C. not(a + b) > c   D. not(a + b) > not c

（9）表达式 a < b == c 等价于_____。

A. a < b and a == c B. a < b and b == c
C. a < b or a == c D. （a < b）== c

（10）下列语句中，符合 Python 语法的有_____。

A.
```
if x
    statement1
else:
    statement2
```

B.
```
if x:
    statement1;
else
    statement2;
```

C.
```
if x:
    statement1
else:
    statement2
```

D.
```
if x
    statement1
else
    statement2
```

（11）有如下一段代码：

```
>>> a = 3; b = 3.0
>>> if (a == b):
    print('Equal')
else:
    print('Not equal')
```

该代码执行后的输出为_____。

A. True B. False C. 'Equal' D. 'Not equal'

2. 判断题

（1）比较操作符、逻辑操作符、身份认定操作符适用于任何对象。（   ）

（2）表达式 1. + 1.0e - 16 > 1.0 的值为 True。（   ）

（3）操作符 is 与 == 是等价的。（   ）

（4）表达式 not（number % 2 ==0 and number % 3 ==0）与（number % 2 ! = or number % 3 ! =0）是等价的。（   ）

（5）表达式（x >= 1）and（x < 10）与（1 <= x < 10）是等价的。（   ）

（6）表达式 not（x > 0 and x < 10）与（x < 0）or（x > 10）是等价的。（   ）

（7）在 Python 中，操作符 is 与 == 是等价的。（   ）

（8）当作为条件表达式时，空值、空字符串、空列表、空元组、空字典、空集合、空迭代对象以及任意形式的数字 0 都等价于 False。（   ）

（9）在条件表达式中不允许使用引用运算符" = "，否则会提示语法错误。（   ）

3. 代码分析题

给出下面各题中的代码执行后的显示值，然后上机验证，给出解释。

（1）0. 1 + 0. 1 + 0. 1 == 0. 3, 0. 1 + 0. 1 + 0. 1 == 0. 2

（2）1 or 3, 1 and 3, 0 and 2 and 1, 0 and 2 or 1, 0 and 2 or 1 or 4

（3）1 <（2 == 2）, 1 < 2 == 2

（4）value = 'B' and 'A' or 'C'; print（value）

(5) (not (a and b) and (a or b)) or ((a and b) or (not (a or b)))

(6) a = 10；b = 10；c = 100；d = 100；e = 10.0；f = 10.0

a is b,c is d,e is f

(7) 假定 a 和 b 均为整数，请化简下列表达式：

(not(a < b) and not(a > b))

4. 简答题

(1) Python 整数的最大值是多少？

(2) 实型数和浮点数的区别在什么地方？

(3) 上网查询后回答，Decimal 类型和 Fraction 类型适合在什么情况下使用？

(4) 试说明下面 3 个语句的区别。

```
        a)                    b)                    c)
    if ( i > 0):          if ( i > 0):          if ( i > 0):
        if(j > 0):            if(j > 0):            n = 2
            n = 1                n = 1         else:
    else :                   else :              if(j > 0):
        n = 2                   n = 2                n = 1
```

5. 实践题

(1) 输入三个整数，然后将这三个数由小到大输出。

(2) 据秦汉的《礼记·曲礼上第一》记载："人生十年曰幼，学；二十曰弱，冠；三十曰壮，有室。四十曰强，而仕；五十曰艾，服官政；六十曰耆，指使；七十曰老，而传；八十、九十曰耄，七年曰悼。悼与耄，虽有罪，不加刑焉。百年曰期，颐。"

大意是说，男子十岁称幼，开始入学读书。二十岁称弱，举冠礼后，就是成年了。三十岁称壮，可以娶妻生子，成家立业了。四十岁称强，即可步入社会工作了。五十岁称艾，能入仕做官。六十岁称耆，可发号施令，指挥别人。七十岁称老，此时年岁已高，应把经验传给世人，将家业交付子孙管理了。八十岁、九十岁称耄，七岁时称悼。在"悼与耄"的时期，即使触犯了法律，也不会受到刑罚。百岁称期，到了这个年龄，就该有人侍奉，颐养天年了。

请编写一个 Python 程序，当输入一个年龄后，能分别按中国古代年龄段划分和按联合国世界卫生组织最新年龄段划分（见例 2.1），给出这个年龄的年龄段名称。

(3) 用 Python 打印一个表格，给出十进制 [0，32] 之间每个数对应的二进制、八进制和十六进制数。要求所有的线条都用字符组成。

(4) 为了评价一个人是否肥胖，1835 年比利时统计学家和数学家凯特勒（Lambert Adolphe Jacques Quetelet，1796—1874）提出一种简便的判定指标——身体质量指数（Body Mass Index，BMI）。它的定义如下：

BMI = 体重(kg) ÷ 身高^2(m^2)

如：$70 \div (1.75 \times 1.75) = 22.86$

按照这个计算方法，世界卫生组织 1997 年公布了一个判断人肥胖程度的 BMI 标准。但是，不同的种族情况有些不同。因此，2000 年国际肥胖特别工作组又提出了一个亚洲的 BMI 标准，后来又公布了一个中国参考标准。这些标准见表 2.5。

表 2.5　BMI 的 WHO 标准、亚洲标准和中国参考标准

BMI 分类	WHO 标准	亚洲标准	中国参考标准	相关疾病发病的危险性
偏瘦	<18.5	<18.5	<18.5	低（但其他疾病危险性增加）
正常	18.5~24.9	18.5~22.9	18.5~23.9	平均水平
超重	≥25	≥23	≥24	—
偏胖	25.0~29.9	23~24.9	24~26.9	轻度
肥胖	30.0~34.9	25~29.9	27~29.9	中度
重度肥胖	35.0~39.9	≥30	≥30	严重
极重度肥胖	≥40.0	—	—	非常严重

即使这样，还有些人不适用这个标准，例如：

❑ 未满 18 岁者。

❑ 运动员。

❑ 正在做负重训练的人。

❑ 怀孕或哺乳中的人。

❑ 虚弱或久坐不动的老人。

请根据上述资料设计一个身体肥胖程度快速测试器程序。

（5）用 Python 打印一个表格，给出 0~360°之间每隔 20°的 sin、cos、tan 值。要求所有的线条都用字符组成。

（6）编写一个求解一元二次方程的 Python 程序，要求能给出关于一元二次方程解的各种不同情况。

（7）一个年份如果能被 400 整除，或能被 4 整除但不能被 100 整除，则这个年份就是闰年。设计一个 Python 程序，判断一个年份是否为闰年。

（8）有 8 枚同值的硬币，其中一枚是假币。假币的重量与真币不同，给你一台天平，你如何用最少的称次，找出这枚假币？请用 Python 描述。

配合第 2.2.3 小节的习题

1. 判断题

（1）Python 使用缩进来体现代码之间的逻辑关系。（　　　　）

（2）为了让代码更加紧凑，编写 Python 程序时应尽量避免加入空格和空行。（　　　　）

2. 代码分析题

（1）执行下面的代码后，m 和 n 分别指向什么？

```
n = 123456789
m = 0
while n ! = 0:
    m = (10 * m) + (n % 10)
    n / = 10
```

（2）指出下面的代码的功能。

```
for i in range(1,10):
    for j in range(1,i +1):
```

```
        print('%d x %d = %d        '% (j,i,i*j),end='')
    print()
```

（3）阅读下列代码段，指出与数列和 $1/1^2 + 1/2^2 + \cdots + 1/n^2$ 一致的是哪一项？设 n 指向正整数 1000000，total 最初指向 0.0。

a)
```
for i in range(1, n + 1):
    total += 1 / (i * i)
```

b)
```
for i in range(1, n + 1):
    total += 1.0 / i * i
```

c)
```
for i in range(1, n + 1):
    total += 1.0 / (i * i)
```

d)
```
for i in range(1, n +1):
    total += 1.0/(1.0 * i * i)
```

e)
```
for i in range(1, n):
    total += 1.0 / (i * i))
```

f)
```
for i in range(1, n):
    total += 1.0 / (1.0 * i * i)
```

（4）给出下面代码的输出结果。

a)
```
i = 5
while i > 5:
    print (i)
```

b)
```
for j in range(10):
    j += j
print (j)
```

c)
```
j = 0
for i in range(j, 10):
    j += i
print (j)
```

d)
```
j = 0
for i in range(10):
    j += j
    print (j)
```

e)
```
f = 0; g = 1
for i in range(16):
    print(f, end = '')
    f = f + g
g = f - g
```

f)
```
s = ''
while n > 0:
    s = str(n % 2) + s
    print (s)
    n /= 2
```

（5）给出下面代码的输出结果。

```
v1 = [i%2 for i in range(10)]
v2 = (i%2 for i in range(10))
print(v1,v2)
```

（6）假设 n = 1 000 000，total 的初始值为 0.0，请给出下列代码的输出内容。

a)
```
for i in range(1, n + 1):
    total += 1 / (i * i)
    print (total)
```

b)
```
for i in range(1, n + 1):
    total += 1.0 / (i * i)
    print (total)
```

c)

```
for i in range(1, n + 1):
    total += 1.0 / i * I
    print (total)
```

d)

```
for i in range(1, n + 1):
    total += 1.0 / (1.0 * i * i
    print (total)
```

（7）下面代码的功能是随机生成 50 个介于 [1, 20] 之间的整数，然后统计每个整数出现的频率。请把缺少的代码补全。

```
import random
x = [random.__(1,20) for i in range(_)]
r = dict()
for i in x:
    r[i] = r.get(i, _) +1
for k, v in r.items():
print(k, v)
```

（8）下面程序的执行结果是_____。

```
s = 0
for i in range(1,101):
    s += i
    if i == 50:
        print(s)
        break
else:
    print(1)
```

（9）下面的程序是否能够正常执行，若不能，请解释原因；若能，请分析其执行结果。

```
from random import randint

result = set()
while True:
    result.add(randint(1,10))
    if len(result) ==20:
        break
print(result)
```

3. 实践题

（1）用一行代码生成 [1,4,9,16,25,36,49,64,81,100]。

（2）输出 500 之内所有能被 7 和 9 整除的数。

（3）古希腊人将因子之和（自身除外）等于自身的自然数称为完全数。设计一个 Python 程序，输出给定范围中的所有完全数。

（4）用一行代码计算 1~100 之和。

（5）编写程序，提示用户输入一个十进制整数，输出一个二进制数。

(6) 有 1、2、3、4 四个数字，能组成多少个互不相同且无重复数字的三位数？都是多少？

配合第 2.2.4 小节的实践题

（1）对于一个正整数 N，寻找所有的四元组（a,b,c,d），使得 a3 = b3 + c3 + d3，其中，a,b,c,d 都是小于等于 N 的正整数。

（2）百马百担问题：有 100 匹马，驮 100 担货，大马驮 3 担，中马驮 2 担，两匹小马驮 1 担，则有大、中、小马各多少匹？请设计求解该题的 Python 程序。

（3）爱因斯坦的阶梯问题：设有一阶梯，每步跨 2 阶，最后余 1 阶；每步跨 3 阶，最后余 2 阶；每步跨 5 阶，最后余 4 阶；每步跨 6 阶，最后余 5 阶；每步跨 7 阶时，正好到阶梯顶。问共有多少个阶梯？

（4）破碎的砝码问题。法国数学家梅齐亚克在他所著的《数字组合游戏》中提出一个问题：一位商人有一个质量为 40 磅（1 磅 = 0.4536 千克）的砝码，一天不小心被摔成了 4 块。不过，商人发现这 4 块的质量虽各不相同，但都是整磅数，并且可以是 1 ~ 40 之间的任意整数磅。问这 4 块砝码碎片的质量各是多少。

（5）奇妙的算式：有人用字母代替十进制数字写出下面的算式。请找出这些字母代表的数字。

$$\begin{array}{r} E\ G\ A\ L \\ \times \qquad\qquad L \\ \hline L\ G\ A\ E \end{array}$$

（6）牛的繁殖问题。有一位科学家曾出了这样一道数学题：一头刚出生的小母牛从第四个年头起，每年年初要生一头小母牛。按此规律，若无牛死亡，买来一头刚出生的小母牛后，到第 20 年头上共有多少头母牛？

（7）把下列数列延长到第 50 项：

1, 2, 5, 10, 21, 42, 85, 170, 341, 682, …

（8）某日，王母娘娘送唐僧一批仙桃，唐僧命八戒去挑。八戒从娘娘宫挑上仙桃出发，边走边望着眼前箩筐中的仙桃咽口水，走到 128 里（1 里 = 500 米）时，倍觉心烦腹饥、口干舌燥不能再忍，于是找了个僻静处开始吃前面箩筐中的仙桃，越吃越有兴致，不觉得已将一筐仙桃吃尽，才猛然觉得大事不好。正在无奈之时，发现身后还有一筐，便转悲为喜，将身后的一筐仙桃一分为二，重新上路。走着走着，馋病复发，才走了 64 里路，便故伎重演，吃光一筐仙桃后，又把另一筐一分为二，才肯上路。以后，每走前一段路的一半，便吃光一头箩筐中的仙桃才上路。如此这般，最后一里路走完，正好遇上师傅唐僧。师傅唐僧一看，两个箩筐中各只有一个仙桃，于是大怒，要八戒交代一路偷吃了多少仙桃。八戒掰着指头，好久也回答不出来。

请设计一个程序，为八戒计算一下他一路偷吃了多少个仙桃。

（9）狗追狗的游戏。在一个正方形操场的四角上有 4 条狗，游戏令下，让每条狗去追位于自己右侧的那条狗。若狗的速度都相同，问这 4 条狗要多长时间可以会师？请设计一个程序，操场的大小和狗的速度请自己设置。

2.3 Python 函数

在程序中，函数是一种代码封装和复用体。所谓封装，就是将一段实现某一功能的代码抽象成一个名字 + 参数列表；所谓复用，就是当以后需要该功能的地方只要使用名字 + 参数列表就能代替该段代码，从而实现一次设计、多次调用。

函数可以自己设计，也可以由别人设计。标准库和第三方库中的函数就是一些经过验证的函数。

2.3.1 函数及其基本环节

作为承载某一功能的重要机制，函数具有三方面的意义：一是形成一段代码的封装体；二是实现一个功能；三是代码可以被重用。图 2.16 为函数被重复使用的示意图。

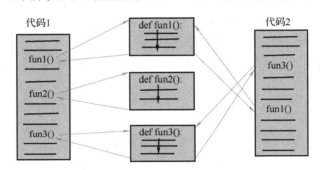

图 2.16 函数被重复使用的示意图

所有的函数都是以调用的形式被重复使用的。将一段程序代码进行封装的过程称为函数定义。一个函数被调用，完成特定的操作后，向程序调用处送出它所产生的数据对象，这称为函数返回。所以，调用、创建（定义）和返回是函数面临的三大基本环节。图 2.17 形象地表示了三者之间的关系。

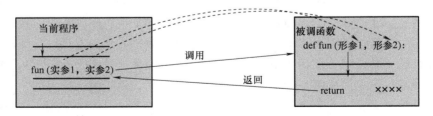

图 2.17 函数对象的调用、创建和返回

1. 函数调用

（1）函数调用的作用

简单来说，函数调用就是在执行一段程序代码的过程中，根据需要插入一个函数所执行的操作。

（2）函数调用的过程

函数调用通过执行参数传递、保存现场和流程转移三个操作完成。这三个操作虽然都是由系统在后台完成的，但理解它们有益于正确使用函数。

1）参数传递。创建（定义）一个函数犹如编写一个剧本。一个剧本只描述故事情节中的人物角色，而不关心这些角色由谁扮演。创建一个函数也是这样，只描写一个功能实现过程中的数据角色，而不管这些数据角色的具体值。这些数据角色称为形式参数（formal parameters），简称形参（parameters）。当这个函数被调用时，就需要知道由调用者告知函数中数据角色的具体值。这些具体值就称为实际参数（actual parameters），简称实参（arguments）。例如要调用函数 pow（x，y）计算 x^y，就需要告知 x 和 y 各是什么。这就是参数传递，它是一个虚实结合的过程。

2）保存现场。通常函数调用时当前程序还没有结束，所以会有一些中间结果和状态。为了能在函数返回时接着执行，就要将这些中间执行结果和状态保存起来。

3）流程转移。将计算机执行程序的流程从当前调用语句转移到函数的第一个语句，开始执行函数中的代码。

（3）函数调用的形式

函数调用是一个表达式，格式如下：

函数名（实际参数列表）

例如，计算 2^8 时，调用的表达式为 pow(2,8)，其中 2 和 8 为实际参数。

调用表达式可以单独构成一个语句，如 print( )；也可用来组成表达式，如 a = pow(2,8)。需要注意的是，要调用一个模块中的函数，必须先用 import 将模块导入。

2. 函数对象的创建

Python 的函数对象由函数头（function header）和函数体（function body）两部分组成：

def 函数名 （参数列表）：
　　函数体

（1）函数头

函数头由关键字 def 引出，def 是执行语句关键字。当 Python 解释执行 def 语句后，就会创建一个函数对象，并将其绑定到函数名变量。

Python 函数名是函数名变量的简称，必须是合法的 Python 标识符。函数可能不需要参数，也可能需要多个参数。有多个参数时，参数间要用逗号（,）分隔。

函数头后面是一个冒号（:），表示函数头的结束和函数体的开始。

（2）函数体

函数体用需要的 Python 语句实现函数的功能。这些语句应当按缩进格式排列。

3. 函数返回

（1）return 语句的作用

1）终止函数中的语句执行，将流程返回到调用处。

2）返回函数的计算结果。程序执行返回后，会恢复调用前的现场状态，从调用处的后面继续执行原来的程序。

（2）return 语句的用法

1）只返回一个值的 return 语句。

代码2-38　利用海伦公式计算并返回三角形面积的函数。

```
import math
def triArea(a,b,c):
    s = (a + b + c) / 2
    area = math. sqrt((s - a) * (s - b) * (s - c) * s)
    return area                              #返回一个值
```

2）不返回值的 return 语句。这时，函数只执行一些操作。

代码 2-39　在交互模式下代码 2-38 的另一种等价形式及其运行情况。

```
def triArea(a,b,c):
    s = (a + b + c) / 2
    area = math. sqrt((s - a) * (s - b) * (s - c) * s)
    print ('三角形面积为:',area        )        #输出一个值
    return None                              #返回 None 的 return 语句


>>> s = triArea(3,4,5)
三角形面积为: 6.0
>>> type(s)                                  #获取函数返回的类型
<class 'NoneType'>
>>> type(s) is True
False
```

说明：None 表示空对象，称为空值。return None 表示不返回任何值。这样的语句只执行返回操作，如果在一个函数的最后可以将其省略。

3）在一个函数中可使用多个 return 语句，但只能有一个 return 语句被执行。

代码 2-40　判断一个数是否为素数的函数。

```
def isPrimer(number):
    if number < 2:
        return False
    for i in range(2,number):
        if number % i == 0:
            return False
    return True
```

这个函数中有三个 return 语句，但调用一次，只能由其中一个执行返回。

4）return 可以返回多个值。

代码 2-41　在边长为 r 的正方形中产生一个随机点的函数。

```
import random
def getRandomPoint(r):
    x = random. uniform(0.0,r)
    y = random. uniform(0.0,r)
    return (x,y)                             #一个 return 返回两个值
```

对于这个函数，可以用下面的语句调用。

```
x,y = getRandomPoint(r)
```

实际上，这种返回值可以被看成一个元组对象。如

```
>>> x,y = getRandomPoint(10)
>>> print(x,y)
2.34837324109465  1.2149897879282656
```

2.3.2 Python 函数参数传递技术

参数用于描述函数的调用环境。在 Python 函数中，每个参数都作为一个特殊的变量指向某一对象。因此，当一个程序要调用一个带参函数时，每个实参都将其引用对象传递给形参，即让形参变量指向实参量所指向的那个对象。参数传递是函数调用的关键环节。为了支持灵活多样的应用，Python 提供了多种函数参数传递技术。

1. 不可变参数与可变参数

根据实参引用的是可变对象还是不可变对象，在函数调用过程中，对调用方产生的影响是不相同的。

（1）实参引用不可变对象

当实参指向 int、float、str、bool、tup 等不可变对象时，在函数中任何对于形参的修改都会使形参变量指向另外的对象，因而函数在执行有修改参数值的操作时，不会对调用方的实参变量的引用值产生任何影响，这时函数无副作用。

代码 2-42　不可变对象变量作参数。

```
def exchange(a,b):
    a, b = b, a                              #交换 a,b
    print('\t Inside the function, a,b = ',a,b,sep = ',')
    return None


def main():
    x = 2; y = 3
    print('Before the call, x,y =',x,y,sep = ',')
    exchange(x,y)                            #调用函数 exchange
    print ('After the call, x,y = ',x,y,sep = ',')
    return None

main()                                       #调用函数 main
```

执行结果如下：

```
Before the call, x,y = ,2,3
        Inside the function, a,b = ,3,2
After the call, x,y = ,2,3
```

（2）实参引用可变对象

当实参指向 dict、list 等可变对象时，在函数中任何对于形参的修改都在实参变量引用

的对象上进行，这时函数有副作用。

代码2-43 列表对象变量作参数。

```
def exchange(a,i,j):
    a[i],a[j] = a[j],a[i]
    print('\t Inside the function, a = ',a)
    return None


def main():
    x = [0,1,3,5,7]
    print('Before the call, x =',x)
    exchange(x,1,3)                      #用 exchange,交换列表元素 x[1],x[3]
    print ('After the call, x = ',x)
    return None


main()                                   #调用函数 main
```

执行结果如下：

```
Before the call, x = [0,1,3,5,7]
            Inside the function, a = [0,5,3,1,7]
After the call, x = [0,5,3,1,7]
```

2. 有默认值的参数

当函数带有默认参数时，允许在调用时缺省这个参数。

代码2-44 用户定义的幂计算函数。

```
def power(x, n = 2):
    p = x
    for i in range(1,n):
        p *= x
    return p
```

运行情况如下：

```
>>> power(3)                            #有默认值的实际参数
9
>>> power(3,3)
27
```

注意：

1）默认参数必须指向不可变对象，因为其值是在函数定义时就确定的。

2）当函数具有多个参数时，有默认值的参数一定要放在非缺省参数之后。

由代码2-44的执行情况可以看出，带有默认值的参数是可选的，所以这类参数也可以称为可选参数。而不带默认值的参数就称为必选参数。可选参数与必选参数的使用要点如下：

1）要使某个参数是可选的，就给它一个默认值。

2）必选参数和默认参数都有时，必选参数要放在前面，默认参数要放在后面。

3）函数具有多个参数时，可以按照变化大小排队，把变化最大的参数放在最前面，把变化最小的参数放在最后面。程序员可以根据需要决定将哪些参数设计成默认参数。

3. 位置参数与命名参数

在函数有多个参数的情况下，函数调用时的参数传递会依照参数的位置顺序——对应地进行。这种参数称为位置参数（positional arguments）。这时，用户必须知道每个形参的意义和排列位置，否则就会因传递错误而使程序出错。例如形参列表为（name，age，sex），而实际参数列表为（'zhang'，'m'，18），这就会造成错误。

为避免这种麻烦，Python 提供了命名参数，也称关键字参数（keyword arguments），使用户可以按名输入实参。这时，形参名与实参之间用冒号连接，类似一个字典元素。下面介绍几种命名参数和位置参数的技术。

（1）在实参中指定参数名

代码 2-45　命名参数调用方法示例。

```
>>> ###创建一个 getStudentInfo()函数
>>> def getStudentInfo(name,gender,age):
    print ('name:',name,',gender:',gender,',age:',age)
    return None
>>>
>>> #调用时全部实参按形参列表顺序排列并都指定形参名字
>>> getStudentInfo(name ='zhang',gender = 'M',age = 20)
name: zhang ,gender: M ,age: 20
>>>
>>> #调用时全部实参都用形参名字限定但不按形参位置排列
>>> getStudentInfo(3,name ='zhang',gender = 'M',age = 20)
name: zhang ,gender: M ,age: 20
>>>
>>> #有位置参数也有命名参数时,命名参数应在位置参数之后
>>> getStudentInfo('zhang', 'M',age = 20)
name: zhang ,gender: M ,age: 20
```

代码 2-45 中，如果定义为 def getStudent Info（name，age，1，gender），则 name 与 age 一定要是位置参数；除了顺序的限制外，还不能是命令参数，否则会出错。

（2）强制命名参数

在形参列表中加入一个星号（＊），会形成强制命名参数（keyword-only），要求在调用时其后的形参必须显式地使用命名参数传递值。

代码 2-46　强制命名参数示例。有函数定义如下：

```
def getStudentInfo(name,gender, * ,age):
    print ('name:',name,',gender:',gender,',age:',age)
    return None
```

按强制命名参数要求调用，情况如下：

```
>>> getStudentInfo('zhang','M', age = 203)
name: zhang ,gender: M ,age: 203
```

不按强制命名参数要求调用，会出现错误：

```
>>> getStudentInfo('zhang','M',20)
Traceback (most recent call last):
    File "<pyshell#15>", line 1, in <module>
        getStudentInfo('zhang', 'M', 20, 'computer', 3)
TypeError: getStudentInfo() takes 3 positional arguments but 5 were given
```

4. 接收数目任意的参数

（1）用元组接收数目任意的位置实参

给一个形参名前加一个星号（*），表明这个参数将用元组接收数目任意的位置实参。

代码 2-47　以元组接收数目任意的位置实参。

```
def getSum(para1,para2,*para3):
    total = para1 + para2
    for i in para3:
        total += i
    return total
```

运行情况如下：

```
>>> print(getSum(1,2))
3
>>> print(getSum(1,2,3,4,5))
15
>>> print(getSum(1,2,3,4,5,6,7,8))
36
```

（2）用字典接收数目任意的关键字参数

给最后一个形参名前加一个双星号（**），表明这个参数将用字典接收数目为 0 或多个的自由关键字参数。

代码 2-48　用字典接收数量可变的自由关键字实参。

```
def getStudentInfo(name, **kw):
    print ('name:',name, other:',kw)
    return None
```

运行情况如下：

```
>>> getStudentInfo(name ='zhang',gender = 'M',age = 20)
name: zhang , other: {gender: M ,age: 20 }
```

2.3.3　嵌套函数

1. 嵌套函数的概念

函数是用 def 语句创建的，凡是其他语句可以出现的地方，def 语句同样可以出现在一个函数的内部。这种在一个函数体内又包含另外一个完整定义的函数的情况称为嵌套函数（nested function）。

代码 2-49   嵌套函数示例。

```
  ①---->g=1------
      def A():
        --->a=2----
  ③  |    def B():
  ②  |  ④  |--->   b=5  ⑥
         |  ⑤    print ("a+b+g=%d,in B."%(a+b+g))
        |->B()---  ↓⑦
            print("a+g=%d,in A."%(a + g))
      ->A()
```

运行结果如下：

a + b + g = 8, in B.
a + g = 3, in A.

说明：

1）程序的执行顺序在代码 2-18 中用带箭头的虚线标出。

2）像函数 B 这样定义在其他函数（函数 A）内的函数称为内嵌函数（inner function），包围内嵌函数的函数称作包围函数（enclosing function）。

代码 2-50   要在内嵌套中修改包围函数中创建的变量，需用 nonlocal 先声明。

```
>>> g = 1
>>> def A():
    a = 2
    def B():
        nonlocal a              #用 nonlocal 声明
        a = a + 1
        b = 5
        print("a + b + g = %d,in B."%(a + b + g))
        return None
    B()
    print("a + g = %d,in A."%(a + g))
    return None


>>> A()
a + b + g = 9,in B.
a + g = 4,in A
```

这里，nonlocal 的作用是：① 告诉解释器，它所声明的变量不是局部变量，也不是全局变量，而是外部嵌套函数内的变量，这种变量既不具有局部作用域，又不具有全局作用域，而是具有嵌套作用域（也称闭包作用域）；② 创建一个包围函数中变量的副本，使其指向包围函数运行时创建的对象；③ 告诉解释器可以在内函数的局部作用域修改该变量的指向了。

2. 多层嵌套函数

函数嵌套可以多层进行。此时，除了最外层和最内层的函数外，其他函数既是包围函数，又是内嵌函数；nonlocal 关键字的使用不限于全局变量，可用于对任何上一层变量的声明，但仅限于本层有效。

代码 2-51　多层嵌套函数中 nonlocal 关键字用法示例。

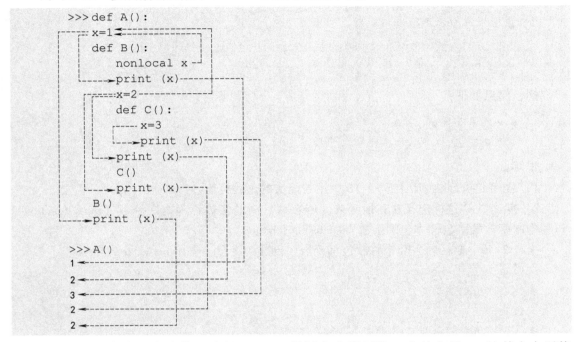

说明： 在此例中，在函数 B 中用 nonlocal 关键字声明函数 A 中的变量 x，让其在本层修改，与 int 类型的 2 相捆绑。但所声明的 x 仅在函数 B 中有效，在下一层的函数 C 中就无效了，在函数 C 中 "x = 3" 则是创建了一个函数 C 中的局部变量。

习题 2.3

1. 判断题

（1）一个函数中可以定义多个 return 语句。（　　）

（2）在 Python 函数定义中，无须指定其返回对象的类型。（　　）

（3）函数定义中必须包含 return 语句。（　　）

（4）定义 Python 函数时，如果函数中没有 return 语句，则默认返回空值 None。（　　）

（5）如果在函数中有语句 return (3)，那么该函数一定会返回整数 3。（　　）

（6）函数中的 return 语句一定能够得到执行。（　　）

（7）Python 函数的 return 语句只能返回一个值。（　　）

（8）在函数内部直接修改形参的值并不影响外部实参的值。（　　）

（9）函数的形参是可选的，可有可无。（　　）

（10）函数有可能改变一个形参变量所绑定对象的值。（　　）

（11）传给函数的实参必须与函数定义的形参在数目、类型和顺序上一致。（　　）

（12）可以使用一个可变对象作为函数可选参数的默认值。（　　）

（13）函数参数可以作为位置参数或命名参数传递。（　　）

（14）在函数调用时，如果没有实参调用默认参数，则默认值被当作0。（　　）

（15）一个函数如果带有默认值参数，那么必须所有参数都设置默认值。（　　）

（16）调用带有默认值参数的函数时，不能为默认值参数传递任何值，必须使用函数定义时设置的默认值。（　　）

（17）在定义函数时，即使该函数不需要接收任何参数，也必须保留一对空的圆括号来表示这是一个函数。（　　）

（18）Python 函数调用时的参数传递，只有传值一种方式，所以函数中对参数值的修改不会影响实参。（　　）

（19）在调用函数时，必须牢记函数形参顺序才能正确传值。（　　）

（20）在定义函数时，带有默认值的参数必须出现在参数列表的最右端，任何一个带有默认值的参数右边不允许出现没有默认值的参数。（　　）

（21）函数调用可以嵌套。（　　）

（22）函数定义可以嵌套。（　　）

2. 选择题

（1）代码

```
>>> def func(a, b=4,c=5):
        print (a,b,c)
>>> func(1,2)
```

执行后输出的结果是_____。

A. 1 2 5　　　　B. 1 4 5　　　　C. 2 4 5　　　　D. 1 2 0

（2）函数

```
def func(x,y,z = 1.*par, **parameter):
    print(x,y,z)
    print (par)
    print (parameter)
```

用 func(1,2,3,4,5,m=6) 调用，输出结果是_____。

A.	B.	C.	D.
1 2 1	1 2 3	1 2 3	1 2 1
(3,4,5)	(4,5)	(4,5)	(4,5)
('m':6)	{'m':6}	(6)	(m =6)

（3）代码

```
>>> x,y = 6,9
>>> def foo():
        global y
```

```
    x,y = 0,0
>>> x,y
```

执行后的显示结果是_____。

A. 0 0 　　　　　　B. 6 0 　　　　　　C. 0 9 　　　　　　D. 6 9

3. 代码分析题

（1）阅读下面的代码，指出函数的功能。

```
def f(m,n):
  if m < n:
    m,n = n,m
  while m % n ! = 0:
    r = m % n
    m = n
    n = r
  return n
```

（2）阅读下面的代码，指出其中 while 循环的次数。

```
def cube(i):
  i = i * i * i
  return None


i = 0
while i < 100:
  cube(i)
  i += 1
```

（3）阅读下面的代码，指出程序运行结果并说明原因。

```
x = 'abcd'
def func():
  global x = 'xyz'
  return None


func()
print (x)
```

（4）阅读下面的代码，指出程序运行结果并说明原因。

```
x = 'abcd'
def func():
  x = 'xyz'
  def nested():
    print (x)
    return None
  nested()
```

```
    return None

func()
x
```

（5）阅读下面的代码，指出程序运行结果。

```
flist = []
for i in range(3):
    def foo(x): print (x + i)
    flist.append(foo)
    return None

for f in flist:
    f(2)
```

4. 实践题

（1）编写一个函数，计算一元二次方程的根。

（2）编写程序，找出 1 到 100 之间的所有素数，并输出结果。要求找素数这部分的功能代码用函数实现。

（3）设有 n 个已经按照从大到小顺序排列的数，现在从键盘上输入一个数 x，判断它是否在已知数列中。

（4）约瑟夫问题：M 个人围成一圈，从第 1 个人开始依次从 1 到 N 循环报数，并且让每个报数为 N 的人出圈，直到圈中只剩下一个人为止。请用 Python 程序输出所有出圈者的顺序。

（5）用函数计算两个非负整数的最大公约数。

（6）编写一个计算 x^n 的函数。

（7）分割椭圆。在一个椭圆的边上任选 n 个点，然后用直线段将它们连接，会把椭圆分成若干块。

（8）假设银行一年整存整取的月息为 0.32%，某人存入了一笔钱。然后，每年年底取出 200 元。这样到第 5 年年底刚好取完。请设计一个递归函数，计算他当初共存了多少钱。

2.4 Python 变量作用域与命名空间

在命令式编程中，为降低复杂性，一个问题的求解往往会分解为多个子过程，这样就会使用许多变量。而变量的增多，无疑将会产生变量的命名以及变量引用值的修改所引起的副作用。为此，许多高级语言中，用命名空间（namespace）和作用域（scope）来解决这个难题。

2.4.1 Python 局部变量与全局变量

1. Python 局部变量

在程序中引入函数后，一个程序往往会调用多个函数。这就会进一步引出一个问题：

一个函数中使用的变量若与其他函数中的变量同名，是否会引起名字间的冲突？如果会引起同名变量之间的冲突，那么设计一个函数就要知道别的函数中使用了哪些名字，即设计一个函数就几乎要知道全世界的函数中有哪些变量名。因为，谁也预料不到哪些程序中会同时调用哪些函数。这样，应用函数所带来的程序设计复杂性降低，却被变量命名上的复杂性增加所抵消，甚至会使程序设计的复杂性急剧扩大。为此，各种程序设计语言都引入了变量作用域（scope）的概念。变量的作用域就是变量可以被访问的代码区间。在 Python 程序中，定义在局部的变量，其作用域就被限制在局部。这样在一个局部定义的变量就与在其他局部定义的变量没有关系。在 Python 中，所有定义在函数中的变量都仅指向本函数运行时所创建的对象，而不会指向其他函数运行时所创建的对象。因此每个函数中都可以自己独立地定义变量的名字，与其他函数中有无同名变量无关。

代码 2-52　　不同函数中的同名变量只指向本函数中创建的对象。

```
>>> def fun1():                 #定义函数 fun1
    x = 111                     #函数 fun1 运行时创建变量 x，此 x 作用域在 fun1 中
    x = x + x                   #在函数 fun1 中改变 x 的绑定对象
    print(x)                    #在 fun1 中输出 x 的引用值
    return None

>>> def fun2():                 #定义函数 fun2
    x = 333                     #函数 fun2 运行时创建变量 x，此 x 作用域在 fun2 中
    x = x + x                   #在函数 fun2 中改变 x 的绑定对象
    print(x)                    #在 fun2 中输出 x 的引用值
    return None

>>> fun1()                      #调用 fun1
222
>>> fun2()                      #调用 fun2
666
```

2. Python 全局变量及其引用

尽管人们常常希望能在不同函数中定义同名变量而不互相冲突，但是有时会希望在一个模块不同的局部作用域（函数）中使用同一个名字引用同一个对象。这时就应该使用全局变量。

在 Python 程序中，全局变量是定义在一个模块（文件）中所有函数外部的变量。这样，就可以在这个模块的所有函数中引用全局变量了，即全局变量的作用域在所定义的模块。但是，如果在函数中有与全局变量同名的局部变量，这个同名局部变量将会屏蔽全局变量，这称为"局部优先"原则。

代码 2-53　　在函数中引用全局变量示例。

```
>>> x = 555                     #定义全局变量 x
>>> def f1():
    y = x + 333                 #引用全局变量 x
```

```
        print(y)

>>> def f2():
    x = 666                              #定义同名局部变量 x
    print(x)

>>> f1()
888
>>> f2()
666
```

3. 在函数中修改全局变量

在函数中修改全局变量需要分两种情况考虑:

1) 对于可变类型的全局变量,可以在函数中进行修改。

2) 对于不可变类型的全局变量,要在函数中修改,应使用关键字 global 在局部声明之后进行修改,否则就会引发错误。

代码 2-54 在函数中修改全局变量引用值示例。

```
>>> x = [666,]                           #定义可变全局变量 x
>>> y = 555                              #定义不可变全局变量 y
>>> def f1():
    x. append(222)                       #修改可变全局变量 x 引用值
    print (x)

>>> def f2():
    global y                             #用 global 声明不可变全局变量 y
    y += 333                             #修改不可变全局变量 y
    print (y)

>>> def f3():
    y += 111                             #没有用 global 声明的情况下,修改不可变全局变量 y
                                          引用值

    print (y)

>>> f1()
[666, 222]
>>> f2()
888
>>> f3()
Traceback (most recent call last):
  File " <pyshell#20 >", line 1, in <module >
    f3()
  File " <pyshell#16 >", line 2, in f3
```

```
    y += 111
UnboundLocalError: local variable 'y' referenced before assignment
```

4. locals( ) 和 globals( ) 函数

locals( ) 和 globals( ) 是两个内置函数，可以分别以字典形式返回当前位置的可用本地命名空间和全局（包括内置）命名空间。

代码2-55　locals( ) 和 globals( ) 函数应用示例。

```
>>> if __name__ == '__main__':
    a = 200
    def external(start):
            print ('globals(1):',globals())
            print ('locals(1):',locals())
            state = start
            print ('locals(2):',locals())
            def internal(label):
                    print ('locals(3):',locals())
                    print(label,state)
                    print ('locals(4):',locals())
                    return None
            return internal


>>> F = external(3)
globals(1): {'__name__':'__main__','__doc__':None,'__package__':None,
'__loader__': <class '_frozen_importlib.BuiltinImporter'>, '__spec__':
None, '__annotations__': {}, '__builtins__': <module 'builtins' (built-in)
>, 'a': 200, 'external': <function external at 0x00000289743E4840>, 'F': <
function external.<locals>.internal at 0x0000028973A53E18>}
locals(1): {'start': 3}
locals(2): {'start': 3, 'state': 3}
>>> F('spam')
locals(3): {'label': 'spam', 'state': 3}
spam 3
locals(4): {'label': 'spam', 'state': 3}
```

2.4.2　封闭型作用域——嵌套作用域

将代码2-49修改一下，在内函数中直接修改 a 的引用值，看看会出现什么情况。

代码2-56　在内嵌套中直接修改 a 的引用值的代码。

```
>>> g = 1
>>> def A():
```

```
            a = 2
            def B():
                a = a + 1                    #企图直接修改 a 的引用值
                b = 5
                print("a + b + g = %d,in B."% (a + b + g))
                return None
            B()
            print("a + g = %d,in A."% (a + g))
            return None

    >>> A()
    Traceback (most recent call last):
      File "<pyshell#13 >", line 1, in <module>
        A()
      File "<pyshell#12 >", line 7, in A
        B()
      File "<pyshell#12 >", line 4, in B
        a = a +1
    UnboundLocalError: local variable 'a' referenced before assignment
```

运行结果表明：代码中出现了未局部绑定错误。这个错误是由于在引用操作符（=）前面引用了变量 a 造成的，与在函数内部修改全局变量的引用值所出现的错误类似。但是，在这个代码中，a 又不是全局变量，不可以用 global 声明。为解决这类问题，Python 提供了关键词 nonlocal。有关内容已经在 2.3.3 节中介绍。

2.4.3　Python 命名空间及其创建

前面介绍了 Python 的几个作用域。那么，这些作用域是如何形成的呢？在 Python 中，作用域是依赖于命名空间（namespace）的名字管理机制。

一个程序由多个模块组成；每个模块又往往由多个函数组成。这样，就要使用大量的名字。这些名字不仅指变量，也包括函数名、类名、关键字等。为了能让不同的模块和函数可以由不同的人开发，就要解决各模块和函数之间名字的冲突问题。命名空间（或称名字空间）是从名字到对象的映射区间，或者说名字绑定到对象的区间。在 Python 中，命名空间是由字典实现的：键为名字，值是其对应的对象。所以，一个命名空间就是一个字典（dict）对象。

引入命名空间后，每一个命名空间就是一个名字集合，不能有重名；而各命名空间独立存在，在不同的命名空间中允许使用相同的名字，它们分别绑定在不同的对象上，因而不会造成名字之间的碰撞（name collision）。

迄今为止，Python 提供了如下四种类型的名字空间，或者说是四个级别的名字空间——对应于不同的程序代码区间，如表 2.6 所示。其中的内置命名空间是内置的字典，包含了所有内置标识符到其绑定对象的映像。

表 2.6　Python 提供的四种名字空间

中 文 名 称	英 文 名 称	英文缩写	对应的程序代码区间
局部（本地，函数内）命名空间	local（function）	L	一个函数
嵌套（闭包）命名空间	enclosing	E	一个嵌套函数
全局（模块）命名空间	global（module）	G	一个模块
内置（python）命名空间	builtin（python）	B	任何代码区间，所有模块

Python 程序在运行期间会有多个名字空间并存。不同命名空间在不同的时刻创建，并且有不同的生存周期。表 2.7 列出了这四种命名空间的生命周期。也就是说，每当一个 Python 程序开始运行（即 Python 解释器启动），就会创建一个 built-in namespace，引入关键字、内置函数名、内置变量和内置异常名字等；若文件以顶层程序文件（主模块，即 __name__ 为 '__main__'）执行，则会为之创建一个全局命名空间，保存主模块中定义的名字。此后，每当加载一个其他模块，就会为之创建一个全局命名空间，引入该模块中定义的变量名、函数名、类名、异常名字等；每当开始执行 def 或 lambda、class，就会为之创建一个局部命名空间，存储该关键字引出的一段代码中定义的变量等名字。这样，就在一个 Python 程序运行时建立起了不同级别的命名空间。显然，内置命名空间最大，全局命名空间次之，局部命名空间最小。

表 2.7　Python 基本命名空间及其生命周期

命名空间名称	说　明	创 建 时 刻	撤 销 时 刻
局部命名空间（local namespace）	函数局部命名空间：绑定在函数中	def/lambda 块执行时	函数返回或有未捕获异常
	类局部命名空间：类中定义的名字	解释器读到类定义时	类定义结束后
全局命名空间（global namespace）	由直接定义在模块中的变量名、类名、函数名、异常名字等标识符组成	模块被加载时	解释器退出
内置命名空间（built-in namespace）	包括关键字、内置函数、内置变量和内置异常名字等	Python 解释器启动时	解释器退出

说明：

1）在 Python 程序中，只有 module（模块）、class（类）、def（函数）、lambda 才会创建新的命名空间。而在 if-elif-else、for/while、try-except\try-finally 等关键字引出的语句块中，并不会创建局部命名空间。

2）各命名空间创建顺序：Python 解释器启动→创建内置命名空间→加载模块→创建全局命名空间→函数被调用→创建局部命名空间。

各命名空间销毁顺序：函数调用结束→销毁函数对应的局部命名空间→Python 虚拟机（解释器）退出→销毁全局命名空间→销毁内置命名空间。

2.4.4　命名空间的 LEGB 级别与规则

命名空间最重要的性质是可见性。这种命名空间的可见性就是名字的作用域。所谓

"可见"是指解释器可见，可以解释。四种不同级别的命名空间对应着四种不同级别的名字作用域，如图 2.18 所示。

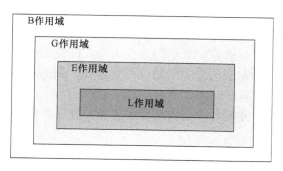

图 2.18　Python 3.x 的四级作用域

名字解析是指当在一个表达式中使用一个名字时，如何找到它所绑定的对象。显然，首先要找到这个名字所在的名字空间，然后在这个名字空间中找到这个名字所绑定（指向）的对象。

Python 名字解析要按照 LEGB 规则进行：当在一个表达式中遇到一个名字时，若这个表达式在一个嵌套内函数内，则 Python 解释器就会先在该函数的局部命名空间搜寻这个名字；如果搜寻不到，则就接着到嵌套（闭包）命名空间搜寻；如果还没有搜寻到，就到当前模块中搜寻；若还没有搜到，就到内置命名空间搜寻；最后还没有搜到，就给出该名字错误（NameError）信息，并进一步说明这个名字没有定义。

LEGB 规则的一个特点是：内部优先。即如果一个名字在内部找到了，则外部的同名变量就被屏蔽了。

代码 2-57　内部优先原则示例。

```
>>> print = 2                          #创建一个全局变量 print
>>> print(print)                       #企图调用内置命名空间中的 print
Traceback (most recent call last):
  File "<pyshell#3>", line 1, in <module>
    print(print)
TypeError: 'int' object is not callable
```

这个例子说明，由于全局命名空间在内置命名空间内部，所以它定义的 int 类型的 print 就屏蔽了内置命名空间中的 print，从而使后者无法被调用，尽管把它写成了函数形式。

2.4.5　将名字加入命名空间的操作

除内置命名空间外，其他命名空间都是随着代码块的创建而创建。但是，这些命名空间中的元素，并非命名空间一创建就存在，而是随着有关操作而加入的。这些操作有如下几种。

1. 变量引用与参数声明

在 Python 中，变量的创建是一个绑定或重绑定（bind or rebind）过程。这个绑定过程分为两步：第 1 步是将这个名字与名字空间的绑定，即把这个名字与其绑定对象的映像添加到合适的命名空间；第 2 步是将这个名字与对象的绑定，这就使其类型、ID 以及值可变。

对一个变量进行初次引用会在当前命名空间中引入新的变量，即把名字和对象以及命名空间做一个绑定，后续引用操作则只将变量绑定到当前命名空间中的另外对象。这种重新绑定对于在函数中修改全局变量或嵌套变量的操作来说，将会造成错误。因为函数返回时，函数内局部变量将被撤销，所对应的命名空间也不复存在，而其在外部绑定关系还是原来的。为避免这一错误，Python 设置了 global 和 nonlocal 关键字，用于将其修饰的名字作为外部变量的引用，以便在后面的引用操作中能将这个名字及其绑定的对象映像添加到当前名字空间中，而不会有后遗症。

当然，上述分析是针对不可变类型而言的，对于可变类型则无此限制。

2. 参数声明与传递

参数声明会将形式参数变量引入到函数的局部命名空间中，但没有对象与之绑定。函数调用时，实际参数向形式参数传值是形式参数名与实际参数所指向对象的绑定。

3. import 语句

import 语句是用来在当前的全局命名空间中引入模块中定义的标识符。

由于在某个命名空间中定义的名字实际上就是这个命名空间的属性，因此，不在某命名空间处访问其名字时，就不能进行直接访问，而应采用属性访问方式，如 math. pi 等。在 Python 程序中，如果一个名字前面没有 (.)，就是直接访问。显然，从作用域的角度看，import math 与 from math import pi 的区别就在于前者是将标识符 math 引入到当前命名空间，而后者是将名字 math. pi 引入到当前命名空间。

代码 2-58　两种 import 对作用域的影响示例。

```
>>> import math
>>> dir()                    # 当前名字空间中添加了 math
['__annotations__','__builtins__','__doc__','__loader__','__name__','__
package__', '__spec__', 'math']
>>> from math import pi
>>> dir()
['__annotations__', '__builtins__', '__doc__', '__loader__', '__name__',
'__package__', '__spec__', 'math', 'pi']
```

说明：dir( ) 函数用于返回一个列表对象，在该列表中保存有指定命名空间中排好序的标识符字符串。命名空间用参数指定；若参数缺省，则表示当前名字空间。

有了直接访问的概念，就可以进一步理解作用域了。一个作用域是程序的一块文本区域（textual region），在该文本区域内，对于某命名空间可以直接访问，而不需要通过属性访问。显然，作用域讨论的可见性是对直接访问而言。

4. 函数定义和类的定义

函数和类也是对象。函数定义是在定义代码区域对应的命名空间中引入新的函数名和类名。若一个函数定义在一个模块中，就将这个函数名引入到该模块命名空间中；若一个函数定义嵌套在另一个函数中，就将这个函数名引入到所嵌套的包围函数命名空间中。而函数名与函数对象的绑定是在该模块或包围函数装入内存时才进行。

5. 不创建新的命名空间的语句块

在 if-elif-else、for-else、while、try-except\try-finally 等关键字的语句块中，只会在当前作用域中引入新的变量名，并不创建新的命名空间。

代码2-59　语句块不涉及命名空间示例。

```
>>> if __name__ == '__main__':
    if True:
            variable = 100
            print (variable)
    print ("******")
    print (variable)
100
******
100
```

说明：在这段代码中，if 语句中定义的 variable 变量在 if 语句外部仍然能够使用。这说明 if 引出的语句块中不会产生本地（局部）作用域，所以变量 variable 仍然处在全局作用域中。

代码2-60　for 语句在当前命名空间中引入新的变量示例。

```
>>> if __name__ == '__main__':
    for a in range(5,10):
            print ('a = ',a)
    def fun():
            for b in range(3,5):
                    print ('b = ',b)
            print ('b = ',b)
            return None

    print ('a = ',a)
    fun()

a = 5
a = 6
a = 7
a = 8
a = 9
a = 9
b = 3
b = 4
b = 4
```

说明：由 a 和 b 的输出情况可以看出，for 语句可以把一个变量绑定到当前命名空间中，即它不会创建一个新的名字空间，仅把新的变量引入到当前命名空间。

习题2.4

1. 判断题

（1）在同一个作用域内，局部变量会屏蔽同名的全局变量。（　　）

（2）形参可以看作是函数内部的局部变量，函数运行结束之后形参就不能访问了。（　　）

（3）不同作用域中的同名变量之间互不影响，即在不同的作用域内可以定义同名变量。（　　）

（4）本地变量创建于函数内部，其作用域从其被创建位置起，到函数返回为止。（　　）

（5）函数内部定义的局部变量当函数调用结束后会被自动删除。（　　）

（6）在函数内部没有办法定义全局变量。（　　）

（7）全局变量创建于所有函数的外部，并且可以被所有函数访问。（　　）

（8）nonlocal 语句的作用是将全局变量降格为本地变量。（　　）

（9）global 语句的作用是将本地变量升格为全局变量。（　　）

（10）全局变量会增加不同函数之间的隐式耦合度，从而降低代码可读性，因此应尽量避免过多使用全局变量。（　　）

（11）在函数内部，既可以使用 global 来声明使用外部全局变量，也可以使用 global 直接定义全局变量。（　　）

2. 代码分析题

（1）阅读下面的代码，指出程序运行结果并说明原因。

```
def func():
  x = 'xyz'
  def nested():
      nonlocal x
      x = 'abcd'
      return None
  nested()
  print (x)
  return None

func()
```

（2）阅读下面的代码，指出程序运行结果。

```
def funX():
  x = 5
  def funY():
      nonlocal x
      x += 1
      return x
```

```
        return funY
    a = funX()
print(a())
print(a())
print(a())
```

（3）阅读下面的代码，指出程序运行结果。

```
    a = 1
    def second():
        a = 2
        def thirth():
            global a
            print (a)
            return None
        thirth()
        print (a)
        return None
    second()
    print(a)
    print (x)
```

2.5　Python 异常处理

程序设计是一种高强度的脑力劳动，尽管在编程中人们千思万虑，但难免会出现如下三种情况。

1）程序编译/解释中发现的错误称为语法错误。这时，编译器/解释器会指出错误的类型、位置信息。

2）程序测试所发现错误称为逻辑错误，即程序虽然可以通过编译/解释，但无法得到预期的结果。这类错误发现的多少和位置是否准确，由测试用例的设计水平决定。

3）运行时出现异常现象，如死机、莫名其妙地退出运行等。这种情况称为运行异常。这是程序设计时对于异常发生原因估计不足所造成，或缺失所造成。

随着程序设计技术的发展，现代程序设计提倡把正常运行代码和出现异常时的处理相分离，多数程序设计语言都提供了异常处理机制。其基本思路大致分为两步：首先监视可能会出现异常的代码段，发现有异常，就将其捕获，抛出（引发）给处理部分；处理部分将按照异常的类型进行处理。

2.5.1　Python 异常类型应用示例

异常处理的关键是确定异常类型。尽管异常的发生难以预料，但人们也根据经验对常发异常的原因有了大致的了解。据此，Python 提供了较为完善的标准异常类结构。这个异常类型结构将一异常类组织成层次状，总的异常类为 Exception，其他都是它的子类。这些类是内置的，无需导入就能直接使用。可以说，这些类已经囊括了几乎所有的异常类型。不过，Python 也不保证已经包括了全部异常类型。所以，还允许程序员根据需要定义适合自己的异常类。下面重点介绍几个常用异常类型及其用法。

代码 2-61　观察 ZeroDivisionError（被 0 除）引发的异常。

```
>>> 2 / 0
Traceback (most recent call last):
  File "<pyshell#0>", line 1, in <module>
    2/0
ZeroDivisionError: division by zero
```

代码 2-62　观察 ImportError（导入失败）引发的异常。

```
>>> import xyz
Traceback (most recent call last):
  File "<pyshell#2>", line 1, in <module>
    import xyz
ImportError: No module named 'xyz'
```

代码 2-63　观察 NameError（访问未定义名字）引发的异常。

```
>>> aName
Traceback (most recent call last):
  File "<pyshell#3>", line 1, in <module>
    aName
NameError: name 'aName' is not defined
```

代码 2-64　观察 SyntaxError（语法错误）现象。

```
>>> import = 5                          #关键字作变量
SyntaxError: invalid syntax
>>> for i in range(3)                   #循环头后无冒号(:)
SyntaxError: invalid syntax
>>> if a == 5:
print (a)                               #if 子句没缩进
SyntaxError: expected an indented block
>>> if a = 5:                           #用 == 的地方写了 =

SyntaxError: invalid syntax
>>> for i in range(5)：                 #使用了汉语圆括号

SyntaxError: invalid character in identifier
>>> x = 'A"                             #扫描字符串末尾时出错(定界符不匹配)
SyntaxError: EOL while scanning string literal
```

代码 2-65　观察 TypeError（类型错误）引发的异常。

```
>>> a = '123'
>>> b = 321
>>> a + b
Traceback (most recent call last):
  File "<pyshell#18>", line 1, in <module>
    a + b
TypeError: Can't convert 'int' object to str implicitly
```

说明：

1）上述几个关于异常的代码都是在交互环境中执行的。可以看出，除 SyntaxError 外，面对其他错误的出现，交互环境都在 "Traceback(most recent call last)："——"跟踪返回（最近一次调用）问题如下："的提示后再给出出错位置、谁引发的错误、错误类型及发生原因。该提示也隐含了一个意思：这个异常没有被程序捕获并处理。

2）SyntaxError 没有这些提示，这表明这些 SyntaxError 并没有引发程序异常，因为含有这样的错误是无法编译或解释的。

2.5.2　try…except 语句

一般来说，异常处理需要两个基本环节：捕获异常和处理异常。为此，基本的 Python 异常处理语句由 try 子句和 except 子句组成，形成 try…except 语句。其语法格式如下：

```
try:
        被监视的语句块
except 异常类1:
        异常类1处理代码块 as 异常信息变量
except 异常类2:
        异常类2处理代码块 as 异常信息变量
...
```

说明：

1）在这个语句中，try 子句的作用是监视其冒号后面语句块的执行过程，一有操作错误，便会由 Python 解析器引发一个异常，使被监视的语句块停止执行，把发现的异常抛向后面的 except 子句。

2）except 子句的作用是捕获并处理异常。一个 try…except 语句中可以有多个 except 子句。Python 对 except 子句的数量没有限制。try 抛出异常后，这个异常就按照 except 子句的顺序，一一与它们列出的异常类进行匹配，最先匹配的 except 就会捕获这个异常，并交后面的代码块处理。

3）每个 except 子句不限于只列出一个异常类型，相同的异常类型都可以列在一个 except 子句中处理。如果 except 子句中没有异常类，这种子句将会捕获前面没有捕获的其他异常，并屏蔽其后所有 except 子句。

4）一条 except 子句执行后，就不会再由其他 except 子句处理了。

5）异常信息变量就是异常发生后，系统给出的异常发生原因的说明，如 division by zero、No module named 'xyz'、name 'aName' is not defined、EOL while scanning string literal 以

及 Can't convert 'int' object to str implicitly 等。这些信息——字符串对象，将被 as 后面的变量引用。

代码 2-66　try…except 语句应用举例。

```python
try:
    x = eval(input('input x:'))
    y = eval(input('input y:'))
    a
    z = x / y
    print('计算结果为:',z)
except NameError as e:
    print('NameError:',e)
except ZeroDivisionError as e:
    print('ZeroDivisionError:',e)
    print('请重新输入除数:')
    y = eval(input('input y:'))
    z = x / y
    print('计算结果为:',z)
```

测试情况如下：

```
input x:6
input y:0
NameError: name 'a' is not defined
```

代码 2-67　将代码 2-66 中变量 a 注释后的代码。

```python
try:
    x = eval(input('input x:'))
    y = eval(input('input y:'))
    #a
    z = x / y
    print('计算结果为:',z)
except NameError as e:
    print('NameError:',e)
except ZeroDivisionError as e:
    print('ZeroDivisionError:',e)
    print('请重新输入除数:')
    y = eval(input('input y:'))
    z = x / y
    print('计算结果为:',z)
```

测试情况如下：

```
input x:6
input y:0
ZeroDivisionError: division by zero
```

请重新输入除数：
input y:2
计算结果为：3.0

6）在函数内部，如果一个异常发生却没有被捕获到，这个异常将会向上层（如向调用这个函数的函数或模块）传递，由上层处理；若一直向上到了顶层都没有被处理，则会由 Python 默认的异常处理器处理，甚至由操作系统的默认异常处理器处理。2.5.1 节中的几个代码就是由 Python 默认异常处理器处理的几个实例。

2.5.3 异常类型的层次结构

由链 2-5 可知，Python 3.x 标准异常类型是分层次的，共分为 6 个层次：最高层是 BaseException；然后是 3 个二级类 SystemExit、KeyboardInterrupt 和 Exception；三级以下都是类 Exception 的子类和子子类。越下层的异常类定义的异常越精细，越上层的类定义的异常范围越大。

链 2-5　Python 3.0
标准异常类结构
（PEP 348）

在 try…except 语句中，try 具有强大的异常抛出能力。应该说，凡是异常都可以捕获，但 except 的异常捕获能力由其后列出的异常类决定：列有什么样的异常类，就捕获什么样的异常；列出的异常类级别高，所捕获的异常就是其所有子类。例如，列出的异常为 BaseException，则可以捕获所有标准异常。

但是，列出的异常类型级别高了之后，如何知道这个异常是什么原因引起的呢？这就是异常信息变量的作用，由它补充具体异常的原因。虽然如此，但是要捕获的异常范围大了，就不能有针对性地进行具体的异常处理了，除非这些异常都采用同样的手段进行处理，如显示异常信息后一律停止程序运行。

2.5.4 else 子句与 finally 子句

在 try…except 语句后面可以添加 else 子句、finally 子句，二者选一或二者都添加。

else 子句在 try 没有抛出异常，即没有一个 except 子句运行的情况下才执行。而 finally 子句是不管任何情况下都要执行，主要用于善后操作，如对在这段代码执行过程中打开的文件进行关闭操作等。

代码 2-68　在 try…except 语句后添加 else 子句和 finally 子句。

```
try:
    x = eval(input('input x:'))
    y = eval(input('input y:'))
    #a
    z = x / y
    print('计算结果为:',z)
except NameError as e:
    print('NameError:',e)
except ZeroDivisionError as e:
```

```
        print('ZeroDivisionError:',e)
        print('请重新输入除数:')
        y = eval(input('input y:'))
        z = x / y
        print('计算结果为:',z)
else:
        print('程序未出现异常。')
finally:
        print('测试结束。')
```

一次执行情况:

input x: 6
input y: 0
ZeroDivisionError: division by zero
请重新输入除数:
input y: 2
计算结果为: 3.0
测试结束。

另一次执行情况:

input x: 6
input y: 2
计算结果为: 3.0
程序未出现异常。
测试结束。

2.5.5 异常的人工触发: raise 与 assert

前面介绍的异常都是在程序执行期间由解析器自动地、隐式触发的,并且它们只针对内置异常类。但是,这种触发方式不适合程序员自己定义的异常类,并且在设计并调试 except 子句时可能不太方便。为此,Python 提供了两种人工显式触发异常的方法:使用 raise 与 assert 语句。

1. raise 语句

raise 语句用于强制性(无理由)地触发已定义异常。

代码 2-69 用 raise 进行人工触发异常示例。

```
>>> raise KeyError('abcdefg','xyz')

Traceback (most recent call last):
  File "<pyshell#1>", line 1, in <module>
    raise KeyError,('abcdefg','xyz')
KeyError: ('abcdefg', 'xyz')
```

2. assert 语句

assert 语句可以在一定条件下触发一个未定义异常。因此，它有一个条件表达式，还可以选择性地带有一个参数作为提示信息。其语法如下：

assert <u>表达式</u>[,<u>参数</u>]

代码 2-70　用 assert 进行人工有条件触发异常示例。

```
>>> def div(x,y):
        assert y ! = 0, '参数 y 不可为 0'
        return x / y

>>> div(7,3)
2.3333333333333335
>>> div(7,0)

Traceback (most recent call last):
  File "<pyshell#11>", line 1, in <module>
    div(7,0)
  File "<pyshell#9>", line 2, in div
    assert y ! = 0, '参数 y 不可为 0'
AssertionError: 参数 y 不可为 0
```

注意：表达式是正常运行的条件，而不是异常出现的条件。

习题 2.5

1. 判断题

（1）程序中异常处理结构在大多数情况下是没必要的。（　　　）

（2）异常处理结构中的 finally 块中代码仍然有可能出错从而再次引发异常。（　　　）

（3）在 try…except…else 结构中，如果 try 块的语句引发了异常则会执行 else 块中的代码。（　　　）

（4）带有 else 子句的异常处理结构如果不发生异常，则执行 else 子句中的代码。（　　　）

（5）在异常处理结构中，不论是否发生异常，finally 子句中的代码总是会执行的。（　　　）

（6）异常处理结构不是万能的，处理异常的代码也有引发异常的可能。（　　　）

（7）由于异常处理结构 try…except…finally 中 finally 里的语句块总是被执行的，所以把关闭文件的代码放到 finally 块里肯定是万无一失，一定能保证文件被正确关闭并且不会引发任何异常。（　　　）

2. 选择题

（1）在 try…except 语句中，_____。

A. try 子句用于捕获异常，except 子句用于处理异常

B. try 子句用于发现异常，except 子句用于抛出并捕获处理异常

C. try 子句用于发现并抛出异常，except 子句用于捕获并处理异常

D. try 子句用于抛出异常，except 子句用于捕获并处理异常，触发异常则是由 Python 解

析器自动引发的

（2）在 try…except 语句中_____。

A. 只可以有一个 except 子句

B. 可以有无限多个 except 子句

C. 每个 except 子句只能捕获一个异常

D. 可以没有 except 子句

（3）else 子句和 finally 子句，_____。

A. 不管什么情况都是必须执行的

B. else 子句在没有捕获到任何异常时执行，finally 子句则不管什么情况都要执行

C. else 子句在捕获到任何异常时执行，finally 子句则不管什么情况都要执行

D. else 子句在没有捕获到任何异常时执行，finally 子句在捕获到异常后执行

（4）如果 Python 程序中使用了没有导入模块中的函数或变量，则运行时会抛出_____错误。

A. 语法   B. 运行时   C. 逻辑   D. 不报错

（5）在 Python 程序中，执行到表达式 123 + 'abc' 时，会抛出_____信息。

A. NameError   B. IndexError   C. SyntaxError   D. TypeError

（6）试图打开一个不存在的文件时所触发的异常是_____。

A. KeyError   B. NameError   C. SyntaxError   D. IOError

3. 代码分析题

指出下列代码的执行结果，并上机验证。

（1）

```
def testException():
    try:
        aInt = 123
        print (aint)
        print (aInt)
    except NameError as e:
        print('There is a NameError',e)
    except KeyError as e:
        print('There is a KeyError',e)
    except ArithmeticError as e:
        print('There is a ArithmeticError',e)


testException()
```

若 print（aInt）与 print（aint）交换，又会出现什么情况？

（2）

```
try:
    x = int(input('first number:'))
    y = int(input('second number:'))
```

```
        result = x / y
        print('result = ',result)
exceptZeroDivisionError:
        print (division by zero')
else:
        print('successful division')
```

第 3 章

Python 函数式编程

命令式编程的核心是以用指令操作不断改变问题状态（环境），使之由初始状态变为目标状态为基本特征。这些状态用变量描述，然而这些状态的改变往往会牵一发而动全身，产生引起一些副作用。为了消除这些副作用带来的不良影响，人们进行了各种各样的探索，其中最彻底的方案是函数式编程（Functional Programming）。它是基于数学函数的一种编程范式，即函数的功能仅在于实现非空数集之间的映射，而无修改解题环境的操作。这样，程序中将不再使用代表环境元素的可变变量，而只使用表示输入数据的自变量和表示输出数据的因变量这样两种不可变变量。如此将没有赋值操作，从根本上消除了因对可变变量修改所引起的副作用，从而大大减小了问题求解中的复杂性和程序规模，提高了程序的可靠性和编程效率。

Python 是一种集命令式编程、面向对象编程和函数式编程为一体的多范型语言。为了支持函数式编程，它将多数数据对象定义为不可变类型、将变量定义为引用（reference）并引入了一些新机制，则将函数式编程演绎到一个较高的水平。但是，Python 毕竟不是纯函数式编程语言，这些都是其特色所在。本章将系统地介绍 Python 函数式编程的基本机制。

3.1 Python 函数式编程基础

3.1.1 λ 演算

说到函数式编程，就要从 λ 演算（lambda calculus）说起。λ 演算是 1936 年由美国数学家阿隆佐·邱奇（Alonzo Church，1903—1995，见图 3.1）和他的学生斯蒂芬·科尔·克莱尼（Stephen Cole Kleene）在研究函数定义、应用和递归的形式过程中提出的。它等价于图灵机，但强调变换规则的运用，可以清晰地定义什么是可计算函数，而不依赖于具体的机器。

在 λ 演算中，函数是通过 λ 表达式匿名定义的。例如函数 $f(x) = x + 3$ 被定义为

$$\lambda x. x + 3$$

在函数调用时，这里的 x 称为变量，但这仅仅是数学中的变量，不是命令式编程中的变量。这个变量在计算过程中是不可变的。希腊字母 λ 用来将变量 x 绑定在一个函数中。函数的调用，如 $f(5)$

图 3.1 Alonzo Church 和它的 λ 演算

被描述为

$$(\lambda x.\ x\ +\ 3)\ 5$$

而对于函数 f(x) = x 的调用 f(3)，则可被描述为

$$\lambda x.\ x3$$

这样，函数 f(x,y) = x + y 的调用 f(3,5) 将被描述为

$$(\lambda x.\ x3)(\ \lambda y.\ y\ +\ 5)$$

这样，就形成了两个匿名函数组成的表达式。每个函数都有如下特征：

1）单一参数。如上式中，前一个函数的参数是 x，后一个函数的参数是 y。

2）函数的参数也是一个单一参数的函数，如上述的后一个函数的参数 y 实际上是 x + 3。

3）函数的值也是一个单一参数的函数，如上述的前一个函数的值实际上是 x + 3。

在这个表达式中，函数的作用（application）是左结合的。当然，上述表达式也可以写为下面的形式，参数都是代表了未知数。

$$(\lambda x.\ x3)(\lambda x.\ x\ +\ 5)$$

看到这个式子，好像与作用域有点相似。

λ 演算还包含了一些形式化定义、变换和计算法则，这里不再介绍。总之，λ 演算神奇之处在于，通过最基本的函数抽象和函数应用法则，配套以适当的技巧，便能构造出任意复杂的可计算函数。也就是说，它已经具备了程序设计语言的要素，只不过它是等价于图灵机的，而非基于后来才被提出的冯·诺依曼体系。

但是，尽管 λ 演算与冯·诺依曼体系无关，但却与冯·诺依曼本人还有些瓜葛。阿隆佐·邱奇的 λ 演算被"冷藏"了 20 年后，才由冯·诺依曼的学生约翰·麦肯锡（John McCarthy，已经被尊为人工智能之父，见图 3.2）开发出第一个函数式编程语言 Lisp（意为 List Processing），从而体现出它的价值。

遗憾的是，函数式编程与面向对象编程都是在 20 世纪 50 年代后期出现软件危机之后，同时被寻找到的两种新出路，但是面

图 3.2　John McCarthy

向对象编程很快得到了广泛的青睐，而邱奇-麦肯锡的程序设计思想却被暂时冷藏了起来。直到 2010 年由于 JavaScript 引入了 λ 演算并发挥出其强大功能，才让人们认识到它的意义。

3.1.2　lambda 表达式

这里说的 lambda 表达式，也称 lambda 函数或匿名函数，是在 λ 演算模型基础上衍化出来的一种程序设计语言表达形式。它的基本作用是把一个函数定义写成一个表达式，而不是语句块。

1. 用 lambda 表达式表示单参数函数

lambda 表达式具有函数的主要特征：有参数，可以调用并传递参数，还可以让参数具有默认值。

代码 3-1　一个单参数函数的 lambda 表达式。

```
>>> g = lambda x:x + 1
>>> g(1),g(2),g(3)
(2,3,4)
```

显然，这个 lambda 表达式就是下面函数的速写形式。

```
>>> def g(x):
        return x + 1

>>> g(1),g(2),g(3)
(2,3,4)
```

所以，用 lambda 表达式定义一个函数时，它的基本语法由如下冒号（:）分隔的两部分组成：

```
lambda 参数:表达式
```

前面的部分是参数说明，用关键字"lambda"（λ 演算中的"λ"），将后面的自变量绑定到后面的表达式中。

参数可以有默认值。

代码3-2　一个有默认值的单参数函数的 lambda 表达式。

```
>>> g = lambda x = 2:x + 1
>>> g()
3
>>> g(6)
7
```

显然，lambda 表达式简化了函数定义的书写形式，使代码更为简洁。

2. 多参数函数的 lambda 表达式

代码3-3　一个计算三数之和，部分参数有缺省值的 lambda 表达式。

```
>>> sum = lambda a, b = 3, c = 5: a + b + c    #定义一个 lambda 表达式 f,有 3 个参数
>>> sum(1)                                      #调用表达式 f,参数 a 为 1,b、c 为默
                                                 认值 3、5
9
>>> sum(3,5,7)                                   #调用表达式 f,参数 a、b、c 为 3、5、7
15
```

3. 选择结构的 lambda 表达式

代码3-4　求绝对值。

```
>>> abs = lambda x : x if x >= 0 else -x
>>> abs(3)
3
>>> abs(-3)
3
```

这里使用了一个三元运算符。

4. lambda 表达式作为其他函数的参数

代码 3-5   lambda 表达式作为 print( ) 的参数，打印出列表 [0,1,2,3,4,5,6,7,8,9] 中能被 3 整除的数组成的列表。

```
print ([x for x in [0,1,2,3,4,5,6,7,8,9] if x % 3 == 0])
[0, 3, 6, 9]
```

一个清晰的写法是：

```
>>> foo = [0,1,2,3,4,5,6,7,8,9]
>>> print ([x for x in foo if x % 3 == 0])
[0, 3, 6, 9]
```

更简便的写法是：

```
>>> print ([x for x in range(10) if x % 3 == 0])
[0, 3, 6, 9]
```

这里顺便介绍了含有重复结构的 lambda 表达式的写法。

3.1.3   纯函数

1. 纯函数及其特征

函数式编程是抽象性很高的编程模式。理想的函数式编程基于数学中的函数映射来考虑问题求解，组织程序代码。这些数学层面上的函数的基本特征是计算的透明性（referential transparency），即给定相同输入总能得到相同输出的函数，也就是把函数看作是黑箱，其输出仅与输入参数有关。

现代多数程序设计环境还是基于命令式编程的，要在这种环境下实现数学层面上的函数难度不小，但是也并非是做不到的。实际上，只要对命令式环境中的函数进行约束，它们同样可以具有上述透明性。为了区别于一般的命令式函数，将这种具有透明性的函数称为纯函数（pure function），否则就认为它是一个非纯函数（impure function）。纯函数的约束性特征如下。

（1）纯函数与环境之间只存在显式（explicit）通道

这里，显式通道有两个：参数和返回值。这一特征要求函数只能通过参数从环境中获取输入，并只能通过返回值向环境送出数据，不能有其他的隐式（Implicit）通道与环境交互。

代码 3-6   非纯函数示例。

```
>> x = 3
>>> def add1(y):
    return x + y

>>> add1(5)
8
```

在函数 add1 中，x 没有通过显式渠道传入，所以这个函数是非纯函数。

一般说来，隐式渠道包括：

1）与全局变量的数据交换。

2）对打印或其他设备进行控制操作。

3）与文件、数据库、网络等的数据交换。

4）抛出异常。

（2）纯函数的返回值仅依赖于其参数值，与环境无关

这一特征也可以写为：对于相同的输入，一定有相同的输出。因为，不存在环境对其的影响。例如代码3-6中的函数add1就不符合这一条。因为起返回值与环境对象x有关，而不仅仅与输入参数y相关。这样，在另一个地方，可能会由于外部变量的改变，而对同样的输入参数而得到不同的返回值。

（3）纯函数是没有副作用（side effect）的函数

函数副作用是指函数在正常工作之外有了改变外部环境的操作。因为λ演算只关心计算的结果而不关心每个状态的值，所以有副作用的函数不是纯函数。简单地说，就是计算只做自己的事情，不要影响周围。

代码3-7　　非纯函数示例。

```
>>> x = 3
>>> y = 5
>>> def add2(a,b):
    global x
    x = a + b
    return x

>>> add2(x,y)
13
```

函数add2包含有修改外部变量x的操作，所以它不是纯函数。除了改变外部变量外，副作用还包括调用一个非纯函数、与外部（包括显示器、打印机、网络、数据库等）进行交互等。进一步说，没有副作用意味着纯函数只使用表达式（expression），不使用语句（statement）。因为表达式是一种求值的表示，总是有返回值，而语句是执行某种操作，没有返回值。特别是循环语句会在其执行中不断改变某些对象的值。因此，纯函数不欢迎循环语句。

但是，副作用本身并不是毒药，某些时候往往是必需的。例如，在实际应用中，不做I/O是不可能的。因此，编程过程中，函数式编程只要求把I/O限制到最小，不要有不必要的读写行为，尽量最大程度地保持计算过程的单纯性。

2. 纯函数的优越性

函数式编程之所以备受青睐，是因为纯函数可以带来如下好处。

（1）便于直接测试

由于相同的参数可以产生相同的返回值，从而使纯函数可以方便地进行直接测试。

（2）提高程序设计效率，并便于维护和重构

纯函数不存在与外界环境进行交互的隐形通道，而且它具有对于外部环境没有副作用的透明性，使得一段代码可以在不改变整个程序运行结果的前提下用其等价的运行结果替代，这意味着可以进行与数学中的等式推导类似的推导。这种等式推导就可以实现人们梦寐

以求的程序代码自动生成，还为理解代码带来极大的分析力，使得代码维护和重构更加容易。

（3）支持并行处理

一般说来，在多线程环境下并行操作共享的存储数据可能会出现意外情况，而纯函数不依赖于环境状态的特点，使其根本不需要访问共享的内存。纯函数不需要访问数据，所以在并行环境下可以随意运行纯函数。

3.1.4 函数作为"第一等对象"

"第一等类"（first class）指的是函数与其他数据类型一样，处于平等地位，可以赋值给其他变量，也可以作为参数，传入另一个函数，或者作为别的函数的返回值。这一特征Python 是满足的。

1. Python 函数是一类数据类型，每一个 Python 函数都是一个对象

Python 一切皆对象。函数也是一类数据对象，它们都满足 Python 对象的三个基本属性：具有身份、类型和值。函数名就是指向函数对象的名字。

代码3-8　获取函数的类型、身份和值示例。

```
>>> def func():
    print ('I am a function')
    return (None)


>>> print (type(func))          #输出函数的类型
<class 'function'>
>>> print (id(func))            #输出函数的身份
2182932023360
>>> print (func())              #输出函数的值
I am a function
None
```

可见，Python 函数是一类 Python 数据类型，其类型名就是"function"；而每一个函数都是一个 function 类型的对象。None 是一个特殊值。

2. Python 函数是第一等对象

作为对象的一种，在 Python 中就可以像其他数据对象一样使用函数。具体地说，就是可以在下列三种情况下使用函数。这就为 Python 函数式编程提供了有力支持，为此也将 Python 函数称为第一等对象。

1）Python 函数可以作为元素添加到容器对象中。

代码3-9　函数作为元素存储在容器中示例。

```
>>> def disp1():
    print("abcd")
    return None


>>> def disp2():
```

```
        print("efgh")
        return None


>>> def disp3():
        print("1357")
        return None


>>> disps = [disp1,disp2,disp3]
>>> for d in disps:
        d()

abcd
efgh
1357
```

2）Python 函数可以被一个变量引用并作为函数返回的对象。

代码3-10   函数对象被引用及作为返回值示例。

```
>>> def showName(name):
        def inner(age):
            print ('My name is:',name)
            print ('My age is:',age)
        return inner                    #函数作为返回值


>>> f1 = showName                       #函数被变量 f1 引用
>>> f2 = f1('Zhang')                     #用 f1 代表 showName,其返回(即 inner)被 f2 引用
>>> f2(18)                               #用 f2 代替 inner
My name is: Zhang
My age is: 18
```

说明：这里定义了函数 showName，其返回值是一个函数。也就是说，变量 f 就是返回的 inner 函数。所以可以用 f('18') 执行函数 inner。

3）Python 函数可以作为参数传递给其他函数。

代码3-11   函数作为参数传递示例。

```
>>> def func(name):                     #定义函数 func
        print ('My name is:',name)
        return None


>>> def showName(arg,name):             #arg 为形式参数
        print('I am a student')
        arg(name)                        #arg 以函数形式调用
        return None
```

```
>>> showName(func,'Zhang')                    #func 作为实际参数
I am a student
My name is: Zhang
```

因此，在 Python 中凡是可以使用对象的地方，都可以使用函数。

3.1.5 函数式编程的优势

函数式编程以消除共享状态（shared state）、可变数据（mutable date）和副作用为宗旨，可以为程序带来如下好处。

1. 计算的透明性

计算的透明性就是计算没有副作用。在命令式编程里面，有变量还有修改变量的赋值，在计算的同时修改参加计算的变量的值，这就是一种副作用。与命令式编程最大的一个不同是，函数式编程没有副作用。这意味着函数中：

- 永远不会修改变量，只会创建新的变量作为输出。
- 没有输出到控制状态或其他设备的操作。
- 没有写入文件、数据库、网络或其他内容。
- 没有抛出异常。

简单说就是计算只做自己的事情，不要影响周围。在形式上就是只使用表达式（expression），不使用语句（statement）。因为表达式是一种求值的表示，而语句是执行某种操作，不一定有返回值。但是在实际应用中，不做 I/O 是不可能的。因此，编程过程中函数式编程只要求把 I/O 限制到最小，不要有不必要的读写行为，保持计算过程的单纯性。这是纯函数的最基本特征。

2. 机器辅助的推理和优化

20 世纪 50 年代末期，在第一次软件危机的肆虐中，人们找到了两条出路：软件工程和程序设计方法学。在程序设计方法学中一个重点研究是程序推导。但是这个研究除了提出循环不变式外，其他方面基本没有什么进展。后来在函数式编程中，才有了突破。因为函数式语言的一个有意义的属性就是它们可以用数学方式推理。它实现了所有在纸上完成的运算都可以由编译器导出相应的程序。由于变化遵循严格的数学原理其等价性是逻辑可证的，这样只要数学推导是正确的，就可以保证程序是正确的。并且，还可以通过数学推导来实现程序的优化。

3. 程序清晰性高，容易理解

命令式编程关心解决问题的步骤；函数式编程关心数据的映射，不用去处理异常，处理副作用，不用关心上下文变化、并发等，步骤构成的程序代码要比数据映射代码量少。

命令式编程是基于冯·诺依曼体系计算机的指令编写代码，而函数式编程是基于数学推演编写代码，所以函数式程序的抽象性比命令式程序要高。抽象性高的程序细节少，代码量少，容易阅读。

在命令式编程中，以功能为单位构建模块；在函数式编程中，以映射为单位组织函数。映射关系往往需要的代码较少，模块较小。小的模块比大的模块更容易阅读、理解、检查错误，也更容易组织成新的模块。

4. 安全性高

由于上述原因，以及函数式模块不依赖、也不会改变外界的状态，只要给定输入参数，返回的结果必定相同，无副作用，无外部依赖，引用透明性高，更容易进行单元测试（unit testing）和除错（debugging），程序的可靠性容易保证。

5. 适于并发编程

由于无副作用，无外部依赖，引用透明性高，函数式程序中的函数之间互不干扰，不必担心一个线程的数据被另一个线程修改，不用担心"死锁"（deadlock）和临界区，不需要进行"锁"线程，可以很放心地把工作分摊到多个线程，部署"并发编程"（concurrency）。

此外，在函数式程序运行时，编译器会分析代码，辨认出潜在耗时的函数，然后并行地运行它们。这个特性在多核 CPU 已经到来的潮流下显得非常重要。

6. 惰性计算

惰性计算也称延迟求值（lazy evaluation，也称作 call-by-need），是指表达式不在它被绑定到变量时就立即求值，而是在该值被用到的时候才计算求值。很显然，延迟求值的正确性需要纯函数的保证，即无论什么时候被执行，结果都不变。延迟计算在编写可能潜在地生成无穷输出时非常有用，它不会计算多于程序的其余部分所需要的值，也不需要担心由无穷计算所导致的 out-of-memory 错误。

7. 代码热部署

所谓热部署是指可在不停机的状态下进行状态更新。函数式编程没有副作用，只要保证接口不变，内部实现是与外部无关的。所以可以在运行状态下直接升级代码，不需要重启，也不需要停机。并且函数式程序运行时，所有传递给函数的参数都被保存在了堆栈上，这使得热部署轻而易举。而在重新部署时工作中的代码和新版本的代码进行差异比较的工作，完全可以由一个语言工具自动完成。

8. 开发效率高

函数式编程的自由度高，抽象度高，接近自然语言，容易理解，并且大量使用函数，减少了代码的重复，程序比较短，开发效率比较高，速度比较快。

习题 3.1

1. 选择题

（1）下列关于匿名函数的说法中，正确的是_____。

A. lambda 是一个表达式，不是语句

B. 在 lambda 的格式中，lambda 参数 1，参数 2，…是由参数构成的表达式

C. lambda 可以用 def 定义一个命名函数替换

D. 对于 mn = (lambda x,y:x if x < y else y)，mn(3,5) 可以返回两个数字中的大者

（2）关于 Python 的 lambda 函数，以下选项中描述错误的是_____。

A. lambda 函数将函数名作为函数结果返回

B. f = lambda x,y:x + y 执行后，f 的类型为数字类型

C. lambda 用于定义简单的、能够在一行内表示的函数

D. 可以使用 lambda 函数定义列表的排序原则

2. 判断题

（1）命令式编程以诺依曼计算机为环境，函数式编程以图灵计算机为环境。（　　　）

（2）第一等对象就是与其他对象具有相同的作用的对象。（　　　）

（3）计算透明性要求函数中不使用全局变量。（　　　）

（4）Python 函数都是第一等对象。（　　　）

3. 代码分析题

阅读下面代码，指出程序运行结果并说明原因。也可以先在计算机上执行，得到结果，再分析得到这种结果的理由。

（1）

```
d = lambda p: p; t = lambda p: p * 3
x = 2; x = d(x); x = t(x); x = d(x); print(x)
```

（2）

```
def multipliers():
    return ([lambda x:i * x for i in range (4)])

print ([m(2) for m in multipliers()])
```

（3）

```
def multipliers():
    return ([lambda x:i * x for i in range (4)])

print ([m(2) for m in multipliers()])
```

（4）

```
def is_not_empty(s):
    return s and len(s.strip()) > 0

print (filter(lambda s:s and len(s.strip()) > 0, ['test', None, '', 'str', '',
'END'])
```

4. 实践题

（1）使用 lambda 匿名函数完成以下操作：

```
def add(x,y):
    return x + y
```

（2）台阶问题。一只青蛙一次可以跳 1 级台阶，也可以跳 2 级台阶。求该青蛙跳一个 n 级的台阶总共有多少种跳法。请用函数和 lambda 表达式分别求解。

（3）变态台阶问题。一只青蛙一次可以跳 1 级台阶，也可以跳 2 级台阶……也可以跳 n 级。求该青蛙跳一个 n 级的台阶总共有多少种跳法。请用函数和 lambda 表达式分别求解。

（4）矩形覆盖。可以用 2×1 的小矩形横着或者竖着去覆盖更大的矩形。请问用 n 个 2×1 的小矩形无重叠地覆盖一个 $2 \times n$ 的大矩形，总共有多少种方法？请用函数和 lambda 表达式分别求解。

5. 简答题

（1）命令式编程有哪些不足之处？

（2）简述函数式编程的核心特征。

（3）计算的透明性包括哪些内容？

（4）查询资料，列出所有你知道的函数式编程语言。

3.2 Python 函数式编程模式

3.2.1 高阶函数

高阶函数（higher—order function）是至少满足下列一个条件的函数：接受一个或多个函数作为参数输入，或输出一个函数（返回值中包含函数名）。

高阶函数是函数式编程的基本机制。Python 函数作为第一类对象，提供了对高阶函数的支持，并且它也内建了一些高阶函数。其目的是形成无副作用的纯函数链。

1. 内置的高阶函数 filter( )

Python 内建的高阶函数 filter( ) 用于过滤掉序列容器中不符合条件的元素，返回由符合条件元素组成的新列表，语法如下。

```
reduce(function, iterable[, initializer])
```

通常它必须含有如下两个参数，第三个参数可选。

- function：有两个参数的函数。
- iterable：序列容器对象。

filter( ) 把传入的函数依次作用于每个元素，然后根据返回值是 True 还是 False 决定保留还是丢弃该元素。

代码 3-12　在一个 list 中，删掉偶数，只保留奇数。

```
>>> def is_odd(n):
    return n % 2 == 1


>>> list(filter(is_odd, [1,2,3,4,5,6,7,8,9]))
[1, 3, 5, 7, 9]
```

2. 内置高阶函数 sorted( )

Python 内置的高阶函数 sorted( ) 可以对 list 进行排序，语法如下。

```
sorted(iterable, key = None, reverse = False)
```

参数说明：

- iterable：序列容器。
- key：只有一个参数的函数，指定比较对象，默认本身数字值。

● reverse：排序规则，True 为降序，False 为升序（默认）。

代码 3-13　用 sorted( ) 函数进行简单序列元素排序示例。

```
>>> sorted([22, 5, -111, 99, -33])          #按本身值比较升序排序
[-111, -33, 5, 22, 99]
>>> sorted([22, 5, -111, 99, -33], key = abs)   #按绝对值比较升序排序
[5, 22, 99, -33, -111]
>>> sorted(['bcde','opq','asp','kmn'])        #字符串升序排序
['asp', 'bcde', 'kmn', 'opq']
>>> sorted(['bcde','opq','asp','kmn'],reverse=True)  #字符串降序排序
['opq', 'kmn', 'bcde', 'asp']
>>> L=[('b',2),('a',1),('c',3),('d',4)]
>>> sorted(L, key = lambda x:x[1])           #基于各元组第二个元素
                                               排序
[('a',1), ('b',2), ('c',3), ('d',4)]
```

说明：排序的基本操作是比较和移位。其中，数字或基于数字（字符串）的大小比较非常简单。但是，对于无法取得数字值的元素，就必须使用自定义 key 函数进行特别的比较。

3.2.2　递归

1. 递归概述

仔细观察图 3.3 中的一组分形艺术创作图片，可以发现它们有一个共同的结构特点——自己是由自己组成的，这种结构称为递归（recursion）。

图 3.3　一组分形艺术创作图片

在程序设计领域，递归是一种重要的算法，主要靠函数直接或间接引用自身实现。

2. 递归算法分析与代码描述

例 3.1　阶乘的递归计算。

（1）算法分析

通常求 n! 可以描述为

$$n! = 1 \times 2 \times 3 \times \cdots \times (n-1) \times n$$

用递归算法实现，就是先从 n 考虑，记作 fact(n)。但是 n! 不是直接可知的，因此要在 fact(n) 中调用 fact(n−1)；而 fact(n−1) 也不是直接可知的，还要找下一个 n−1，直到

n－1 为 1 时，得到 1! ＝1 为止。这时递归调用结束，开始一级一级地返回，最后求得 n!。这个过程用演绎算式描述，可表示为

$$n! = n \times (n-1)!$$

用数学函数形式描述，可以得到如下的递归模型。

$$fact(n) = \begin{cases} 非法 & (n < 0) \\ 1 & (n = 0 或 n = 1) \\ n \times fact(n-1) & (n > 0) \end{cases}$$

图 3.4 为求 fact(5) 的递归计算过程。

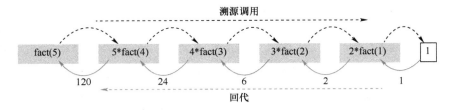

图 3.4　求 fact(5) 的递归计算过程

（2）递归的 Python 描述

代码 3-14　fact( ) 函数的 Python 描述示例。

```
>>> def fact(n):
        if n < 0:
            return '错误的参数'
        elif n == 1 or n == 0:
            return 1
        else:
            f = n * fact(n - 1)
        return f

>>> fact(-2)
'错误的参数'
>>> fact(5)
120
>>> fact(1)
1
```

（3）递归的另一种描述

代码 3-15　fact( ) 函数的另一种描述示例。

```
>>> def fact(n):
        if n < 0:
            return '错误的参数'
        elif n == 1 or n == 0:
```

```
                        return 1
            return n * fact(n - 1)
    >>> fact(1)
    1
    >>> fact(5)
    120
    >>> fact(-2)
    '错误的参数'
```

代码 3-15 与代码 3-14 的执行结果相同。它们都是把问题的求解转化为较小规模的同类型求解的过程，并且通过一系列的调用和返回实现，都称为递归。但是它们的描述形式有所不同：代码 3-14 用了变量 f；而代码 3-15 直接在返回语句中使用了函数，少用了一个变量和引用语句。

3. 小结——递归算法要素

递归过程的关键是构造递归算法或递归表达式，如 $fact(n) = n \times fact(n-1)$，但是，光有递归表达式还不够。因为递归调用不应无限制地进行下去，当调用有限次以后，就应当到达递归调用的终点得到一个确定值（如图 3.4 中的 $fact(1) = 1$），然后开始返回。所以递归有如下两个要素：

1）递归表达式。

2）递归终止条件，或称递归出口。

4. 经典递归问题赏析——汉诺塔游戏

汉诺塔游戏是一个经典的递归问题，感兴趣的读者可扫描二维码链 3-1 进行扩展阅读。

5. 递归的价值

从前面的讨论中可以看出，实际应用中的递归都是函数定义的最后一条调用自己的语句，这种递归通常称为尾递归。人们已经证

链 3-1　汉诺塔游戏

明，所有循环结构都可以用尾递归形式实现。这样，不仅降低了代码逻辑上的复杂性，而且可以保证函数是纯函数，使逻辑结构清晰，降低产生意外副作用可能性。

3.2.3　闭包

1. 闭包的概念

闭包（closure）是一种特殊的嵌套函数。通俗地说，如果在一个嵌套函数中内函数里运用了包围函数的临时变量，并且包围函数的返回值是内函数的引用，就构成了一个闭包。显然，代码 3-10 中的嵌套函数是符合闭包的定义的。在那里作为内函数中第一个 print 函数的 name 是包围函数的临时变量，并且包围函数的返回值是内函数的引用（函数名）。

但是，讨论这样一个结构有什么意义呢？若重新执行一下这个闭包，就会发现其具有的特别之处。

代码 3-16　代码 3-10 中函数的再执行。

```
    >>> f1 = showName            #函数被变量 f1 引用
    >>> f2 = f1('Zhang')         #用 f1 代表 showName,其返回(即 inner)被 f2 引用
```

```
>>> f2(18)                        #用 f2 代替 inner
My name is: Zhang
My age is: 18
>>>
>>> #继续执行下面的语句
>>> F2(20)                        #不需要前面两行代码
My name is: Zhang
My age is: 20
```

这时就会惊奇地发现，第二段不需要前面两行代码，就得到了结果 My name is：Zhang 和 My age is：20。

一般来说，一旦一个函数执行了返回语句，该函数内部的临时变量所占有的存储空间就会被释放掉，其值不会被保存。再次调用时，要为其重新分配内存。但是在 Python 中，函数对象有一个__closure__属性。当内嵌函数引用了它的包围函数的临时变量后，这些被引用的自由变量会被保存在该包围函数的__closure__属性中，成为包围函数本身的一部分；也就是说，这些自由变量的生命周期会和包围函数一样，并被称为闭包变量。这就是 Python 对于函数式编程的重要支持机制之一。或者说不同于函数，闭包把函数和运行时的引用环境打包成为一个新的整体，不同的引用环境和相同的函数组合可以产生不同的实例。如例 3-15 中，每次调用 outer 函数时都将返回一个新的闭包实例。这些实例之间是隔离的，分别包含调用时不同的引用环境现场。

2. 闭包的作用

闭包是函数式编程中的重要机制，其主要作用如下。

1）通常，内部函数运行结束后，其运行的状态（局部变量）是不能保存的，而闭包使函数的局部变量信息依然可以保存下来。这就可以用于一次操作基于上次操作的情况。对于希望函数的每次执行结果都是基于这个函数上次的运行结果的程序设计，该机制非常有用。

2）闭包有效地减少了函数所需定义的参数数目，这对于并行运算来说有重要的意义。在并行运算的环境下，可以让每台计算机负责一个函数，然后将一台计算机的输出与另一台计算机的输入串联起来，形成流水线式的工作，即由串联的计算机集群一端输入数据，而从其另一端输出数据。这样的情境最适合只有一个参数输入的函数。

3）避免了使用全局变量。全局变量是一个程序文件中副作用最大的变量，为该程序文件中的所有表达式所共有。一处引用，有可能影响到其他处。使用闭包允许将函数与其所操作的某些数据（环境）关联起来。这样不同的函数需要同一个对象时，就不需要使用全局变量。

4）可以根据闭包变量使内嵌函数展现出不同的功能。这有点类似配置功能，可以修改外部的变量，闭包根据这个变量展现出不同的功能。

3. 闭包示例

代码 3-17　在 50×50 的棋盘上，用闭包从方向（direction）和步长（step）两个参数的变化上描述棋子跳动过程的代码。

```
origin = [0, 0]                      # 坐标系统原点
legal_x = [0, 50]                    # x 轴方向的合法坐标
legal_y = [0, 50]                    # y 轴方向的合法坐标
def create(pos = origin):
    def player(direction,step):
        new_x = pos[0] + direction[0] * step
        new_y = pos[1] + direction[1] * step
        pos[0] = new_x
        pos[1] = new_y
        return pos
    return player

player = create()                    # 创建棋子 player,起点为原点
print (player([1,0],5))              # 向 x 轴正方向移动 5 步
[5, 0]
print (player([0,1],10))             # 向 y 轴正方向移动 10 步
[5, 10]
print (player([-1,0],3))             # 向 x 轴负方向移动 3 步
[2, 10]
print (player([0,1],3))              # 向 y 轴正方向移动 3 步
[2, 13]
```

说明:

1）棋子移动是基于前一个位置的。以上述运行结果可以看出，闭包的记忆功能十分适合这种问题。

2）该程序代码仅用于说明闭包的作用，并非一个完整的棋子移动程序，还有许多功能需要补充，例如，每跳一步还需要判断是否出界等。

3.2.4 函数柯里化

函数柯里化（Currying，以逻辑学家 Hsakell Curry 命名）是单一职责原则在处理多参数函数时的应用，其基本思路是把多参数函数转化成每次只传递处理一部分参数（往往是一个参数）的函数链，即每个函数都接收一个（或一部分）参数并让它返回一个函数去处理剩下的参数。函数柯里化可以用高阶函数实现。

代码 3-18 一个两数相加的函数。

```
>>> def add(x,y):
    return (x + y)


>>> add(3,5)
8
```

用高阶函数进行柯里化的形式如下：

```
>>> def add(x):
    def _add(y):
        return x + y
    return _add

>>> add(3)(5)
8
```

3.2.5 偏函数

通常函数需要带上所有必要的参数调用才可以执行，但是如果多参数函数的一个参数或几个参数可以提前获知，则函数就能以较少的参数进行调用了。偏函数（partial function）并非数学意义上的偏函数，而是函数式编程中的一个概念，它可以通过有效地"冻结"那些预先确定的参数，进行参数缓存，需要时才计算；在运行时，当获得需要的剩余参数后，再将它们依次解冻作为后续参数，以达到最终使用所有参数调用函数的目的。这一点，在降低函数调用的难度上，与设定参数的默认值相似。

为实现这一目的，需要借助于 Python functools 模块。如图 3.5 所示，functools 模块提供了很多有用的概念，其中的 partial 用于实现偏函数。

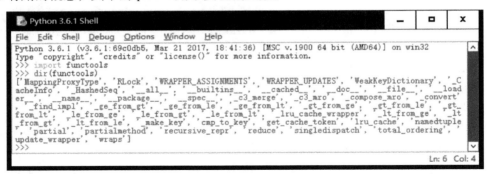

图 3.5 functools 模块及其 partial

例3.2 内置的 int( ) 函数称为 int 类的构造函数，它可以将一个任何进制的数字字符串转换为十进制整数。为此它需要两个参数：被转换的数字字符串和给定进制的 base 参数（默认为 10）。

代码3-19 内置函数 int 的应用示例。

```
>>> int('11100010110011',base = 2)
14515
>>> int('111000101100111',2)
29031
>>> int('12001222',base = 3)
3698
>>> int('12312300123',4)
1797147
```

```
>>> int('12341234001234',5)
1897562694
>>> int('123450012345',6)
522082505
>>> int('12345600123456',7)
131869845750
>>> int('1234567001234567', base = 8)
45954942450039
>>> int('123456780012345678',9)
21107054117580488
>>> int('123456789abcd00123456789def', base = 16)
23076874926821388572807795351023
```

假设要转换大量的二进制字符串，每次都传入 int(x,base = 2) 非常麻烦。于是可以定义一个 int2( ) 的函数，默认把 base = 2 传进去。

代码 3-20　内置定义有默认值参数的 int2( ) 函数示例。

```
>>> def int2(x,base = 2):
    return int(x,base = 2)


>>> int2('111100010110011')
14515
>>> int2('111000101100111')
29031
>>> int2('123456789abcd00123456789def', base = 16)
Traceback (most recent call last):
  File "<pyshell#2>", line 1, in <module>
    int2('123456789abcd00123456789def', base = 16)
  File "<pyshell#0>", line 2, in int2
    return int(x,base = 2)
ValueError: invalid literal for int() with base 2: '123456789abcd00123456789def'
```

这时，不可以再对其他进制字符串进行转换。

另一个思路就是创建一个偏函数。不过不需要自己创建，functools. partial 会帮这个忙。

代码 3-21　由 functools. partial 创建一个偏函数 int2 示例。

```
>> import functools
>>> int2 = functools. partial(int, base =2)    # functools. partial 创建偏函数 int2
>>> int2('111100010110011')
14515
>>> int2('111000101100111')
29031
int2('123456789abcd00123456789def', base = 16)
23076874926821388572807795351023
```

显然，这时还可以再对其他进制字符串进行转换。

习题 3.2

1. 判断题

（1）闭包是在其词法上下文中引用了自由变量的函数。（　　）

（2）闭包是由函数与其相关的引用环境组合而成的对象。（　　）

（3）闭包在运行时可以有多个实例，不同的引用环境和相同的环境组合可以产生不同的实例。（　　）

（4）闭包是延伸了作用域的函数，其中包含了函数体中引用而不是定义体中定义的非全局变量。（　　）

（5）不可能存在无返回值的递归函数。（　　）

（6）递归函数的名称在自己的函数体中至少要出现一次。（　　）

（7）递归函数必须返回一个值给其调用者，否则无法继续递归过程。（　　）

（8）在递归函数中必须有一个控制环节用来防止程序无限期地运行。（　　）

2. 代码分析题

阅读下面的代码，指出程序运行结果并说明原因。也可以先在计算机上执行，得到结果，再分析得到这种结果的理由。

（1）

```python
def greeting_conf(prefix):
    def greeting(name):
        print (prefix, name)
    return greeting


mGreeting = greeting_conf("Good Morning")
mGreeting("Wilber")
mGreeting("Will")


print()


aGreeting = greeting_conf("Good Afternoon")
aGreeting("Wilber")
aGreeting("Will")
```

（2）

```python
def count():
    fs = []
    for i in range(1, 4):
        def f(j):
            def g():
                return j * j;
            return g
```

```
            fs.append(f(i))

    return fs

f1, f2, f3 = count()
print (f1(), f2(), f3())
```

（3）

```
    def log(f):
        def fn(*args, **kw):
            print ('call ' + f.__name__ + '()...')
            return f(*args, **kw)
        return fn

    def factorial(n):
        return reduce(lambda x,y: x*y, range(1, n+1))

print (factorial(10))
call factorial()...
```

（4）

```
    def log(prefix):
        def log_decorator(f):
            def wrapper(*args, **kw):
                print ('[%s] %s()...' % (prefix, f.__name__))
                return f(*args, **kw)
            return wrapper
        return log_decorator

@log('DEBUG')
def test():
    pass

print (test())
```

（5）

```
    import time

    def deco(func):
        def wrapper():
            startTime = time.time()
            func()
            endTime = time.time()
```

```
            msecs = (endTime - startTime)*1000
            print("time is %d ms" %msecs)
        return wrapper


@deco
def func():
    print("hello")
    time.sleep(1)
    print("world")


if __name__ == '__main__':
    f = func
    f()
```

(6)

```
import time

def deco(func):
    def wrapper(*args, **kwargs):
        startTime = time.time()
        func(*args, **kwargs)
        endTime = time.time()
        msecs = (endTime - startTime)*1000
        print("time is %d ms" %msecs)
    return wrapper


@deco
def func(a,b):
    print("hello,here is a func for add :")
    time.sleep(1)
    print("result is %d" % (a+b))

@deco
def func2(a,b,c):
    print("hello,here is a func for add :")
    time.sleep(1)
    print("result is %d" % (a+b+c))

if __name__ == '__main__':
    f = func
func2(3,4,5)
f(3,4)
```

（7）

```python
def dec1(func):
    print("1111")
    def one():
        print("2222")
        func()
        print("3333")
    return one


def dec2(func):
    print("aaaa")
    def two():
        print("bbbb")
        func()
        print("cccc")
    return two


@dec1
@dec2
def test():
    print("test test")


test()
```

（8）

```python
def spamrun1(fn):
    def sayspam1(*args):
        print("spam1,spam1,spam1")
        fn(*args)
    return sayspam1


@spamrun
@spamrun1
def useful(a,b):
    print(a*b)


if __name__ == "__main__"
    useful(2,5)
```

（9）

```python
def attrs(**kwds):
    def decorate(f):
        for k in kwds:
```

```
                setattr(f, k, kwds[k])
            return f

    return decorate


@attrs(versionadded="2.2",
        author="Guido van Rossum")
def mymethod(f):
    print(getattr(mymethod, 'versionadded',0))
    print(getattr(mymethod, 'author',0))
    print(f)


if __name__ == "__main__"
mymethod(2)
```

（10）

```
    def accepts(*types):
        def check_accepts(f):
            def new_f(*args, **kwds):
                assert len(types) == (len(args) + len(kwds)), \
                    "args cnt %d does not match %d" % (len(args) + len(kwds),
len(types))
                for (a, t) in zip(args, types):
                    assert isinstance(a, t), \
                        "arg %r does not match %s" % (a, t)
                return f(*args, **kwds)

            update_wrapper(new_f, f)
            return new_f

        return check_accepts

    def returns(rtype):
        def check_returns(f):
            def new_f(*args, **kwds):
                result = f(*args, **kwds)
                assert isinstance(result, rtype), \
                    "return value %r does not match %s" % (result, rtype)
                return result

            update_wrapper(new_f, f)
```

```
            return new_f

        return check_returns


    @ accepts(int, (int, float))
    @ returns((int, float))
    def func(arg1, arg2):
        return arg1 * arg2


    if __name__ == "__main__"
        a = func(1, 'b')
        print(a)
```

（11）

```
    def add(a,b):
        return a + b
    def test():
        for r in range(4):
            yield r
    g = test()
    g = (add(10,i) for i in (add(10,i) for i in g))
    print(list(g))
```

（12）

```
    def funA(desA):
        print("It's funA")


    def funB(desB):
        print("It's funB")


    @ funA
    def funC():
        print("It's funC")
```

（13）

```
    def funA(desA):
        print("It's funA")


    def funB(desB):
        print("It's funB")


    @ funB
```

```
@ funA
def funC():
    print("It's funC")
```

（14）

```
def funA(desA):
    print("It's funA")

print('- - -')
print(desA)
desA()
print('- - -')

def funB(desB):
    print("It's funB")

@ funB
@ funA
def funC():
    print("It's funC")
```

3. 实践题

（1）Python 提供的 sum（）函数可以接受一个 list 并求和，请编写一个高阶函数 prod（），可以接受一个 list 并利用 reduce（）函数求积。

（2）一个棋盘有 8×8 个格子，左上角为坐标系原点（0，0），程序要通过方向（direction）、步长（step）控制棋子的运动。试用闭包写出控制的程序（可以先不考虑移动棋子涉及的出界问题）。

（3）用偏函数把一个秒数转换为"时：分：秒"格式。

3.3 Python 函数式编程模式拓展

Python 不仅提供了函数式编程的基本语法，实现了函数式编程的主要模式，还进行了进一步拓展。装饰器和生成器就是两个拓展范例。

3.3.1 装饰器

1. 软件开发的开闭原则与 Python 装饰器

软件开发是一种高强度的脑力劳动，稍有不慎就会酿成大祸。为了尽量避免错误，在长期的开发实践和应付软件危机的过程中，人们总结出一些基本原则，如

1）单一职责原则（Single Responsibility Principle，SRP）。

2）里氏替换原则（Liskov Substitution Principle，LSP）。

3）依赖倒置原则（Dependence Inversion Principle，DIP）。

4）接口隔离原则（Interface Segregation Principle，ISP）。

5）迪米特法则（Law Of Demeter，LOP）。

6）开闭原则（Open Closed Principle，OCP）。

其中，开闭原则是勃兰特·梅耶（Bertrand Meyer）在 1988 年提出的。其目的是给出一个软件在运行中随着需求改变应如何与时俱进地进行维护的原则：软件实体应当对扩展开放，对修改关闭（Software entities should be open for extension，but closed for modification）。其核心思想是尽量地对原来的软件进行功能扩张使其满足新的需求，而不是通过修改原来的软件使其满足新的需求，以保持和提高软件的适应性、灵活性、稳定性和延续性，避免由于修改带来可靠性、正确性等方面的错误，降低维护成本。

Python 装饰器（decorator）是一项基于开闭原则的技术，它可以在不侵入原有代码的前提下，从外部用一个 Python 函数或类对一个函数或类进行功能扩充。这里，以对函数进行功能扩充的修饰器为例，介绍 Python 修饰器的基本原理。

2. Python 函数装饰器的实现

一个 Python 函数装饰器就是另一个函数，以函数作为参数并返回一个替换函数的可执行函数。或者说，装饰器就是一个返回函数的高阶函数。

代码 3-22　简单的装饰器示例：函数 add( ) 只有两个数相加的计算功能，用装饰器来补充一个打印功能。

```
>>> def add(x,y):                    #功能函数,只进行计算
    return x + y


>>> def logger(func):                #参数剥离
    def wrapper(a,b):                #增加一阶
        print(f'{a} + {b} = ',end = '')
        return func(a,b)
    return wrapper


>>> add = logger(add)
>>> add(3,5)
3 + 5 = 8
```

说明：

1）根据前面介绍的关于 Python 函数第一类对象的特征，从语法的角度不难理解上述代码。在这段代码中，add 是一个原来设计好的功能函数，用于实现两个数的相加。

2）logger 是一个装饰器，就是一个函数，它的参数 func 用来接收要包装的函数名，其内部定义 wrapper 函数来接收 func 的参数进行处理，并用 return wrapper 返回结果。这样，执行 add = logger(add)，就是让 add 指向装饰器返回的 wrapper。即调用 add，实际上是调用了 wrapper。

3. Python 装饰符@

在代码 3-22 中，使用了语句 add = logger(add) 来说明函数 logger( ) 是功能函数 add( ) 的装饰器。不过，Python 中装饰器语法并不需要每次都用引用语句来说明装饰关系，在功能函数定义时只要在其前面加上 "@ +装饰器名字" 就可以了。@ 称为装饰符（在 Python 3.5

以后还重载了矩阵向量乘法操作符)。

代码3-23　代码3-22改用装饰符的情形。

```
>>> def logger(fun):                        #参数剥离
    def wrapper(a,b):                        #增加一阶
        print(f'{a} + {b} = ',end = '')
        return fun(a,b)
    return wrapper

@ logger
>>> def add(x,y):
    return x + y
>>> print(add(3,5))                          #第二次输入参数
3 + 5 = 8
```

说明：在功能函数前添加@装饰器标注，就将装饰器绑定在了功能函数上。这时直接用功能函数名调用，也添加了装饰器扩展功能。

3.3.2　生成器

1. 生成器的概念

生成器（generator）是Python函数式编程中的一个典型应用。它也是函数，但是是一种惰性求值（lazy evaluation）函数，即它不是一次调用就进行完所有计算，而是一次调用只进行一个值的计算，并且下一次调用会在前一次调用计算的基础上进行。

为什么会这样呢？因为它使用的返回语句不是return，而是yield。yield与return的区别在于，return返回后，函数状态终止；而yield返回后仍会保存当前函数的执行状态，再次调用时会在之前保存的状态上继续执行。这种不断在前一个状态的基础上进行计算的过程称为迭代。这种迭代过程将在迭代不可再进行时结束。

生成器的迭代执行过程要由内置的next()函数触发。调用一次next()，就向生成器请求一次它的下一个值，调用一次生成器。

例3.3　斐波那契（Leonardo Pisano, Fibonacci, Leonardo Big-ollo, 1175—1250，见图3.6）是中世纪意大利数学家。他曾提出一个有趣的数学问题：有一对兔子，从出生后的第3个月起每个月都生一对兔子。小兔子长到第3个月又生一对兔子。如果生下的所有兔子都能成活，且所有的兔子都不会因年龄大而老死，问每个月的兔子总数为多少？这些数组成一个有趣的数列，人们将之称为Fibonacci数列。

图3.6　斐波那契

代码3-24　一个最简单的fibonacci数列生成器。

```
>>> def fibonacci():
    yield 1
    yield 1
    yield 2
```

```
        yield 3
        yield 5
        yield 8

   >>> f = fibonacci()
   >>> next(f)
   1
   >>> next(f)
   1
   >>> next(f)
   2
   >>> next(f)
   3
   >>> next(f)
   5
   >>> next(f)
   8
   >>> next(f)
   Traceback (most recent call last):
     File "<pyshell#25>", line 1, in <module>
       next(f)
   StopIteration
```

说明：

1）每用 next（）向生成器请求一次数据，生成器将用下一个 yield 返回下一个数据。

2）除了用 next（）向生成器请求数据，还可以用 for…in 向生成器请求数据。因为 for 中隐藏了一个 next（）。它与直接用 next（）请求的不同在于能一次生成序列中的全部元素，除非用条件终止这个 for 结构。

代码 3-25　用 for…in 向生成器请求数据示例。

```
   >>> def fibonacci():
        yield 1
        yield 1
        yield 2
        yield 3
        yield 5
        yield 8

   >>> for i in fibonacci():
        print (i)


   1
   1
```

```
2
3
5
8
```

2. 生成器的优势

首先观察一下下面的代码。

代码3-26　产生无穷 fibonacci 数列的生成器。

```
>>> def fib():
    n, a, b = 0, 0, 1
    while True:
        yield b
        a, b = b, a + b
        n += 1

>>> f = fib()
>>> next(f)
1
>>> next(f)
1
>>> next(f)
2
>>> next(f)
3
>>> next(f)
5
```

说明： 这个生成器构造一个无穷 fibonacci 数列。如果这个函数中不使用 yield，而是使用 return 返回，将会很快用尽内存。因此，利用生成器的惰性求值特点，可以在用多少生成多少的前提下构造一个无限的数据类型。

3. 几个常用内置生成器

（1）range

range 生成器生成一段左闭右开的整数序列，语法如下。

```
range(start, stop [,step])
```

参数说明：

- start 指的是计数起始值，默认是 0。
- stop 指的是计数结束值，但不包括 stop。
- step 是步长，默认为 1，不可以为 0。

使用 range( ) 函数须注意如下几点：

1）它的取值具有左闭右开区间特点。

2）它接收的参数必须是整数，可以是负数，但不能是浮点数等其他类型。

3）它是不可变的序列类型，可以进行判断元素、查找元素、切片等操作，但不能修改元素。

代码 3-27　对 range 生成器的迭代观察示例。

```
>>> r = range(0,10,3)
>>> for i in(r):
        print(i)


0
3
6
9
>>>
>>> nameList = ['张','王','李','赵']
>>> for i in(nameList):
        print(i,end = ',')
```

张,王,李,赵,

注意：range 不可以用 next 函数迭代。

（2）zip

zip 是一个打包函数。它能将多个序列打包成一个元组列表。其打包过程如下：从每个序列里获取一项，把这些项打包成元组。如果有多个序列，以最短的序列为元组的个数。

执行 next 函数可以逐步观察到 zip 生成序列的过程。

代码 3-28　用 next 观察 zip 的工作过程。

```
>>> zipped = zip(a,b,c)
>>> next(zipped)
(1, 'a', 5)
>>> next(zipped)
(2, 'b', 6)
>>> next(zipped)
(3, 'c', 7)
>>> next(zipped)
Traceback (most recent call last):
  File "<pyshell#17>", line 1, in <module>
    next(zipped)
StopIteration
```

next 称为迭代器。zip 称为可迭代对象（iterable）。

（3）map

map 是一个生成器，也是一个可迭代对象，它可以生成一个数据序列，语法如下。

```
map(function, iterable,...)
```

它的参数由一个函数和多个可迭代对象组成，所生成的数据序列中的每一项，都是由函数参数依次对可迭代对象的各项进行计算的结果。

代码3-29　map 以一个可迭代对象为参数示例。

```
>>> m = map(lambda x : x * 2, [1, 2, 3])
>>> next(m)
2
>>> next(m)
4
>>> next(m)
6
>>> next(m)
Traceback (most recent call last):
  File "<pyshell#27>", line 1, in <module>
    next(m)
StopIteration
>>> m1 = map(lambda x, y : x * y, [1, 3, 5], [2, 4, 6])
>>> next(m1)
2
>>> next(m1)
12
>>> next(m1)
30
>>> next(m1)
Traceback (most recent call last):
  File "<pyshell#32>", line 1, in <module>
    next(m1)
StopIteration
```

代码3-30　map 以三个可迭代对象为参数示例。

```
>>> m2 = map(lambda x, y, z : str(x) + str(y) + str(z), ['a', 'b', 'c'],
['p', 'q','r'],['x', 'y', 'z'])
>>> next(m2)
'apx'
>>> next(m2)
'bqy'
>>> next(m2)
'crz'
>>> next(m2)
Traceback (most recent call last):
  File "<pyshell#38>", line 1, in <module>
    next(m2)
StopIteration
```

4. 生成器表达式和列表解析式

简化 for 和 if 语句：使用圆括号（ ）将之括起就形成一个生成器表达式，若使用方括号 [ ] 则形成一个列表解析式。

代码 3-31　生成器表达式和列表解析式示例。

```
>>> # 生成器表达式
>>> result1 = (x for x in range(5))
>>> result1
<generator object <genexpr> at 0x0000025659D836D0>
>>> type(result1)
<class 'generator'>
>>> next(result1)
0
>>> next(result1)
1
>>> next(result1)
2
>>> next(result1
3
>>> next(result1)
4
>>> next(result1)
Traceback (most recent call last):
  File "<pyshell#18>", line 1, in <module>
    next(result)
StopIteration
>>>
>>> # 列表解析表达式
>>> result2 = [x for x in range(5)]
>>> type(result2)
<class 'list'>
>>> result2
[0, 1, 2, 3, 4]
>>> result2
[0, 1, 2, 3, 4]
```

说明：生成器表达式只可向前迭代执行，不可逆执行；列表解析式则可以重复执行。

5. Python 语法糖

语法糖（syntactic sugar）是计算机程序设计语言中的一些特殊语法。这些语法对语言的功能没有负面影响，只会给程序员提供更好的易用性，可以设计出简单明了的程序代码。前面介绍的多目标引用（如 a = b = c = 2），在一个引用表达式中对多个对象同时引用（如 a，b，c = 1，2，3）if-elif、for-else、while-else、默认参数、可变参数、顺序参数、强制顺序参数、命名参数、强制命名参数、lambda 表达式、装饰品、生成表达式、列表表达式、yield

表达式等都是 Python 语法糖。

Python 语法糖有很多，还有一些在前面没有展开介绍的，如：

```
a=1;b=2;c=3;d=4;e=5;f=6
a<b<c<d<e
[a,b,c]+[d,e,f]
'a'*30
```

另外一些将在后面陆续介绍。掌握这些 Python 语法糖，在设计和阅读程序时会方便很多。

习题 3.3

1. 判断题

（1）对于生成器对象 x = (3 for i in range(5))，连续两次执行 list(x) 的结果是一样的。（   ）

（2）包含 yield 语句的函数一般成为生成器函数，可以用来创建生成器对象。（   ）

（3）在函数中 yield 语句的作用和 return 完全一样。（   ）

（4）对于数字 n，如果表达式 0 not in [n%d for d in range(2, n)] 的值为 True，则说明 n 是素数。（   ）

2. 实践题

（1）利用 map( ) 函数，把用户输入的不规范的英文名字，变为首字母大写，其他小写的规范名字。输入：['adam', 'LISA', 'barT']，输出：['Adam', 'Lisa', 'Bart']。

（2）利用 map 和 reduce 编写一个 str2float 函数，把字符串 '123.456' 转换成浮点数 123.456。

（3）回数是指从左向右读和从右向左读都是一样的数，例如 12321，909。请利用 filter( ) 筛选出回数。

（4）请实现一个装饰器，限制某函数被调用的频率（如 10 秒一次）。

（5）设计一个杨辉三角形（如图 3.7 所示）生成器。

```
            1
          1   1
         1   2   1
       1   3   3   1
      1   4   6   4   1
    1  5  10  10  5  1
  ... ... ... ... ... ...
```

图 3.7 杨辉三角形

第4章

Python 数据容器

容器是可以存储其他数据对象的数据对象。内置容器从存储位置看，可分为内存容器和副存容器两大类。内置副存容器只有一种——文件（file）。内置内存容器则有表 4.1 所示的几种。表中对它们的基本特性进行了比较。

表 4.1　Python 内置内存容器的基本特征

名称	标识符	边界符	元素类型	元素可变	元素有序	元素分隔	元素须互异
字符串	str	'...'/"..." ""..."/ """...""""	字符串	否	位置顺序	无	否
元组	tup	（…）或无	任何类型			,	
列表	list	[…]	任何类型	是			
字典	dict		键:值，键有限制		否		值否
集合	set	{…}	任何类型				是
	forzenset			否			

内置内存容器有众多的属性。在形式上，就可以通过下面的特征分辨：

1）用撇号作为边界线的是字符串。

2）用圆括号作为边界符的是元祖。

3）用方括号作为边界符的是列表。

4）用花括号作为边界符的是字典或集合。其中字典的元素是键- 值对，而集合的元素是非键值对。

本章介绍 Python 内置容器的应用特性。

4.1　内存容器对象的一般操作

4.1.1　内存容器对象的创建与类型转换

内存容器（后面简称容器）对象都可以用如下三种方式构建对象：使用字面量直接书写、用相应的构造方法构建和推导式生成。

1. 用字面量直接书写容器实例对象

不管是元组、列表、字符串，还是字典、集合，只要用相应的边界符将合法的元素括起来，就成为某个容器的字面量，这个字面量是某种类型容器的实例对象。

代码4-1 用字面量直接书写容器实例对象示例。

```
>>> a = 1;b = 2; c = 3
>>> #####列表对象创建#####
>>> [a,b,c,a,3,'abc'];type([a,b,c,a,3,'abc'])
[1, 2, 3, 1, 3, 'abc']
<class 'list'>
>>> #####元组对象创建#####
>>> (a,b,c,a,3,'abc');type((a,b,c,a,3,'abc'))
(1, 2, 3, 1, 3)
<class 'tuple'>
>>> #####字符串对象创建#####
>>> '';type('')
''
<class 'str'>
>>> "abcde";id("abcde")
'abcde'
2743070735248
>>> #####集合对象创建#####
>>> {c,b,a,5,6,'d','b','a'};type({c,b,a,5,6,'d','b','a'})
{1, 2, 3, 'd', 5, 6, 'a', 'b'}
<class 'set'>
>>> #####字典对象创建#####
>>> {'a':a,'b':b,'c':c,'a':5,'d':a};type({'a':a,'b':b,'c':c,'a':5,'d':a})
{'a': 5, 'b': 2, 'c': 3, 'd': 1}
<class 'dict'>
```

从上述容器对象创建过程可以看出：

1）Python 容器不一定都要求只存储相同类型的元素。

2）列表和元组允许有重复的元素，而集合不能有重复元素，因为集合是按值分配存储空间的。这符合数学中的集合概念。此外，字典不能有重复的键，若有重复的键，则只取最后出现的键-值对。因为在字典中是按键存储值的，遇到先出现的键-值对，就先存储起来，后面再出现相同的键，就用其对应的值覆盖原先的值。

3）在用字面量创建容器对象的同时，还可以用变量指向这些容器实例对象。

代码4-2 用字面量创建容器实例对象的同时，用变量指向该对象。

```
>>> a = 1;b = 2; c = 3
>>> #####列表对象创建#####
>>> list1 = [a,b,c,a,3]
>>> list1; type(list)
[1, 2, 3, 1, 3]
<class 'list'>
>>> #####元组对象创建#####
>>> tuple1 = a,b,c,a,3
```

```
>>> tuple1; type(tuple1)
(1, 2, 3, 1, 3)
<class 'tuple'>
>>> #####集合对象创建#####
>>> set1 = {a,b,c,1,2,5}
>>> set1; type(set1)
{1, 2, 3, 5}
<class 'set'>
>>> #####字典对象创建#####
>>> dict1 = {'a':a,'b':b,'c':c,'a':5,'d':a}
>>> dict1; type(dict1)
{'a': 5, 'b': 2, 'c': 3, 'd': 1}
<class 'dict'>
>>> #####字符串对象创建#####
>>> str1; type(str1)
'abcde123abc'
<class 'str'>
```

说明：

1）一般来说，元组就是一组以逗号分隔的数据对象，不一定要以圆括号为边界符。但从易读的角度，还是加一对圆括号为好。

2）另外可以看出，有变量指向与无变量指向结果一样，但实际上并非这样。下面用两种方法测试一下两个大小相同列表的存储分配。

代码4-3 两个大小相同列表的存储分配。

```
>>> a = 1; b = 2; c = 3
>>> id([a, b, c]);id([c, b, a])
2935539084296
2935539084296
>>> list1 = [a, b, c];list2 = [c, b, a]
>>> id(list1);id(list2)
2935538546960
2935539084488
```

讨论：可以看出两种情况下测试结果不相同：不使用变量时，测试结果表明两个对象是一个对象；而使用变量时，测试结果表明两个对象不是同一个对象。到底哪个对呢？其实是后者正确。原因出在 Python 的垃圾回收器上。因为 Python 垃圾回收一个对象的基本原则是看有没有变量引用它。如果没有变量引用，就说明这个对象可以回收了。因此，不使用变量指向的对象很可能就是昙花一现，接着又创建了一个元素排列顺序改变了的对象，很可能又被分配到前一个被回收对象的位置，所以得到了相同的 id。因此对于判断元素排列顺序改变是没有意义的。

2. 用构造方法构造容器对象与容器对象类型转换

每一个类都有自己的构造方法，用于创建这个类的对象（包括空对象）。在面向对象的程序设计中，把作为类成员的函数称为方法。类的构造方法用于构造该类的对象。在创建非空容器对象时，构造方法要求使用相容对象参数——可以将其转换为所需类型的数据对象，如将字符串参数向列表转换等。对于列表、元组、字符串、集合和字典这些内置的容器，Python 提供了内置的构造方法，分别为：list( )、tuple( )、str( )、set( ) 和 dict( )。

代码4-4　用构造方法构建容器对象示例。

```
>>> #####构建列表对象#####
>>> l1 = list(); l1, id(l1)                          #创建空列表对象
([ ], 1687931881800)
>>> l2 = list((5,3,1,'b','a','c'));l2,id(l2)          #将元组对象转换为列表对象
([5, 3, 1, 'b', 'a', 'c'], 1687932588872)
>>> l3 = list(L2);l3,id(l3)                           #用已有列表对象构建新列表对象
([5, 3, 1, 'b', 'a', 'c'], 1687932588936)
>>> l4 = list("Python"); l4, id(l4)                   #将字符串对象转换为列表对象
(['P', 'y', 't', 'h', 'o', 'n'], 1687932477256)
>>> l5 = list({5,3,8,6,7,9,2,1});l5,id(l5)            #将集合对象转换为列表对象
([1, 2, 3, 5, 6, 7, 8, 9], 1928842976840)
>>> l6 = list({5:'a',7:'c',9:'s',3:'x'});l6,id(l6)
                                                      #用字典对象的键构建新列表对象
([5, 7, 9, 3], 1928842283400)
>>>
>>> #####构建元组对象#####
>>> t1 = tuple();t1,id(t1)                            #创建空元组对象
((), 1690039418952)
>>> t2 = tuple((5,3,1,'b','a','c'));t2,id(t2)         #用已有元组对象构建新元组对象
((5, 3, 1, 'b', 'a', 'c'), 1687932262632)
>>> t3 = tuple(l3); t3,id(t3)                         #将列表对象转换为元组对象
((5, 3, 1, 'b', 'a', 'c'), 2365461660200)
>>> t4 = tuple("Python");t4,id(t4)                    #将字符串对象转换为元组对象
(('P', 'y', 't', 'h', 'o', 'n'), 2365462108200)
>>> t5 = tuple({5,3,1,'b','a','c',1});t5,id(t5)       #将集合对象转换为元组对象
((1, 3, 5, 'a', 'c', 'b'), 2365461731080))
>>> t6 = tuple({5:'a',7:'c',9:'s',3:'x'});t6,id(t6)
                                                      #用字典对象的键构建元组对象
((5, 7, 9, 3), 1928842871736)
>>>
>>> #####创建字符串对象#####
>>> s1 = str();s1,id(s1)                              #创建空字符串对象
('', 2743059970736)
>>> s2 = 'abcde';s3,id(s3)                            #用已有字符串构建新字符串对象
('abcde', 2743070735248)
```

```
>>> #####集合对象创建#####
>>> st1 = set();st1,id(st1)                               #创建空集合对象
(set(), 1687932422856)
>>> st2 = set({5,3,1,'b','a','c'});st2,id(st2)            #用已有集合对象构建新集合对象
({'a', 1, 3, 'c', 5, 'b'}, 1687932423976)
>>> st3 = set(t2);st3,id(st3)                             #将元组对象转换为集合对象
({1, 3, 'a', 5, 'b', 'c'}, 1570113114408)
>>> st4 = set(l2);st4,id(st4)                             #将列表对象转换为集合组对象
({1, 3, 'a', 5, 'b', 'c'}, 1570113581800)
>>> st5 = set("Python");st5,id(st5)                       #将字符串对象转换为集合组对象
({0, 1, 2, 3, 4}, 1687932421960)
>>> st6 = set({5:'a',9:'s',3:'x'});st6,id(st6)           #用字典对象的键构建元组对象
({9, 3, 5}, 1928842823272)
>>> fs1 = frozenset('I\'m a student. '); fs1            #用字符串作为 frozenset() 参数
frozenset({'m', 'e', 'n', 'I', ' ', "'", '.', 'u', 'a', 'd', 't', 's'})
>>> #####字典对象创建#####
>>> d1 = dict();d1,id(d1)                                 #创建空字典对象
({}, 1570113682816)
>>> d2 = dict({'a':1,'b':2,'c':3});d2,id(d2)            #用已有字典对象构建新字典对象
({'a': 1, 'b': 2, 'c': 3}, 1570113682960)
>>> d3 = dict(a = 1,b = 2,c = 3);d3,id(d3)              #用赋值代替冒号映射的集合对象
({'a': 1, 'b': 2, 'c': 3}, 1570113682888)
>>> d4 = dict([('a',1),('b',2),('c',3)]);d4,id(d4)
                                                         #将映射描述为元组的集合对象
({'a': 1, 'b': 2, 'c': 3}, 1570113683104)
```

说明:

1）所有以容器字面量为参数时，必须带有边界符。

2）列表、元组、集合、字典不能转换为有意义的字符串对象，因为转换时将边界符也作为字符串的一部分了。

代码 4-5　列表、元组、集合、字典不能转换为有意义的字符串对象示例。

```
>>> s3 = str([5,3,1,'b','a','c',1]);s3,id(s3)
("[5, 3, 1, 'b', 'a', 'c', 1]", 1928842938480)
>>> s4 = str((5,3,1,'b','a','c',1));s4,id(s4)
("(5, 3, 1, 'b', 'a', 'c', 1)", 1928842938568)
>>> s5 = str((5,3,1,'b','a','c',1));s5,id(s5)
("(5, 3, 1, 'b', 'a', 'c', 1)", 1928842938656)
>>> s6 = str({5:'a',7:'c',9:'s',3:'x'});s6,id(s6)
("{5: 'a', 7: 'c', 9: 's', 3: 'x'}", 1928842938744)
```

3）Python 将集合分为可变与不可变两类。用 set（）创建的集合是不可变集合，可变集合的构造函数是 frozenset（）。

4）字典除用 dict（）作为构造方法外，还提供了用 fromkeys（）构建字典的手段。fromkeys（）是 dict 类的成员，其语法为：

```
dict. fromkeys(seq[, value]))
```

这里的 dict 也可以用 {} 代替，语法为：

```
{}. fromkeys(seq[, value]))
```

它的参数是两个序列：seq（字典键值序列）和 value（可选参数，设 seq 的值，返回值为一个字典元素序列）。

代码 4-6　用 fromkeys（）构建字典对象示例。

```
>>> seq = ('name', 'age', 'sex')
>>> value = ('张', 28, 'male')
>>> dict1 = dict. fromkeys(seq,value)
>>> print ("创建的字典为 :%s"% str(dict1))
创建的字典为 :{'name': ('张', 28, 'male'), 'age': ('张', 28, 'male'), 'sex':
('张', 28, 'male')}
>>> dict2 = dict. fromkeys(seq,'x')
SyntaxError: invalid character in identifier
>>> dict2 = dict. fromkeys(seq,'x')
>>> print ("创建的字典为 :%s"% str(dict2))
创建的字典为 :{'name': 'x', 'age': 'x', 'sex': 'x'}
>>> dict3 = dict. fromkeys(seq)
>>> print ("创建的字典为 :%s"% str(dict3))
创建的字典为 :{'name': None, 'age': None, 'sex': None}
>>> dict4 = {}. fromkeys(seq)
>>> print ("创建的字典为 :%s"% str(dict4))
创建的字典为 :{'name': None, 'age': None, 'sex': None}
```

3. 用推导式创建容器对象

为了动态地修改或创建容器对象，Python 推出了推导式（comprehension）。

代码 4-7　用推导式创建容器对象示例。

```
>>> [i * 2 for i in range(10)]          #不带条件的列表推导式
[0, 2, 4, 6, 8, 10, 12, 14, 16, 18]
>>> [i * 2 for i in range(10)  if  i%2 ! = 0]    #带有条件的列表推导式
[2, 6, 10, 14, 18]
>>> {i * 2 for i in range(10)}          #不带条件的集合推导式
{[0, 2, 4, 6, 8, 10, 12, 14, 16, 18]}
>>> [i * 2 for i in range(10)  if  i%2 ! = 0]    #带有条件的集合推导式
{}2, 6, 10, 14, 18}
```

```
>>> [x + y for x in 'ab' for y in '123']          #嵌套形成字符串列表
['a1', 'a2', 'a3', 'b1', 'b2', 'b3']
>>> d5 = dict(zip(('a','b','c'),(1,2,3)));d5,id(d5)   #基于 zip 创建字典对象
({'a': 1, 'b': 2, 'c': 3}, 1570113683176)
```

注意：不要用推导式代替一切。若只需要执行一个循环，就应当尽量使用循环，更符合 Python 提倡的直观性。

4.1.2 容器对象属性获取

一个容器对象一经创建，其基本属性就被确定。获取这些属性，对于如何使用该对象具有十分重要的意义。下面介绍其中一些比较重要的属性。

1. type、id 和 len

类型（class）与 id 是对象最重要的两个属性，前面已经使用过许多，这里不再赘述。另一个重要属性是容器中元素的个数，它可以使用函数 len( ) 获取。

代码 4-8　获取容器对象的长度。

```
>>> t1 = 'a','b','c','d','e','f',1,2,3,4,5,6
>>> len(t1)
12
>>> l1 = [t1]
>>> len(l1)
1
>>> s1 = set(t1)
>>> len(s1)
12
>>> l2 = list(t1)
>>> len(l2)
12
>>> l1
[('a', 'b', 'c', 'd', 'e', 'f', 1, 2, 3, 4, 5)]
>>>
```

说明：代码 4-8 中，先测试 t1 的长度，得到 12；若用 l1 = [t1] 将 t1 转换成列表，测试的结果却是 1；再将 t1 用 s1 = set(t1) 转换为集合 s1，测试结果为 12；再用 l2 = list(t1)，测试又得到 12。最后显示 l1 内容，得到 [('a', 'b', 'c', 'd', 'e', 'f', 1, 2, 3, 4, 5)]。这说明 l1 = [t1] 是将 t1 作为一个元素了。所以，进行容器类型转换，必须显式地使用构造方法。

2. 获取容器中的最大元素、最小元素与数值元素和

下面三个 Python 内置函数可用于获取容器有关数据。

max(s)：返回容器 s 的最大值（仅限字符串或数值序列）。

min(s)：返回容器 s 的最小值（仅限字符串或数值序列）。

sum(s)：返回容器 s 的元素之和（仅限数值序列）。

代码4-9　获取容器最大元素、最小元素与和示例。

```
>>> t2 = (2,3,4,5,9,2,1)
>>> max(t2),min(t2)
(9,1)
>>> t3 = {'s','v','ab','wq'}
>>> max(t3),min(t3)
('wq','ab')
>>> sum(t3)
Traceback (most recent call last):
  File "<pyshell#11>", line 1, in <module>
    sum(t3)
TypeError: unsupported operand type(s) for +: 'int' and 'str'
>>> sum(t2)
26
>>> d1 = {'v':1,'y':8,'g':5,'p':9,'ab':6}
>>> max(d1),min(d1)
('y','ab')
```

说明：对于字典，元素的最大值与最小值，从可比较的键中选取。

3. 用 dir( ) 获取对象的其他属性

dir( ) 函数不带参数时，返回当前范围内的变量、方法和定义的类型列表；带参数时，返回参数的属性、方法列表。图4.1所示为用dir( )显示几个容器对象属性的示例。

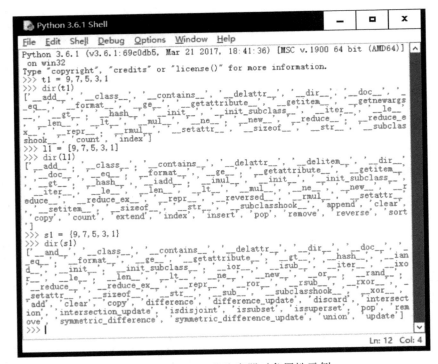

图4.1　用dir( )获取容器对象属性示例

4.1.3　容器及其成员的判定操作

容器对象的判定操作包括如下五类，它们均得到 bool 值：True 或 False。

1）对象值比较操作符：>、>=、<、<=、== 和 != 。

2）对象身份判定操作符：is 和 is not。

3）成员属于判定操作符：in 和 not in。

4）布尔操作符：not、and 和 or。

5）判定容器对象的元素是否全部或部分为 True 的内置函数：all( ) 和 any( )。

代码4-10　对序列进行判定操作示例。

```
>>> list1 = ['ABCDE','Hello',"ok",'''Python''',123]; list2 = ['xyz',567]
>>> list1 == list2, list1 ! = list2, list1 > list2, list1 < list2
(False, True, False, True)
>>> 'ABCDE' in list1
True
>>> ['xyz',567] is list2,list2 is ['xyz',567],list2 == ['xyz',567]
(False, False, True)
>>>
>>> tup1 = (1,2,3); tup2 = (1,2,3); tup3 = ('a','b','c')
>>> tup1 == tup2,tup1 is tup2
(True, False)
>>> tup1 = tup2; tup1 is tup2
True
>>> tup3 < tup2,tup3 > tup2
Traceback (most recent call last):
  File "<pyshell#65>", line 1, in <module>
    tup3 < tup2,tup3 > tup2
TypeError: '<' not supported between instances of 'str' and 'int'
>>> tup3 ! = tup2
True
>>>
>>> str1 = 'abcxy';str2 = 'abcdef'
>>> str1 < str2, str1 > str2
(False, True)
>>>
>>> set1 = {1,2,3};set2 = {1,2,3,4,5}
>>> set1 > set2,set1 < set2,set1 == set2,set1 ! = set2
(False, True, False, True)
>>>
>>> all(tup3),any(tup3)
(True, True)
```

说明：

1）相等比较（==）与是否比较（is）不同，相等比较的是值，是否比较的是 ID。

2）只有相同元素类型的容器对象才可以进行大小比较。不同元素类型的容器对象只可以进行相等或不等的比较。

3）字符串之间的比较是按正向下标，从 0 开始以对应字符的码值（如 ASCII 码值）作为依据进行的，直到对应字符不同，或所有字符都相同，才能决定大小或是否相等。

4.1.4 对象的浅复制与深复制

在 Python 中，"="的本职操作是为对象添加引用，只有对修改后的不可变对象引用时，才会形成新的对象；要复制数据对象，应当通过有关类或模块中的复制函数进行。这些复制函数可以分为两类：浅复制（shallow copy）和深复制（deep copy）。

1）可以进行浅复制的函数或方法包括：copy 模块中的 copy() 函数、序列的切片操作、对象的实例化等。

2）可以进行深复制的函数或方法包括：copy 模块中的 deepcopy() 函数等。

下面分两种情形举例说明浅复制和深复制的区别。

1. 浅复制和深复制仅对可变数据对象有区别

代码 4-11　浅复制与深复制对于可变数据对象和不可变数据对象的作用区别示例。

```
>>> import copy                        #导入 copy 模块
>>> x = (1,2,3,('a','b'))              #x 为不可变对象
>>> y = copy.copy(x)                   #y 为 x 的浅复制
>>> z = copy.deepcopy(x)               #z 为 x 的深复制
>>> id(x),id(y),id(z)                  #比较 x、y、z 三者的 id
(2319542617016, 2319542617016, 2319542617016)
>>> x1 = [1,2,3,['a','b']]             #x1 为可变对象
>>> y1 = copy.copy(x1)                 #y1 为 x1 的浅复制
>>> z1 = copy.deepcopy(x1)            #z1 为 x1 的深复制
>>> id(x1),id(y1),id(z1)              #比较 x1、y1、z1 三者的 id
(2319502470600, 2319542524936, 2319542496392)
```

说明：

1）id(y) 和 id(z) 都与 id(x) 相同，说明对于不可变对象，浅复制与深复制都不重新创建了新的对象。

2）id(x1)、id(y1) 与 id(z1) 三者都不相同，说明对于可变对象，浅复制与深复制都重新创建了新的对象，但二者所创建的新对象是不相同的对象。

2. 在对层次性对象（如嵌套的对象容器以及派生类对象）**进行浅复制，只复制最上一层**

代码 4-12　浅复制与深复制对于嵌套容器中的可变数据元素复制深度不同示例。

```
>>> import copy
>>> x = [1,2,3,['a','b','c'],4]
>>> y = copy.copy(x)
```

```
>>> z = copy.deepcopy(x)
>>> id(x[2]),id(y[2]),id(z[2])          #获取同一整数对象的 id
(1584641152, 1584641152, 1584641152)
>>> id(x[3][0]),id(y[3][0]),id(z[3][0]) #获取同一字符串的 id
(1907772550704, 1907772550704, 1907772550704)
>>> id(x[3]),id(y[3]),id(z[3])          #获取同一可变对象成员的 id
(1907782020168, 1907782020168, 1907782020040)
```

说明：

1）由于 Python 为小整数建立了对象池，为小字符串建立了驻留机制，所以同一不可变数据对象按照存储，只保留一个存储，不管哪种复制，这些不可变对象的 id 都是唯一的。

2）在容器嵌套情况下，对于可变元素来说，浅复制与深复制的情形就不相同了。尽管浅复制的数据对象的 id 与源对象的 id 不同，但其所有元素的 id 都与源对象对应相同，即浅复制虽然会创建新对象，但其内容是原对象的引用，即它只复制了一层外壳。而对于深复制来说，其内嵌的可变元素对象的 id 与源对象的对应元素的 id 不再相同，即这些内嵌元素也被复制了。所以深复制是完全复制，包括了多层嵌套复制，复制的深度大于浅复制。

3）对于将在第 5 章介绍的派生类对象复制，也会产生类似的情况。

习题 4.1

1. 判断题

（1）元组与列表的不同仅在于一个是用圆括号作为边界符，另一个是用方括号作为边界符。（   ）

（2）创建只包含一个元素的元组时，必须在元素后面加一个逗号，例如（3,）。（   ）

（3）列表是可变的，即使它作为元组的元素，也可以修改。（   ）

（4）表达式 list('[1,2,3]') 的值是 [1,2,3]。（   ）

（5）表达式 [] == None 的值为 True。（   ）

（6）生成器推导式比列表推导式具有更高的效率。（   ）

（7）代码

```
>>> aList = []
>>> for x in range(30):aList.append(x + x)
```

与代码

```
>>> aList = [x + x for x in range(30)]
```

等价。（   ）

2. 选择题

（1）在后面的可选项中选择下列 Python 语句的执行结果。

print(type({})) 的执行结果是_____。

print(type([])) 的执行结果是_____。

print(type(())) 的执行结果是_____。

A. < class 'tuple' >　　B. < class 'dict' >　　C. < class 'set' >　　D. < class 'list' >

（2）推导式 [4(x,y) for x in [1,2,3] for y in [3,1,4] if x ! = y] 的执行结果是_____。

A. [(1,3),(2,1),(3,4)]

B. [(1,3),(1,4),(2,3),(2,1),(2,4),(3,1),(3,4)]

C. [1,2,3,3,1,4]

D. [(1,3),(1,1),(1,4),(2,3),(2,1),(2,4),(3,3),(3,1),(3,4)]

（3）代码

```
>>> vec = [(1,2,3),(4,5,6),(7,8,9)]
>>> [num for e in vec for num in e}
```

执行的结果是_____。

A. [1,2,3,4,5,6,7,8,9]　　　　　　B. [[1,2,3],[4,5,6],[7,8,9]]

C. [[1,4,7],[2,5,8],[3,6,9]]　　　　D. (1,2,3,4,5,6,7,8,9)

（4）下面不能创建一个集合的语句是_____。

A. s1 = set ( )　　　　　　　　　B. s2 = set("abcd")

C. s3 = (1,2,3,4)　　　　　　　　D. s4 = frozenset((3,2,1))

（5）下列代码执行时会报错的是_____。

A. v1 = {}　　　　　　　　　　　B. v2 = {3:5}

C. v3 = {[1,2,3]:5}　　　　　　　D. v4 = {(1,2,3):5}

（6）以下不能创建一个字典的语句是_____。

A. dict1 = {}　　　　　　　　　　B. dict2 = {3:5}

C. dict3 = dict([2,5],[3,4])　　　　D. dict4 = dict(([1,2],[3,4]))

（7）代码 nums = set{1,1,2,3,3,3,4};print(len(nums) 执行后的输出结果为_____。

A. 2　　　　　B. 4　　　　　C. 2　　　　　D. 7

（8）代码 a = {1:/a/,2:/b/,3:/c/};print(len(a)) 执行后的输出结果为_____。

A. 1　　　　　B. 43　　　　　C. 0　　　　　D. 6

（9）代码 a = [1,2,3,None,(),[],];print(len(a)) 执行后的输出结果为_____。

A. 1　　　　　B. 43　　　　　C. 0　　　　　D. 6

3. 填空题

（1）Python 语句 list1 = [1,2,3.4];list2 = [5,6,7];print(len(list1 + list2)) 的执行结果是_____。

（2）Python 语句 print(tuple([1,3,]),list([1,3,])) 的执行结果是_____。

（3）Python 语句 print(tuple(range(2)),list(range(2))) 的执行结果是_____。

（4）Python 列表生成式 [i for i in range(7) if i % 2! = 0] 和 [i ** 2 for i in range(5)] 的值分别为_____。

（5）Python 代码 print(set([3,5,3,5,8])) 的执行结果是_____。

（6）使用列表推导式生成包含 10 个数字 5 的列表，语句可以写为_____。

（7）Python 代码 score = {'language':80, 'math':90, 'physics':88, 'chemistry':82}; score ['physics'] =96；print(sum(score. value( )/len(score)))的执行结果是_____。

（8）Python 代码 d = {1:'a',2:'b',3:'c',4:'d'}；del d[1]；del d[3]；d[1] = 'A'；print(len(d))的执行结果是_____。

（9）Python 代码 score = {'language':80，'math':90,'physics':88,'chemistry':82}；score['physics'] =96；print(sum(score. value( )/len(score)))的执行结果是_____。

（10）Python 代码 print（sum（range（10））执行的结果是_____。

（11）Python 代码 s1 = [1,2,3,4]；s2 = [5,6,7]print(sum(range(10))执行的结果是_____。

（12）在 Python 代码中，first, * middles, last = range(6)执行后，middles 的值为_____；first, second, third, * lasts = range(6)执行后，lasts 的值为_____；* firsts, last3, last2. Last = range(6)执行后，firsts 的值为_____；* middles, last = [88,85,99,95,66,77,96]执行后，sum(middles)//len(middles)/ 的值为_____。

4. 代码分析题

（1）阅读下面的代码片段，给出各行的输出。

```
>>> list = [ [ ] ] * 5;  list            # output?
```

（2）执行下面的代码，会出现什么情况？

```
a = []
for i in range(10):
    a[i] = i * i
```

（3）分析下面的代码，给出输出结果。

```
def multipliters():
    return [lambda x:i * x for i in range(4)]
print([m(2) for m in multipliters()])
```

（4）分析下面的代码，给出输出结果。

```
L = ['Hello','World','IBM','Apple']
print([s.lower() for s in L])
```

（5）指出下面代码的输出是什么？并解释理由。

```
def multipliers():
    return [lambda x : i * x for i in range(4)]
print[m(2) for m in multipliers()]
```

怎么修改 multipliers 的定义才能达到期望的结果？

5. 实践题

（1）编写代码，实现下列变换。

1）将字符串 s = "alex" 转换成列表。

2）将字符串 s = "alex" 转换成元祖。

3）将列表 li = ["alex", "seven"] 转换成元组。

4）将元祖 tu = ('Alex', "seven") 转换成列表。

（2）有如下列表，分别写出实现下面两个要求的代码。

```
lis = [5, 7, "S", ["wxy", 50, ["k1", ["aa", 3, "1"]], 89], "ab", "rst"]
```

1）将列表 lis 中的 "aa" 变成大写（用两种方式）。

2）将列表中的数字 3 变成字符串 "100"（用两种方式）。

（3）只用一个输入语句，输入某年某月某日，判断这一天是这一年的第几天？

（4）将一个单词表映射为一个以单次长度为元素的整数列表，试用如下三种方法实现：

1）for 循环。

2）map( )。

3）列表推导式。

（4）有一个拥有 N 个元素的列表，用一个列表解析式生成一个新的列表，使元素的值为偶数且在原列表中索引为偶数。

（5）有列表 a = [1,2,3,4,5,6,7,8,9,10]，请用列表推导式求列表 a 中所有奇数并构造新列表。

4.2 序列对象操作

序列的基本特征是元素位置有序。这一特征带来了对这些容器及其元素的特别操作。属于序列的容器有列表、元组以及字符串。

4.2.1 序列索引、遍历与切片

1. 序列索引

在序列容器中，每个元素都隐含着其在序列中的位置信息。这个位置信息用其相对于首尾的偏移量表示。这个位置偏移量被称为索引（index），也称为序列号或下标。根据偏移量是相对于首元素还是尾元素，形成如图 4.2 所示的正向和反向两个索引体系：正向索引（下标）最左端为 0，向右按 1 递增；反向索引（下标）最右端为 −1，向左按 −1 递减。

图 4.2 序列的正向索引（下标）与反向索引（下标）

在序列容器中，索引一个元素的操作由索引操作符（[ ]，也称为下标操作符）和下标进行。

代码 4-13 序列索引示例。

```
>>> aList = ['ABCDE','Hello',"ok",'''Python''',123]
>>> aList[3]
'Python'
>>> aStr = 'abcd1234'
>>> aStr[-3]
'2'
```

```
>>> aTup = ('ABCDE','Hello',"ok",'''Python''',123)
>>> aTup[-5]
'ABCDE'
```

2. 序列元素遍历

在计算机程序设计中，遍历（traversal）是指按某条路径巡访容器中的元素，使每个元素均被访问到，而且仅被访问一次。对于序列容器来说，一个直接的思路是按照索引顺序用 for…in 结构进行遍历。

代码 4-14　用 for…in 结构实现序列遍历示例。

```
>>> aList = ['ABCDE','Hello',"ok",'''Python''',123]
>>> for i in range(len(aList)):
    print(aList[i])

ABCDE
Hello
ok
Python
123
```

3. 序列切片

在序列中获取一个子序列就称为序列切片（slice）。序列切片语法如下。

序列对象[起始下标：终止下标：步长]

说明：

1）步长的默认值为 1，即不指定步长。这时将获取指定区间中的每个元素，但不包括终止下标指示的元素。

2）起始下标和终止下标省略或表示为 None，分别默认为起点和终点。

3）起始在左、终止在右时，步长应为正；起始在右、终止在左时，步长应为负，否则切片为空。

代码 4-15　序列切片示例。

```
>>> list1 = ['ABCDE','Hello',"ok",'''Python''',123]
>>> list1[:]                    #起始、终止、步长都缺省
['ABCDE', 'Hello', 'ok', 'Python', 123]
>>> list1[None:]                #起始为 None,其他缺省
['ABCDE', 'Hello', 'ok', 'Python', 123]
>>> list1[::2]                  #起始、终止缺省,步长为2
['ABCDE', 'ok', 123]
>>> list1[1:3]                  #步长缺省,起始、终止分别为1,3
['Hello', 'ok']
>>> list1[-5:-2]                #反向索引:起始在左,步长为正
['ABCDE', 'Hello', 'ok']
```

```
>>> list1[2:2]                    #起始与终止相同,取空
[]
>>> list1[2:3]
['ok']
>>> s1 = "ABCDEFGHIJK123"
>>> s1[-2:-10:2]                  #反向索引:起始在右,步长为正,将得空序列
''
>>> s1[-2:-11:-2]                 #反向索引:起始在右,步长为负
'2KIGE'
>>> s1[11:2:-2]                   #正向索引:起始在右,步长为负
'1JHFD'
```

4. 由元素获取索引

由元素获取索引值,就是由元素值获取其在序列中的位置值。语法如下。

序列对象.index (元素值)

代码4-16 由元素值获取索引值示例。

```
>>> aList = ['abc','xyz','def','lmn',123,678]
>>> aList.index('def')
2
>>>
>>> aTup = ('abc','xyz','def','lmn',123,678)
>>> aTup.index('xyz')
1
>>> aStr = 'abcdefghijk'
>>> aStr.index('g')
6
>>> aSet = {1,3,5,7,8,9,6}
>>> aSet.index (8)
Traceback (most recent call last):
  File "<pyshell#8 >", line 1, in <module >
    aSet.index (8)
AttributeError: 'set' object has no attribute 'index'
```

说明:

1)圆点(.)称为分量运算符,表明其后的对象是其前对象或模块的分量。也可以说其后的对象是其前对象自带的。这里的语法解释为一个序列对象用自带的方法 index 来返回一个元素的索引值。一个方法(method)实质上就是一个函数,一类对象的一个属性只能由该类的对象调用。index 就是列表类、元组类和字符串类的属性,只能由序列对象调用,不可由集合对象调用,因为集合对象没有 index 属性。

2)当被检测的元素值有重复时,返回该值第一次出现的位置索引值。

3)当被测序列中不存在被测值的元素时,抛出异常。

4.2.2 序列解包与连接

1. 序列解包

序列解包就是把一个序列（列表、元组或字典）中的元素用多个变量引用，如果引用操作符（=）的右侧有表达式，则要先把表达式执行对象再引用。

代码4-17 序列解包示例。

```
>>> aTup = ("zhang",'male',20,"computer",3,(70,80,90,65,95))
>>> name,sex,age,major,year,grade = aTup
>>> name
'zhang'
>>> sex
'male'
>>> age
20
>>> major
'computer'
>>> year
3
>>> grade
(70, 80, 90, 65, 95)
```

说明：

1）当变量数与元素数一致时，将为每个变量按顺序依次分配一个元素。

2）变量前加一个星号（*）表示要获取一个子序列。

代码4-18 用变量获取子序列示例。

```
>>> grade = (70, 80, 90, 65, 95)
>>> a,b,*c = grade
>>> c
[90, 65, 95]
>>> *a,b,c = grade
>>> a
[70, 80, 90]
>>> a,*b,c = grade
>>> b
[80, 90, 65]
```

3）为了获取仅关心的元素，可以用匿名变量（_）进行虚读。

代码4-19 在序列中安排部分虚读示例。

```
>>> aTup = ("zhang",'male',20,"computer",3,(70,80,90,65,95))
>>> name,_,_,*learningStatus = aTup            #嵌入虚读的匿名变量
>>> name
```

```
'zhang'
>>> learningStatus
['computer', 3, (70, 80, 90, 65, 95)]
```

2. 用操作符 + 进行序列的简单连接

代码 4-20　序列简单连接示例。

```
>>> # 列表连接
>>> aList2 = ['x','y','z']
>>> aList1 = [1,2,3];id(aList1)
1784790265032
>>> aList1 += aList2;aList1,id(aList1)
([1, 2, 3, 'x', 'y', 'z'], 1784790265032)
>>> aList3 = aList1 + aList2;aList3,id(aList3)
([1, 2, 3, 'x', 'y', 'z', 'x', 'y', 'z'], 1784790428808)
>>>
>>> #元组连接
>>> aTup2 = ('x','y','z')
>>> aTup1 = [1,2,3];id(aTup1)
1784790556104
>>> aTup1 += aTup2;aTup1,id(aTup1)
([1, 2, 3, 'x', 'y', 'z'], 1784790556104)
>>>
>>> #字符串连接
>>> aStr2 = "12345"
>>> aStr1 = 'abcd';aStr1,id(aStr1)
('abcd', 1784790629096)
>>> aStr1 += aStr2; aStr1,id(aStr1)
('abcd12345', 1784790051632)
>>>
>>> #试图进行元组连接
>>> aSet1 = {'a','b','c'};aSet2 = {1,2,3}
>>> aSet1 + aSet2
raceback (most recent call last):
  File "<pyshell#31>", line 1, in <module>
    aSet1 + aSet2
TypeError: unsupported operand type(s) for +: 'set' and 'set'
```

说明：

1）只有序列可以用操作符 + 进行连接。非序列（如集合）用 + 进行连接，就会导致TypeErro。

2）列表是可变容器，当用扩展引用符 += 进行连接时，会以修改左值对象的方式进行连接；而元组和字符串是不可变容器，所有的连接操作都将创建一个新的容器。

3. 用操作符 ∗ 进行序列的重复连接

重复性连接可以用 ∗ 进行操作：被乘数是原序列对象，乘数是倍数。

代码 4-21　序列的重复性连接示例。

```
>>> aList = [0,1,2,3]
>>> aList *= 3;aList
[0,1,2,3,0,1,2,3,0,1,2,3]
>>> aTup = (0,1,2,3)
>>> aTup *= 3;aTup
(0,1,2,3,0,1,2,3,0,1,2,3)
>>> aStr = '0123'
>>> aStr *= 3;aStr
'012301230123'
```

4.2.3　列表的个性化操作

表 4.2 给出了列表个性化操作的主要方法。

表 4.2　列表个性化操作的主要方法（设 aList = [3,5,7,5]）

函　数　名	功　　能	参 数 示 例	执 行 结 果
aList. append(obj)	将对象 obj 追加到列表末尾	obj = 'a'	aList:[3,5,7,5,'a']
aList. clear( )	清空列表 aList		aList:[ ]
aList. copy( )	复制列表 aList	bList = aList. copy( ) id(aList) id(bList)	bList:[3,5,7,5] 2049061251528 2049061251016
aList. count(obj)	统计元素 obj 在列表中出现的次数	obj = 5	2
aList. extend(seq)	把序列 seq 一次性追加到列表末尾	seq = ['a',8,9]	aList:[3,5,7,'a',8,9]
aList. insert(index,obj)	将对象 obj 插入列表中下标为 index 的位置	index = 2,obj = 8	aList:[3,5,8,7,5]
aList. pop(index)	移除 index 指定元素（默认尾元素），返回其值	index = 3	3,aList:[3,5,7]
aList. remove(obj)	移除列表中 obj 的第一个匹配项	obj = 5	aList:[3,7,5]
aList. reverse( )	列表中的元素进行原地反转		aList:[5,7,5,3]
aList. sort( )	对原列表进行原地排序		aList:[3,5,5,7]

在内置序列容器中，列表之所以存在这些个性化操作，是因为列表是一种可变对象，其他都是不可变对象。对不可变容器进行的变化性操作都不能在当前容器中进行，需要建立新的对象；而对列表进行的变化性操作，如元素的增、删、排序、反转，以及列表复制、清空等，都可以在当前容器中就地进行。这就是其个性化所在。

下面分类介绍它们的用法。

1. 向序列增添元素

向序列增添元素有如下三种方法：

1）用 append( ) 方法向列表尾部添加一个对象。

2）用 extend（）方法向列表尾部添加一个列表。

3）用 insert（）方法将一个元素插入到指定位置。

代码 4-22　向列表尾部添加对象示例。

```
>>> aList = [3,5,9,7];bList = ['a','b']
>>> aList.append(bList)
>>> aList
[3, 5, 9, 7, ['a', 'b']]
>>> aList.extend(bList)
>>> aList
[3, 5, 9, 7, ['a', 'b'], 'a', 'b']
>>> aList.insert(2,bList)
>>> aList
[3, 5, ['a', 'b'], 9, 7, ['a', 'b'], 'a', 'b']
```

2. 从列表中删除元素

从列表中删除元素，Python 有 del、remove、pop 三种操作。它们的区别在于：

1）del 根据索引（元素所在位置）删除。

2）remove 是删除首个符合条件的元素。

3）pop 返回的是弹出的那个数值。

代码 4-23　在列表中删除元素示例。

```
>>> aList = [3,5,7,9,8,6,2,5,7,1]
>>> del aList[3]
>>> aList
[3, 5, 7, 8, 6, 2, 5, 7, 1]
>>> aList.remove(7)
>>> aList
[3, 5, 8, 6, 2, 5, 7, 1]
>>> aList.remove(10)
Traceback (most recent call last):
  File "<pyshell#39>", line 1, in <module>
    aList.remove(10)
ValueError: list.remove(x): x not in list
>>> aList.pop(3)
6
>>> aList
[3, 5, 8, 2, 5, 7, 1]
```

3. 列表排序与反转

sort（）是 Python 的一个内置方法，用于对列表元素排序。其语法为：

```
sort([key=None,reverse=False])
```

其中 reverse：True 反序；False 正序（缺省值）。

代码 4-24　列表元素简单排序与反转示例。

```
>>> aList = [3,5,7,9,8,6,2,5,7,1]
>>> aList.sort()
>>> aList
[1,2,3,5,5,6,7,7,8,9]
>>> aList.reverse()
>>> aList
[9,8,7,7,6,5,5,3,2,1]
```

代码4-25　列表元素按键值的正、反排序示例。

```
>>> student_list = [('Zhang', 'A', 15),('Wang', 'C', 12),('Li', 'B', 16)]
>>> student_list.sort(key =lambda student: student[0])    #按姓名正序排序
>>> student_list
[('Li', 'B', 16), ('Wang', 'C', 12), ('Zhang', 'A', 15)]
>>>
>>> student_list = [('Zhang', 'A', 15),('Wang', 'C', 12),('Li', 'B', 16)]
>>> student_list.sort(key =lambda student: student[0],reverse = True)
                                                      #按姓名反序排序
>>> student_list
[('Zhang', 'A', 15), ('Wang', 'C', 12), ('Li', 'B', 16)]
```

4. 列表复制与清空

代码4-26　列表复制与清空示例。

```
>>> aList = [9, 8, 7, 7, 6, 5, 5, 3, 2, 1]
>>> bList = aList.copy()
>>> bList
[9, 8, 7, 7, 6, 5, 5, 3, 2, 1]
>>> bList.clear()
>>> bList
[ ]
```

4.2.4　元组的不变性

元组是一种不可变序列。作为不可变序列，元组不可以像列表那样随意进行元素的增删和元素值的修改。对于元组，不提供方法 append()、extend() 和 insert()，也不可执行 del、remove、pop 三种操作。因此，当一组数据对象存放在元组中时比存放在列表中要安全。

应当注意，虽然元组属于不可变序列，但是，若元组中含有可变序列，情况就不同了。

代码4-27　修改元祖中的列表成员示例。

```
>>> x = ([1,2,3],[4,5,6],7,8)
>>> x[0][0] ='a'
>>> x
(['a', 2, 3], [4, 5, 6], 7, 8)
```

习题 4.2

1. 选择题

（1）已知 x = [1,2] 和 y = [3,4]，那么 x + y 等于_____。

A. 3   B. 7

C. [1,2,3,4]   D. [4,6]

（2）Python 语句 s = 'Python';print(s[1:5]) 的执行结果是_____。

A. Pytho   B. ytho

C. ython   D. Pyth

（3）Python 语句 list1 = [1,2,3];list2 = list1;list1[1] = 5;print(list1) 的执行结果是_____。

A. [1,2,3]   B. [1,5,3]

C. [5,2,3]   D. [1,2,5]

（4）Python 语句 list1 = [1,2,3];list1.append([4,5]);print(len(list1)) 的执行结果是_____。

A. 3   B. 4

C. 5   D. 6

（5）Python 中列表切片操作非常方便，若 l = range(100)，以下选项中正确的切片方式是_____。

A. l[-3]   B. l[-2:13]

C. l[::3]   D. l[2-3]

2. 判断题

（1）Python 字典和集合属于无序序列。（　　　）

（2）Python 中的 list、tup、str 类型统称为序列。（　　　）

（3）Python 中的 list、tup、str、dict、set 类型统称为序列。（　　　）

（4）字符串属于 Python 有序序列，和列表、元组一样都支持双向索引。（　　　）

（5）只能通过切片访问列表中的元素，不能使用切片修改列表中的元素。（　　　）

（6）只能通过切片访问元组中的元素，不能使用切片修改元组中的元素。（　　　）

（7）已知列表 x = [1,2,3,4]，那么表达式 x.find(5) 的值应为 -1。（　　　）

（8）假设 x 是含有五个元素的列表，那么切片操作 x[10:] 是无法执行的，会抛出异常。（　　　）

（9）只能对列表进行切片操作，不能对元组和字符串进行切片操作。（　　　）

（10）对于列表而言，在尾部追加元素比在中间位置插入元素速度更快一些，尤其是对于包含大量元素的列表。（　　　）

（11）假设有非空列表 x，那么 x.append(3)、x = x + [3] 与 x.insert(0,3) 在执行时间上基本没有太大区别。（　　　）

（12）列表对象的 append() 方法属于原地操作，用于在列表尾部追加一个元素。（　　　）

（13）用 Python 列表方法 insert() 为列表插入元素时会改变列表中插入位置之后元素的索引。（　　　）

（14）假设 x 为列表对象，那么 x. pop( ) 和 x. pop(- 1) 的作用是一样的。（　　）

（15）用 del 命令或者列表的 remove( ) 方法删除列表中的元素时会影响列表中部分元素的索引。（　　）

（16）若 x = [1,2,3]，那么执行操作 x = 3 之后，变量 x 引用的地址不变。（　　）

（17）已知 x 为非空列表，那么 x. sort(reverse = True) 和 x. reverse( ) 的作用是等价的。
（　　）

3. 填空题

（1）Python 代码 d1 = {1: 'food'}；d2 = {1: '食品',2: '图书'}；d1. update(d2)；print(d1. [1])的执行结果是_____。

（2）在下画线处填写其上代码执行后的输出。

```
>>> b = [{'g':1}] * 4
>>> print(b)
[_____]
>>> b[0]['g'] = 2
>>> print(b)
[_____]
```

（3）在下画线处填写其上代码执行后的输出。

```
>>> b = [{'g':1}] + [{'g':1}] + [{'g':1}] + [{'g':1}]
>>> print(b)
[_____]
>>> b[0]['g'] = 2
>>> print(b)
[_____]
```

（4）设有 Python 语句 t = 'a','b','c','d','e','f','g')，则 t[3] 的值为_____、t[3:5] 的值为_____、t[:5] 的值为_____、t[5:] 的值为_____、t[2::3] 的值为_____、t[-3] 的值为_____、t[:: -2] 的值为_____、t[-3: -1] 的值为_____、t[-3:] 的值为_____、t[-99: -7] 的值为_____、t[-99: -5] 的值为_____、t[::] 的值为_____、t[1: -1] 的值为_____。

（5）设有 Python 语句 list1 = ['a','b']，则语句系列 list1 = append([1,2])；list1. extend('34')；list1. extend([5,6])；list1. insert(1,7)；list1. insert(10,8)；list1. pop( )；list1. remove('b')；list1[3:] = []；list1. reverse( )执行后，list1 的值为_____。

4. 代码分析题

（1）阅读下面的代码片段，给出各行的输出。

```
>>> list = [ [ ] ] * 5;  list           # output?
>>> list[0]. append(10);; list          # output?
>>> list[1]. append(20)      ; list      # output?
>>> list. append(30);  list             # output?
```

（2）执行下面的代码，会出现什么情况？

```
a = []
for i in range(10):
    a[i] = i * i
```

（3）对于 Python 语句

```
s1 = '''I'm Zhang, and I like Python.''';s2 = s1
s3 = '''I'm Wang, and I like Python.''';s4 = 'too'
```

下列各表达式的值是什么？

a. s2 == s1

b. s2. count('n')

c. id(s1) == id(s2)

d. id(s1) == id(s3)

e. s1 <= s4

f. s2 >= s4

g. s1 ! = s4

h. s1. upper()

i. s1. find(s4)

j. len(s1)

k. s1[4:8]

l. 3 * s4

m. s1[4]

n. s1[-4]

o. min(s1)

p. max(s1)

q. s1. lower()

r. s1. rfind('n')

s. s1. startswith("n")

t. s1. isalpha()

u. s1. endswith("n")

v. s1 + s2

（4）下面代码的输出是什么？并解释理由。

```
def extendList(val, list =[]):
    list. append(val)
    return list


list1 = extendList(10)
list2 = extendList(123,[])
list3 = extendList('a')
print "list1 = % s" % list1print "list2 = % s" % list2print "list3 = % s" %
list3
```

如何修改函数 extendList 的定义，才能得到希望的结果？

（5）下面代码的输出是什么？并解释理由。

```
def multipliers():
    return [lambda x : i * x for i in range(4)]
print [m(2) for m in multipliers()]
```

怎么修改 multipliers 的定义才能达到期望的效果？

（6）下面的代码是否能够正确运行，若不能请解释原因；若能，请分析其执行结果。

```
x = list(range(20))
    for i in range(len(x)):
      del x[i]
```

（7）阅读下面的代码，解释其功能。

```
x = list(range(20))
for index, value in enumerate(x):
    if value == 3:
        x[index] = 5
```

（8）阅读下面的代码，解释其功能。

```
x = [range(3 * i, 3 * i + 5) for i in range(2)]
x = list(map(list, x))
x = list(map(list, zip(*x)))
```

（9）阅读下面的代码，解释其功能。

```
import string
x = string.ascii_letters + string.digits
import random
print(''.join(random.sample(x, 10)))
```

（10）阅读下面的代码，分析其执行结果。

```
def demo(*p):
    return sum(p)


print(demo(1,2,3,4,5))
print(demo(1,2,3))
```

（11）阅读下面的代码，分析其执行结果。

```
def demo(a, b, c=3, d=100):
    return sum((a,b,c,d))


print(demo(1, 2, 3, 4))
print(demo(1, 2, d=3))
```

（12）下面的代码输出结果为_____。

```
def demo():
    x = 5
    x = 3


demo()
print(x)
```

（13）阅读下面的代码，分析其执行功能。

```
lis = [56,12,1,8,354,10,100,34,56,7,23,456,234,-58]
```

```
def sortport():
    for i in range(len(lis)-1):
        for j in range(len(lis)-1-i):
            if lis[j]>lis[j+1]:
                lis[j],lis[j+1] = lis[j+1],lis[j]
    return lis


if __name__ == '__main__':
    sortport()
    print(lis)
```

（14）阅读下面的代码，分析其执行功能。

```
num = ["harden","lampard",3,34,45,56,76,87,78,45,3,3,3,87686,98,76]
print(num.count(3))
print(num.index(3))
for i in range(num.count(3)):
    ele_index = num.index(3)
    num[ele_index]="3a"
print(num)
```

（15）阅读下面的代码，分析其执行功能。

```
list1 = [2,3,8,4,9,5,6]
list2 = [5,6,10,17,11,2]
list3 = list1 + list2
print(list3)
print(set(list3))
print(list(set(list3)))
```

5. 实践题

（1）依次完成下列列表操作：

1）创建一个名字为 names 的空列表，往里面添加元素 Lihua、Rain、Jack、Xiuxiu、Peiqi 和 Black。

2）在 names 列表中 Black 前面插入一个 Blue。

3）把 names 列表中 Xiuxiu 的名字改成中文。

4）在 names 列表中 Rain 后面插入一个子列表 ["oldboy","oldgirl"]。

5）返回 names 列表中 Peiqi 的索引值（下标）。

6）创建新列表 [2,3,4,5,6,7,1,2,]，合并到 names 列表中。

7）取出 names 列表中索引 3~6 的元素。

8）取出 names 列表中最后 5 个元素。

9）循环 names 列表，打印每个元素的索引值和元素，当索引值为偶数时，把对应的元素改成 -1。

（2）有商品列表如下：

```
products =[["华为8",14800],["小米6",2499],["OPPO9",31],["Book",60],,
["Nike",699]]
```

设计程序，打印出以下格式：

```
- - - - - - 商品列表 - - - - - -
0 华为8    6888
1 小米6    2499
2 OPPO9   31
3 Book    60
4 Nike    699
```

（3）有元组：tu = ('alex', 'eric', 'rain')，请编写代码，实现下列功能：

1）计算元组长度，并输出。

2）获取元组的第 2 个元素，并输出。

3）获取元组的第 1~2 个元素，并输出。

4）使用 for 输出元组的元素。

5）使用 for、len、range 输出元组的索引。

6）使用 enumerate 输出元祖元素和序号（序号从 10 开始）。

（4）使用一行代码实现 1~100 之和（利用 sum( ) 函数求和）。

（5）用 extend 将两个列表［1,5,7,9］和［2,2,6,8］合并为一个［1,2,2,3,6,7,8,9］，并分析与 append 添加的不同。

（6）从排好序的列表里面，删除重复的元素，重复的数字最多只能出现两次，如 nums = ［1,1,1,2,2,3］要求返回 nums =［1,1,2,2,3］。

4.3 可迭代对象与迭代器

4.3.1 可迭代对象及其判断

1. 迭代

迭代（iterate）是按某种规则从一个对象导出另一个相关对象的过程。对一个容器进行迭代，就是对其遍历。在命令式编程中，迭代需要使用重复结构。

代码 4-28　用重复结构在序列中由一个元素迭代出下一个元素。

```
>>> aTup = (9,7,5,3,1)
>>> i = 0
>>> while i < len(aTup):
    print(aTup[i])
    i += 1


9
7
5
```

```
3
1
>>>
>>> aStr = 'abcde'
>>> i = 0
>>> while i < len(aStr):
    print(aStr[i])
    i += 1

a
b
c
d
e
```

随着数据处理技术的发展，迭代成为一种重要的数据操作。为了方面用户操作，Python将可迭代对象归纳为一种重要的数据类型，在 collections 模块中给其定义了一个常量 Iterable 作为这种类型的名字。

2. 可迭代对象及其判断

并非所有对象都是可以迭代的。由于迭代与重复执行相关联，所以能否被迭代操作，就看它能否被重复执行。但是，这是很费事的。为了判定一个对象是否可以被迭代，Python 给出了一个 isinstance() 内置函数，用它可以简便地判断一个对象是否是 Iterable。

isinstance() 函数是把一个对象的类型与一个已知类型名称进行比较，用返回的值是 True 还是 False 来判定该对象是否是这个类型。为判定一个对象是否是可迭代类型，还需要导入 collections 模块中的常量 Iterable。

代码 4-29　用 isinstance() 函数判断一个对象是否是 Iterable 示例。

```
>>> from collections import Iterable   #导入 collections 模块中的变量 Iterable
>>> isinstance([], Iterable)
True
>>> isinstance((), Iterable)
True
>>> isinstance('', Iterable)
True
>>> isinstance({}, Iterable)
True
>>> isinstance((x for i in range (10)), Iterable)
True
>>> isinstance(range(10), Iterable)
True
>>> isinstance(int, Iterable)
False
```

```
>>> isinstance(123, Iterable)
False
>>> isinstance(float, Iterable)
False
>>> isinstance(123.456, Iterable)
False
```

说明：

1）Python 内置的容器 list、tuple、string 、dictionary、set 以及生成器对象和带 yield 的生成器函数都是可迭代的。

2）range 也是一个可迭代对象。

3）整数、浮点数都不是可迭代的。

4.3.2 可迭代对象排序与过滤

1. 可迭代对象排序

Python 用内置的全局 sorted() 函数对可迭代对象排序生成新的序列。语法如下。

sorted(<u>可迭代对象</u>[, key = <u>排序属性</u>][, reverse = <u>False/True</u>])

代码 4-30　用 sorted() 函数对可迭代对象排序的一般用法示例。

```
>>> student_tup = (('Zhang', 'A', 15),('Wang', 'C', 12),('Li', 'B', 16))
>>> sorted(student_tup,key =lambda student: student[2])
[('Wang', 'C', 12), ('Zhang', 'A', 15), ('Li', 'B', 16)]
>>> sorted(student_tup,key =lambda student: student[0],reverse = True)
[('Zhang', 'A', 15), ('Wang', 'C', 12), ('Li', 'B', 16)]
```

说明：

1）sorted() 函数默认按照升序排序，但可以用 reverse 的取值 True/False 决定是否反转。

2）sorted() 返回一个列表。

3）对含有不可相互比较的序列元素排序，将引发 TypeError 异常。

2. 可迭代对象过滤

filter() 函数是一个内置的高阶函数，用于过滤可迭代对象，过滤掉不符合条件的元素，返回由符合条件元素组成的新列表。语法如下。

filter(<u>判断函数</u>,<u>可迭代对象</u>)

代码 4-31　filter() 过滤可迭代对象示例。

```
>>> def is_odd(n): return n % 2 == 1          #定义判断函数
>>> i = filter(is_odd, [1, 2, 3, 4, 5, 6, 7, 8, 9, 10])
>>> for i in i:
    print (i)
```

```
1
3
5
7
9
```

代码4-32　与代码4-31等价的代码。

```
>>> i = filter(lambda x: x%2 ==1,[1,2,3,4,5, 6, 7, 8, 9, 10])
>>> for i in i:
    print (i)
```

```
1
3
5
7
9
```

4.3.3　迭代器

1. 迭代器对象及其判定

基于循环的迭代是命令式编程中的迭代形式。这种迭代的不足之处在于:

1) 可用于这种迭代的对象种类有限。例如,它对 tuple、list 和 string 是管用的,但对 dictionary 不会奏效。

2) 使用它,需要将容器中的全部元素预先计算出来。

3) 使用它需要了解对象的某些内部细节,如长度等。

针对这些局限,多数程序设计语言都推出了迭代器(iterator)机制。迭代器是函数式编程中一个非常重要的工具对象。它提供了一种遍历一个容器(container)对象,而又不必暴露该对象内部细节的机制。使开发人员不需要了解容器底层的结构,就可以实现对容器的遍历。由于创建迭代器的代价小,因此迭代器通常被称为轻量级的容器。

为了方便用户,Python 内置了一些迭代器对象,并在内置的 collections 模块中定义了一个常量 Iterator 作为迭代器类型名。要判定哪些对象是迭代器,可以使用 isinstance( ) 函数。当然还需要导入 collections 模块中的常量 Iterator。

代码4-33　用 isinstance( ) 函数判定一个对象是否迭代器对象示例。

```
>>> from collections import Iterator
>>> isinstance([], Iterator)
False
>>> isinstance({}, Iterator)
False
>>> isinstance('abc', Iterator)
False
```

```
>>> isinstance({1,2,3,4}, Iterator)
False
>>> isinstance({'a':1,'b':2,'c':3,'d':4}, Iterator)
False
>>> isinstance({'a':1,'b':2,'c':3,'d':4}, Iterator)
False
>>>
>>> isinstance(iter([]), Iterator)
True
>>> isinstance(iter('abc'), Iterator)
True
>>> isinstance(iter({1,2,3,4}), Iterator)
True
>>> isinstance(iter({'a':1,'b':2,'c':3,'d':4}), Iterator)
True
```

结论：Python 内置的容器虽然都是可迭代对象，但都不是迭代器对象。当它们被 iter( ) 方法包装后，才能成为迭代器对象。

2. iter( ) 函数

iter( ) 是 Python 的一个内置函数，其作用是为一个可迭代对象构造出对应类型的迭代器对象。

代码 4-34   用 iter( ) 函数构造不同类型的迭代器对象示例。

```
>>> aList = ['a','b','c']
>>> iter(aList)
<list_iterator object at 0x000001BE10957B38>
>>> aStr = 'abcd'
>>> iter(aStr)
<str_iterator object at 0x000001BE109F8A20>
>>> aTup = (1,2,3,4)
>>> iter(aTup)
<tuple_iterator object at 0x000001BE10957B38>
>>> aDict = {'a':1,'b':2,'c':3,'d':4}
>>> iter(aDict)
<dict_keyiterator object at 0x000001BE10A1E048>
>>> aSet = {1,2,3,4}
>>> iter(aSet)
<set_iterator object at 0x000001BE10A223A8>
>>> iter(range (10))
<range_iterator object at 0x000001BE10967910>
```

结论：迭代器有一些具体的迭代器类型，如 list_iterator，set_iterator 等。

3. 迭代器的迭代方式

Python 的 Iterator 对象表示的是一个数据流，Iterator 对象可以被 next( ) 函数调用并不断返回下一个数据，直到没有数据时抛出 StopIteration 错误。

代码4-35　迭代器工作方式示例。

```
>>> aList = [1,2,3]
>>> itList = iter(aList)
>>> next(itList)
1
>>> next(itList)
2
>>> next(itList)
3
>>> next(itList)
Traceback (most recent call last):
  File "<pyshell#31>", line 1, in <module>
    next(itList)
StopIteration
```

结论：

1）迭代器使用 next( ) 方法迭代，而非通过索引计数迭代。iter( ) 的一个基本作用就是为可迭代对象提供 next( ) 方法。因此可以说，能实现 next( ) 的对象就是可迭代对象。

2）程序设计者可以将抽象容器和通用算法有机地统一起来，不必关心容器的内部结构，不需要使用任何参数，从而具有了鲜明的函数式编程特征，降低程序设计的复杂性，也使代码简洁、优雅。

3）迭代器可以在不提前知道序列长度的情况下，以及在不要求事先准备好整个迭代过程中所有元素的前提下，不断通过 next( ) 函数按需计算出下一个数据，不像循环结构那样需要用变量表示迭代状态。所以 Iterator 的计算是惰性的，仅仅在迭代到某个元素时才计算该元素，而在这之前或之后，元素可以不存在或者被销毁。这特别适用于遍历一些巨大的或是无限的集合。

4）迭代器也有一些限制。例如，迭代器是一次性消耗品，使用完就空了。此外迭代器不能向后移动，不能回到开始。

4. 可迭代概念的扩展

经过前面的讨论对于迭代器已经有了一定印象。但是迭代器与循环是什么关系呢？为此，先看下面的代码。

代码4-36　一段迭代器代码。

```
it = iter([1, 2, 3, 4, 5])        # 首先获得 Iterator 对象:
while True:                        # 循环:
    try:
        x = next(it)              # 获得下一个值:
    except StopIteration:         # 遇到 StopIteration 就退出循环
        break
```

显然，这段代码与下面的代码是等价的。

```
for x in [1, 2, 3, 4, 5]:
    pass
```

到此为止，可以得到如下结论：

1）Python 的 for 循环本质上就是通过不断调用 next( ) 函数实现的。

2）凡是可作用于 for 循环的对象都是 Iterable 类型。

3）凡是可作用于 next( ) 函数的对象都是 Iterator 类型，可表示一个惰性计算的序列。

4）生成器不但可以作用于 for 循环，也可以被 next( ) 函数不断调用并返回下一个值，直到最后抛出 StopIteration 错误，表示无法继续返回下一个值了。所以生成器是可迭代对象，也是一种特殊的迭代器。但迭代器不一定是生成器。

习题 4.3

1. 判断题

（1）表达式 int('1'*64, 2) 与 sum(2**i for i in range(64)) 的计算结果是一样的，但是前者更快一些。（   ）

（2）已知 x = list(range(20))，那么语句 del x[::2] 可以正常执行。（   ）

（3）已知 x = list(range(20))，那么语句 x[::2] = [] 可以正常执行。（   ）

（4）已知 x = list(range(20))，那么语句 print(x[100:200]) 无法正常执行。（   ）

（5）表达式（i**2 for i in range(100)) 的结果是个元组。（   ）

（6）判断下列数据类型是可迭代对象还是迭代器，或二者都是。

```
s = 'hello'
l = [1,2,3,4]
t = (1,2,3)
d = {'a':1}
set = {1,2,3}
f = open('a.txt')
```

2. 实践题

（1）假设用一组 tuple 表示学生的名字和成绩：L = [('Bob',75),('Adam',92),('Bart', 66),('Lisa',88)]，请用 sorted( ) 对上述列表分别按名字排。

（2）用 filter 打印 100 以内的素数。

（3）回数是指从左向右读和从右向左读都是一样的数，例如 12321，909。请利用 filter( ) 滤掉非回数。

（4）请使用迭代查找一个 list 中的最小和最大值，并返回一个 tuple。

（5）写一个迭代器 reverse_iter，输入列表，倒序输出列表元素。

4.4　Python 字符串的个性化特性

字符串对象是一种应用极其广泛的、具有一些特殊性质的序列类型。关于字符串的操作，除了具有一般序列的特性外，还有一些个性化的特性。

作，除了具有一般序列的特性外，还有一些个性化的特性。

4.4.1 字符编码标准与Python字符串前缀

1. 字符编码标准

在计算机底层，任何数据都是用0和1表示的。为了能用0和1对文字编码，并且能共享，一些标准化组织制定了一些编码标准。下面是一些常用字符编码标准。

（1）ASCII编码

美国标准信息交换（American Standard Code for Information Interchange，ASCII）码由美国国家标准学会（American National Standard Institute，ANSI）制定，后被国际标准化组织（International Organization for Standardization，ISO）定为国际标准。它使用指定的7位或8位二进制数组合表示基于拉丁字母的语言文字符号，形成128或256种可能的字符集，包括大写和小写拉丁字母、数字0~9、标点符号、非打印字符（换行符、制表符等4个）和控制字符（退格、响铃等）。这种字符集在全世界范围内的应用极为有限。

（2）Unicode

Unicode（统一码、万国码、单一码）是一种2字节计算机字符编码，1990年开始研发，1994年正式公布。它占用比ASCII大一倍的空间，为欧洲、非洲、中东、亚洲大部分国家文字的每个字符都设定了统一并且唯一的二进制编码，以满足跨语言、跨平台进行文本转换与处理的需求。但是，可以用ASCII表示的字符使用Unicode就是浪费。

（3）UTF-8

通用转换格式（Unicode Transformation Format，UTF）是为弥补Unicode空间浪费而开发的中间格式的字符集。其中应用广泛的是UTF-8（8-bit Unicode Transformation Format）。它是一种变长编码。例如，对于ASCII字符集中的字符，UTF-8只使用1字节，并且与ASCII字符表示一样，而其他的UnicodeE字符转换成UTF-8至少需要2字节。

（4）GBK

国标扩展（GBK）码是《汉字内码扩展规范》（Chinese Internal Code Specification）的简称，由全国信息技术标准化技术委员会于1995年12月1日制定。该标准采用双字节表示，总计23940个码位，共收入汉字（包括部首和构件）21003个、同形符号883个，并提供1894个选字码位。

严格地说，str其实是字节串，它是Unicode经过编码后的字节组成的序列。例如，对UTF-8编码的str '汉' 使用len()函数时结果是3，因为实际上UTF-8编码的 '汉' 为 '\xE6\xB1\x89'。Unicode才是真正意义上的字符串，对字节串str使用正确的字符编码进行解码后获得，并且len (u '汉') 的值为1。

2. Python字符串前缀

采用不同的编码标准，就会形成不同的编码格式。不同的编码格式具有不同的表示能力，也具有不同的存储方式和表示形式。为了区别所采用的编码格式，Python允许在字符串前加前缀：b/B、u/U、r/R和f/F进行说明，分别表示采用的编码格式为ASCII码、Unicode/UTF-8、原始字符串和格式化字符串格式。

代码4-37　用u和b前缀表示编码格式示例。

```
>> b'Python 程序设计'
SyntaxError: bytes can only contain ASCII literal characters.
>>> u'Python 程序设计'
'Python 程序设计'
>>> 'Python 程序设计'
'Python 程序设计'
```

说明:

1) 用 b 作前缀的 ASCII 无法对汉字进行编码。

2) Python 3 默认字符串编码格式为 Unicode/UTF-8。因此缺省前缀隐含了 Unicode/UTF-8 编码。

r/R 前缀已经在 1.4.2 节介绍,用于声明原始字符串;f/F 前缀随后在 4.4.5 节介绍。

4.4.2 字符串个性化操作

1. 字符串测试

字符串测试是判断字符串元素的特征,具体方法见表 4.3。

表 4.3　Python 字符串不划分区间的检查统计类操作方法

方　法	功　能
s. isalnum( )	若 s 非空且所有字符都是字母或数字,则返回 True,否则返回 False
s. isalpha( )	如果 s 至少有一个字符并且所有字符都是字母,则返回 True,否则返回 False
s. isdecimal( )	如果 s 只包含十进制数字,则返回 True,否则返回 False
s. isdigit( )	如果 s 只包含数字,则返回 True,否则返回 False
s. islower( )	如果 s 中包含有区分大小写的字符,并且它们都是小写,则返回 True,否则返回 False
s. isnumeric( )	若 s 中只包含数字字符,则返回 True,否则返回 False
s. isspace( )	若 s 中只包含空格,则返回 True,否则返回 False
s. istitle( )	若 s 是标题化的 (见表 4.6 中的 title( )),则返回 True,否则返回 False
s. isupper( )	若 s 中包含有区分大小写字符,并且它们都是大写,则返回 True,否则返回 False
s. isdecimal( )	检查字符串是否只包含十进制字符。只用于 Unicode 对象

这些方法都比较简单,就不举例说明了。

2. 字符串搜索

字符串搜索是在给定的区间 [beg, end] 内搜索指定字符串,默认的搜索区间是整个字符串。Python 字符串的搜索方法见表 4.4。

表 4.4　Python 字符串的搜索方法

方　法	功　能
s. count(str, beg = 0, end = len(s))	返回区间内 str 出现的次数
s. endswith(obj, beg = 0, end = len(s))	在区间内检查字符串是否以 obj 结尾:若是,则返回 True,否则返回 False
s. find(str, beg = 0, end = len(s))	在区间内检查 str 是否包含在 s 中:若是,则返回开始的索引值,否则返回 −1
s. index(str, beg = 0, end = len(s))	与 find( ) 方法一样,只不过如果 str 不在 s 中,就会报一个异常

（续）

方 法	功 能
s. rfind(str, beg = 0,end = len(s))	类似于 find( ) 函数，不过是从右边开始查找
s. rindex(str, beg = 0,end = len(s))	类似于 index( )，不过是从右边开始
s. startswith(obj, beg = 0,end = len(s))	在区间内检查字符串是否以 obj 开头：若是，则返回 True，否则返回 False

3. 字符串分割与连接

表 4.5 给出了对 Python 字符串进行分割与连接的方法。

表 4.5   对 **Python** 字符串进行分割与连接的方法

方 法	功 能
s. split(str = " ",num = s. count(str))	返回以 str 为分隔符将 s 分隔为 num 个子字符串组成的列表，num 为 str 个数
s. splitlines( )	返回在每个行终结处进行分隔产生的行列表，并剥离所有行终结符
s. partition(str)	返回第一个 str 分隔的三个字符串元组：(s_pre_str,str,s_post_str) 若 s 中不含 str，则 s_pre_str == s
s. rpartition(str)	类似于 partition( )，不过是从右边开始查找
sep. join(seq)	以 sep 作为分隔符，将 seq 中的所有字符串元素合并为一个新的字符串

代码 4-38   字符串分割与连接示例。

```
>>> s1 = "red/yellow/blue/white/black"
>>> list1 = s1.split('/')              #返回用每个'/' 分隔子串的列表
>>> list1
['red', 'yellow', 'blue', 'white', 'black']
>>>
>>> s1.partition('/')                  #返回用第一个'/'分隔为三个子串的元组
('red', '/', 'yellow/blue/white/black')
>>> s1.rpartition('/')                 #返回用最后一个'/'分隔为三个子串的元组
('red/yellow/blue/white', '/', 'black')
>>>
>>> s2 = '''red
yellow
blue
white
black'''
>>> s2.splitlines()                    #返回按行分隔的列表
['red', 'yellow', 'blue', 'white', 'black']

>>> '#'.join(list1)                    #用#连接各子串
'red#yellow#blue#white#black'
```

4. 字符串修改

字符串是不可变（immutable）序列对象。字符串修改实际上是基于一个字符串创建新字符串，并用指向原来字符串的变量指向它。

表 4.6 列出了 Python 字符串的修改操作方法。

表 4.6　Python 字符串的修改操作方法

方　　法	功　　能
s. capitalize( )	把字符串 s 的第一个字符大写
s. center(width)	返回一个原字符串居中并使用空格填充至长度为 width 的新字符串
s. expandtabs(tabsize = 8)	把字符串 s 中的 tab 符号转为空格，tab 符号默认的空格数是 8
s. ljust(width)	返回一个原字符串左对齐，并使用空格填充至长度为 width 的新字符串
s. lower( )	将转换 s 中的所有大写字符转换为小写
s. lstrip( )	删除 s 首部的空格
s. rstrip( )	删除 s 末尾的空格
s. strip([obj])	删除 s 首尾的空格
s. maketrans(intab , outtab)	创建字符映射转换表。intab 表示需要转换的字符串；outtab 为转换的目标字符串
s. replace(str1 , str2 , num = s. count(str1))	把 s 中的 str1 替换成 str2，若 num 指定，则替换不超过 num 次
s. rjust(width)	返回一个原字符串右对齐，并使用空格填充至长度为 width 的新字符串
s. swapcase( )	翻转 s 中的大小写
s. title( )	返回 "标题化" 的 s，即所有单词都以大写开始，其余字母均为小写
s. translate(table , del = " ")	根据 table 给出的转换表转换 s 中的字符，del 参数为要过滤掉的字符
s. upper( )	将 s 中的小写字母转换为大写
s. zfill(width)	返回长度为 width 的字符串，原字符串 s 右对齐，前面填充 0

代码 4-39　s. translate(table , del = " ") 应用示例。

```
>>> if __name__ == '__main__':
    m = {'a':'A','e':'E','i':'I'}
    s = "this is string example....wow!!!"
    transtab = str.maketrans(m)          #构建转换表
    print (s.translate(transtab))        #进行转换

thIs Is strIng ExAmplE....wow!!!
```

说明：方法 str. maketrans(m) 是用字典 m 构建一个转换表。除 translate( ) 方法外，其他方法的使用比较简单，这里就不举例说明了。

5. 用 sorted( ) 对字符串排序

用 sorted( ) 对字符串排序是以字符为单位进行排序。

代码 4-40　用 sorted( ) 函数对字符串排序用法示例。

```
>>> s = 'Hello 2019 I an MrZhang 0510'
>>> sorted(s,key = lambda x:x[0])        #按照空格、数字、大写、小写的顺序排序
```

```
['','','','','','0','0','0','1','1','2','5','9','H','I','M','Z
','a','a','e','g','h','l','l','n','n','o','r']
>>> ''.join(sorted(s,key = lambda x:x[0]))    #排序后连接成一个字符串
'   00011259HIMZaaeghllnnor'
```

说明： 这样对字符串进行排序意义不大。一般对单词组成的字符串可以以单词为单位进行排序，为此要使用字符串的切片方法 split( )。split( ) 语法如下。

```
str.split(sep = "", num = string.count(str)).
```

其中，sep 为分隔符，默认为空字符，包括空格、换行（\n）、制表符（\t）等。num 为分割次数，默认为 -1，即分隔所有。

代码4-41　用 sorted( ) 函数对字符串按单词排序示例。

```
>>> sorted("This is a test string from Andrew".split())    #按码表排序
['Andrew', 'This', 'a', 'from', 'is', 'string', 'test']
>>> sorted("This is a test string from Andrew".split(), key = len)
                                                    #按长度排序
['a', 'is', 'This', 'test', 'from', 'string', 'Andrew']
>>> sorted("This is a test string from Andrew".split(), key = str.lower)
                                                    #按字母序排序
['a', 'Andrew', 'from', 'is', 'string', 'test', 'This']
```

4.4.3　字符串格式化

在 Python 程序中，数据输出要靠 print( ) 函数。而 print( ) 函数是以字符流的方式返回数据对象。因此，要满足用户对于输出格式多种多样的需求，就要掌握如何将字符串格式化的方法。迄今为止，Python 3.x 已经提供了三种字符串格式化的方法：% 表达式、format( ) 方法和 f-string。

1. %表达式

Python 的%表达式语法如下。

```
% 被格式化对象元组
```

说明：

1）每个%字段（也称格式指令）都由一个字符串格式化操作符%引出，用于指示被格式化对象在字符流中的格式。被格式化对象元组由一组被格式化对象组成。

2）格式化字符串中的%字段数目与被格式化对象数目要一致，并且要在类型上对应。

3）每个%字段的结构如下。

```
%[flag][width][.precision]typecode
```

- flag：可以为 +（右对齐）、-（左对齐）、0（0填充）、''（空格）。
- width：宽度。
- precision：小数点后为浮点类型精度。
- typecode：格式化转换字符，见表4.7。

表 4.7　常用格式转换字符

格式字符	解　释	格式字符	解　释	格式字符	解　释
%%	百分格式	%d	十进制有符号整数	%f	浮点数字（用小数点符号）
%c	字符及其 ASCII 码	%u	十进制无符号整数	%e	e 标记科学记数法浮点数
%s	用 str() 转换为字符串	%o	八进制无符号整数	%E	E 标记科学记数法浮点数
%r	用 repr() 转换为字符串	%x	小写十六进制无符号整数	%g	以值大小选用 %e 或 %f
%a	用 ascii() 转换为字符串	%X	大写十六进制无符号整数	%G	以值大小选用 %E 或 %f

4）执行格式化表达式将进行如下操作：将被格式化字符串按照格式化字段指定的格式转换，并用转换得到的字符串替换格式化字符串中对应的格式字段。

5）格式化字符串中非 % 字段中的字符不参与格式化操作，只原样返回。

代码 4-42　格式化表达式应用示例。

```
>>> name = 'Zhang'
>>> "Hello,this is % +10.5s,and you?"% name      #对字符串格式化
'Hello,this is      Zhang,and you?'
>>> 'I\'m % -05.3d years old. How about you? '%20   #对整数格式化
"I'm 020   years old. How about you? "
>>> 'The book is priced at %08.3f yuan. '%23.45    #对浮点数格式化
'The book is priced at 0023.450 yuan. '
```

如输出内容中加下划线的部分所示，print() 的作用仅是将被格式化字符串插入到流向标准输出设备的字符流中。

2. str. format() 方法

format() 方法是从 Python 2.6 开始新增的一个字符串格式化方法。使用 format() 的基本步骤是：先定义一个格式模板，然后用 format() 将要格式化的数据对象传送给该格式模板，得到格式化了的字符串。所以，名义上说是用 format() 方法进行数据格式化，实际上是用格式模板进行数据格式化，format() 的作用只是将要格式化的数据传递给这个格式模板。

格式模板是一个以 {} 为基本成分的字符串。一个 {} 接收一个 format() 参数。下面介绍 {} 的基本用法。

（1）格式模板用于控制 format() 参数的位置顺序

格式模板用于控制 format() 参数的位置顺序，方法如下：

1）位置参数法，即用标号法指示将 format() 中的哪个参数传递给格式模板中的哪个 {}。标号缺省时，表示按照 format() 中的参数顺序接收。

2）关键字参数法，即用名字指示将 format() 中的哪个参数传递给格式模板中的哪个 {}。

代码 4-43　format() 的匹配方式应用示例。

```
>>> "{2}{1}{0}".format("Zhang3",25,'男')                    #位置参数法
'男25Zhang3'
>>> "{}{}{}".format("Zhang3",25,'男')                       #标号缺省
'Zhang325男'
>>> "{name}{sex}{age}".format(name="Zhang3",age=25,sex='男')
                                                            #关键字参数法
'Zhang3男25'
>>> "{2},{1},{0}".format("Zhang3",25,'男')
'男,25,Zhang3'
>>> "name:{name},sex:{sex},age:{age}".format(name="Zhang3",age=25,
sex='男')
'name:Zhang3,sex:男,age:25'
```

说明：

1）上述 "{2}{1}{0}"、"{}{}{}" 和 "{name}{sex}{age}" 都是格式模版。每一个 format( ) 调用都生成一个新的字符串。

2）在格式模板中，凡不在 {} 的字符都将以原样显示。

（2）format( ) 格式规约

格式规约用于对格式进行精细控制，并采用冒号（:）后面的格式限定符控制。这些格式限定符主要有如下几类。

1）对齐、填充、宽度。出现在模板字段的前面部分，对所有对象都适用，主要包括：

● 对齐，包括 <（左对齐）、^（居中）和 >（右对齐）。

● 填充，用一个字符表示，默认为空格。

● 宽度指最小宽度。若需要最大宽度，可在最小宽度后加一个圆点（.）后跟一个整数。

这三者的排列顺序是填充、对齐、最小宽度。

代码 4-44　格式化字符串中的对齐与填充示例。

```
>>> ls = 'left aligned'; cs = 'centered'; rs = 'right aligned'
>>> '{:<30}'.format(ls)
'left aligned                  '
>>> '{:>30}'.format(rs)
'                 right aligned'
>>> '{:^30}'.format(cs)
'           centered           '
>>> '{:=^30}'.format(cs)
'===========centered==========='
>>> '{:>>30}'.format(rs)
'>>>>>>>>>>>>>>>>>right aligned'
>>> '{:<<30}'.format(ls)
'left aligned<<<<<<<<<<<<<<<<<<'
```

2）对数值数据增加如下限定符。

- =，用于填充 0 与宽度之间的分隔。
- 可选的符号字符：+（必须带符号的数值）、-（仅用于负数）、空格（让正数前空一格、负数带字符 -）。

代码 4-45　数值填充与符号指定符应用示例。

```
>>> m = 12345678
>>> '{:=20}'.format(m)
'                  12345678'
>>> '{:0=20}'.format(m)
'00000000000012345678        '
>>> '{:0=20}'.format(-m)
'-0000000000012345678        '
>>> '{:#^20}'.format(m)
'######12345678######        '
>>> '{:%>20}'.format(m)
'%%%%%%%%%%%%12345678'
```

3）仅用于整数的进制指定符：d（十进制）、x 与 #x（小写十六进制）、X 与 #X（大写十六进制）、o 与 #o（八进制）、b 与 #b（二进制）。其中，# 引导可以获取前缀。

代码 4-46　进制指定符应用示例。

```
>>> "int:{0:d}; hex:{0:x}; oct:{0:o}; bin:{0:b}".format(56)      #不获取前缀
'int:56; hex:38; oct:70; bin:111000'
>>> "int:{0:d}; hex:{0:#x}; oct:{0:#o}; bin:{0:#b}".format(56    #获取前缀
'int:56; hex:0x38; oct:0o70; bin:0b111000'
>>> "hex: {0:x}(x); {0:#x}(#x); {0:X}(X);\
{0:#X}(#X)".format(56)                                            #前缀大小写
'hex: 38(x); 0x38(#x); 38(X); 0X38(#X)'
```

4）仅用于浮点数的格式限定符有如下两项，它们要一起使用。

- 小数点后的精度：在最小宽度后面加一个句点（.），句点后跟一个整数。
- 类型字符：e 或 E（科学计数法表示）、f（标准浮点形式）、g（浮点通用格式）、%（百分数格式）。这类符号位于最后。

代码 4-47　浮点数格式指定符应用示例。

```
>>> x = 0.123456
>>> '{0:15.3e},{0:15.3f},{0:15.3%}'.format(x)
'      1.235e-01,          0.123,         12.346%'
>>> '{0:*<15.3e},{0:#^15.3f},{0:*>15.3%}'.format(x)
'1.235e-01******,#####0.123#####,*******12.346%'
```

3. f-string

f 格式化字符串字面量（Formatted String Literals，f-string）是 Python 3.6.x 开始引入的一种用于格式化字符串的格式。它实际上是一种运行时求值并对值进行字符串格式化的表达式，这就为输出操作提供了很大方便，可以说是一种最具前途的格式化方式之一。

（1）f-string 结构

代码 4-48　初识 f-string。

```
>>> salary = 12345.67
>>> f"我是{'张'},现年{2019 - 1999}岁,月工资{salary:010.2f}元。"
'我是张,现年20 岁,月工资0012345.67 元。'
```

说明：

1）f-string 具有一般字符串的特征——用撇号作为起止符。

2）一个 f-string 返回一个字符串。

3）在 f-string 串中用花括号给被输出表达式占位，花括号之外的文字将原样返回。

4）f-string 在执行时，将对花括号中的表达式进行计算（如上述年龄），并对表达式的值进行字符串格式化（如上述月工资）。

5）f-string 花括号内也可填入 lambda 表达式，但 lambda 表达式的冒号（:）会被 f-string 解释为表达式与格式描述符间的分隔符，所以这时应将 lambda 表达式置于括号（）内。

代码 4-49　f-string 花括号内填入 lambda 表达式示例。

```
>>> f'result is {lambda x: x ** 2 + 1 (2)}'
  File "<fstring>", line 1
    (lambda x)
             ^
SyntaxError: unexpected EOF while parsing
>>> f'result is {(lambda x: x ** 2 + 1) (2)}'
'result is 5'
>>> f'result is {(lambda x: x ** 2 + 1) (2):< +7.2f}'
'result is +5.00  '
```

（2）f-string 格式描述符

f-string 作为一种特殊字符串格式，除了其花括号中的计算功能外，还依赖于它定义的一组具有特别意义的字符作为字符串格式描述符。这些描述符包括：

- 对齐格式描述符：<、>、^。
- 数字符号描述符：+、-、（空格）。
- 数字前缀显示描述符：#。
- 数字宽度与精度格式描述符，格式为数字表达式：宽度.精度。
- 数字千位分隔符格式描述符：逗号（,）或下画线。
- 数字类型格式描述符（见表4.8）。
- 时间格式描述符（见表4.9）。

表 4.8　f-string 中的数字类型格式描述符

格式描述符	含义与作用	适用变量类型
s	普通字符串格式	字符串
b	二进制整数格式	整数

（续）

格式描述符	含义与作用	适用变量类型
c	字符格式，按 Unicode 编码将整数转换为对应字符	整数
d	十进制整数格式	整数
o	八进制整数格式	整数
x/X	十六进制整数格式（小/大写字母）	整数
e/E	科学计数格式，以 e/E 表示 ×10^	浮点数、复数、整数（自动转换为浮点数）
f	定点数格式，默认精度（precision）是 6	浮点数、复数、整数（自动转换为浮点数）
F	与 f 等价，但将 nan 和 inf 换成 NAN 和 INF	浮点数、复数、整数（自动转换为浮点数）
g/G	通用格式，较小数用 f/F，较大数用 e/E	浮点数、复数、整数（自动转换为浮点数）
%	百分比格式	浮点数、整数（自动转换为浮点数）

代码 4-50　f-string 中的数字类型格式描述符应用示例。

```
>>> s = 'hello'
>>> f's is {s:8s}'          #左对齐,宽度8
's is hello  '
>>> f's is {s:8.3s}'        #左对齐,宽度8,精度3
's is hel    '
>>>
>>> a = 1234.5678
>>> f'a is {a:< +10.2f}'    # 左对齐,宽度10位,显示正号(+),定点数格式,2位小数
'a is +1234.57  '
>>>
>>> b = 1234567890
>>> f'b is {b:_o}'          # 八进制,下画线千分位
'b is 111_4540_1322'
>>> f'b is {b:_d}'          # 十进制,下画线千分位
'b is 1_234_567_890'
>>>
>>> c = 1234
>>> f'c is {c:^#10X}'       # 居中,宽度10位,十六进制整数(大写字母),显示0X前缀
'c is  0X4D2  '
>>>
>>> d = 12345678
>>> f'd is {d:015,d}'       # 高位补零,宽度15位,十进制整数,使用,作为千分分割位
'd is 000,012,345,678'
>>>
>>> e = 0.5 + 2.5j
>>> f'e is {e:30.3e}'       # 宽度30位,科学计数法,3位小数
'e is      5.000e-01+2.500e+00j'
```

表 4.9　f-string 中的时间格式描述符（仅适用于 date、datetime 和 time 对象）

格式描述符	含义与作用	显示样例
%a/%A/%w/%u	星期几：（缩写）/（全名）/（数字，0 是周日）/（数字，7 是周日）	'Sun'/'Sunday'/'0'/'7'
%d	日（数字，以 0 补足两位）	'07'
%b/%B/%m	月：（缩写）/月（全名）/（数字，以 0 补足两位）	'Aug'/'August'/'08'/
%y/%Y	年：（后两位数字，以 0 补足两位）/（完整数字，不补零）	'19'/'2019'
%H/%I	小时：（24 小时制，以 0 补足两位）/（12 小时制，以 0 补足两位）	'18'/'06'
%p	上午/下午	'PM'
%M	分钟（以 0 补足两位）	'23'
%S	秒钟（以 0 补足两位）	'56'
%f	微秒（以 0 补足六位）	'553777'
%z	UTC 偏移量（格式是 ±HHMM［SS］，未指定时区则返回空字符串）	'+1030'
%Z	时区名（未指定时区则返回空字符串）	'EST'
%j	一年中的第几天（以 0 补足三位）	'195'
%U	一年中的第几周（以全年首个周日后的星期为第 0 周，以 0 补足两位）	'27'
%w	一年中的第几周（以全年首个周一后的星期为第 0 周，以 0 补足两位）	'28'
%V	一年中的第几周（以全年首个包含 1 月 4 日的星期为第 1 周，以 0 补足两位）	'28'

代码 4-51　f 字符串中的时间格式描述符应用示例。

```
>>> import datetime
>>> e = datetime.datetime.today()
>>> f'the time is {e:%Y-%m-%d (%a) %H:%M:%S}'
'the time is 2019-08-20 (Tue) 08:39:56'
>>> f'the time is {e:%d/%m/%Y (%a) %S/%M/%H}'
'the time is 20/08/2019 (Tue) 56/39/08'
```

4.4.4　正则表达式

在数据处理中，常常需要在一段文本中寻找某些符合一定规则的文本。这样，就需要对所要寻找文本的模式进行描述。例如，中国固定电话号码要描述为：以 0 开头，后面跟着 2~3 个数字，然后是一个连字号 "-"，最后是 7 或 8 位数字的字符串。这样用人类自然语言描述的文本模式极不规范，还容易产生二义性，基本上无法用于计算机处理。正则表达式（regular expression，简写为 regexp、regex、RE，复数为 regexps、regexes、regexen、Res）又称为正则表示法、正规表示法，就是一种以表达式形式，规范而又简洁地描述文本模式的语言。它最早由神经生理学家 Warren McCulloch 和 Walter Pitts 提出，以作为描述神经网络模型的数学符号系统。1956 年，Stephen Kleene 在其论文《神经网事件的表示法》中将其命名为正则表达式。后来 Unix 之父 Ken Thompson 把这一成果应用于计算机领域。现在，在很多文本编辑器中正则表达式用来检索、替换符合某个模式的文本。

1. 正则表达式语法

正则表达式由普通字符和有特殊意义的字符组成。这些有特殊意义的字符称为元字符（meta characters）。或者说，元字符就是文本进行文本操作的操作符。元字符及其组合组成一些"规则字符串"，用来表达对字符串的某种过滤逻辑。下面是一些常用元字符。

（1）基本正则元符号

表 4.10 为一些基本的正则元符号字符。

表 4.10　基本的正则元符号字符

字符	说　明	举　例
[ ]	其中的内容任选其一字符	[1234]，指 1、2、3、4 任选其一
( )	表示一组内容，括号中可以使用"|"符号	(Python) 表示要匹配的是字符串"Python"
|	逻辑或	a|b 代表 a 或者 b
^	在方括号中，表示"非"；不在方括号中，匹配开始	[^12]，指除 1 或 2 的其他字符
–	范围（范围应从小到大）	[0-6a-fA-F] 表示在 0、1、2、3、4、5、6、a、b、c、d、e、f、A、B、C、D、E、F 中匹配

（2）类型匹配元符号特殊字符

表 4.11 为一些用于指定匹配类型的元符号特殊字符。

表 4.11　用于指定匹配类型的元符号特殊字符

字符	说　明	字符	说　明
.	匹配终止符之外的任何字符	\n	匹配一个换行符
\w	匹配字母、数字及下画线，等价于 [a-z A-Z 0-9]	\W	匹配非字母、数字及下画线，等价于 [^a-z A-Z 0-9]
\s	匹配任意空白字符，等价于 [\t\n\r\f]	\S	匹配任意非空字符，等价于 [^\t\n\r\f]
\d	匹配任意数字，等价于 [0-9]	\D	匹配任意非数字，等价于 [^0-9]
\t	匹配一个制表符		

（3）边界匹配元符号字符

表 4.12 为一些用于边界匹配的元符号特殊字符。

表 4.12　用于边界匹配的元符号特殊字符

字符	说　明	举　例
^	匹配字符串的开头	^a 匹配 "abc" 中的 "a"；"^b" 不匹配 "abc" 中的 "b"；^\s * 匹配 "abc" 中左边空格
$	匹配字符串的末尾	c $ 匹配 'abc' 中的 'c'，b $ 不匹配 'abc' 中的 'b'；'^123 $ ' 匹配 '123' 中的 '123'；\s * $ 匹配 "abc" 中的左边空格
\A	匹配字符串的开始	略
\Z	匹配字符串的结束（不包括行终止符）	略
\z	匹配字符串的结束	略
\G	匹配最后匹配完成的位置	略
\b	匹配单词边界，即单词和空格间位置	'py\b' 匹配 "python" "happy"，但不能匹配 "py2"、'py3'
\B	匹配非单词边界	py\B' 能匹配 "py2" "py3"，但不能匹配 "python" "happy"

（4）指定匹配次数元符号字符

表4.13为一些用于限定重复匹配次数的元符号特殊字符。

表4.13　用于限定重复匹配次数的元符号特殊字符

字　　符	说　　明	字　　符	说　　明
*	前一字符重复0或多次	*?	重复任意次，但尽量少重复
+	前一字符重复1或多次	+?	重复1或多次，但尽量少重复
?	前一字符重复0或1次	??	重复0或1次，但最好是0次
{m}	前一字符重复 m 次	{m, n}	重复 m~n 次，但尽量少
{m,}	前一字符至少重复 m 次		

（5）常用的正则表达式示例

中华人民共和国手机号码：如 +86 15811111111、0086 15811111111、15811111111 可表示为^(\+86|0086)?\s?\d{11}$。

中华人民共和国身份证号：15 位或 18 位，18 位最后一位有可能是 x（大小写均可），可表示为^\d{15}(\d{2}[0-9xX])?$ 或^\d{17}[\d|X]|\d{15}$。

日期格式：如 2012-08-17 可表示为^\d{4}-\d{2}-\d{2}$ 或^\d{4}(-\d{2}){2}$。

E-mail 地址：^\w+@\w+(\.(com|cn|net))+$。

Internet URL：^https?://\w+(?:\.[^\.]+)+(?:/.+)*$。

2. re 模块

re 是 Python 的一个模块，可以为 Python 提供一个与正则表达式的 API。这个模块中有许多方法，可以将正则表达式编译为正则表达式对象（regular expression object）供 Python 程序引用，进行模式匹配搜索或替换等操作。在这些方法中，需要使用的一些参数如下。

pattern：模式或模式名。

string：要匹配的字符串或目标字符串。

flags：标志位，用于控制正则表达式的匹配方式。

count：替换个数。

maxsplit：最大分隔字符串数。

（1）re 模块中的查找、替换、分隔与编译方法

1）re. findall( )。re. findall( ) 在目标字符串中查找所有符合规则的字符串。如果匹配成功，则返回的结果是一个列表，其中存放的是符合规则的字符串；如果没有符合规则的字符串，则返回一个 None。

原型：findall(pattern, string, flags = 0)

代码4-52　查找邮件账号。

```
>>> import re
>>> text = '<abc01@mail.com> <bcd02@mail.com> cde03@mail.com'
                                                    #第三个故意没有尖括号
>>> re.findall(r'(\w+@m...[a-z]{3})',text)
['abc01@mail.com', 'bcd02@mail.com', 'cde03@mail.com']
```

2）re. sub( )。re. sub( ) 用于替换字符串的匹配项，并返回替换后的字符串。

原型：sub(pattern, repl, string, count = 0)

代码4-53　将空白处替换成 ∗ 。

```
>>> import re
>>> text = "Hi, nice to meet you where are you from?"
>>> re.sub(r'\s','*',text)
'Hi,*nice*to*meet*you*where*are*you*from?'
>>> re.sub(r'\s','*',text,5)               #替换至第五个
'Hi,*nice*to*meet*you*where are you from?'
```

3）re.split()。re.split() 用于分隔字符串。

原型：split（pattern, string, maxsplit = 0）

代码4-54　分隔所有的字符串。

```
>>> import re
>>> text = "Hi, nice to meet you where are you from?"
>>> re.split(r"\s+",text)
['Hi,', 'nice', 'to', 'meet', 'you', 'where', 'are', 'you', 'from?']
>>> re.split(r"\s+",text,5)                 #分隔前五个
['Hi,', 'nice', 'to', 'meet', 'you', 'where are you from?']
```

4）re.compile()。re.compile() 可以把正则表达式编译成一个正则对象。

原型：compile(pattern, flags = 0)

代码4-55　编译字符串示例。

```
>>> import re
>>> k = re.compile('\w*o\w*')              #编译带 o 的字符串
>>> dir(k)                                  #证明 k 是对象
['__class__','__copy__','__deepcopy__','__delattr__','__dir__','__doc__',
'__eq__','__format__','__ge__','__getattribute__','__gt__','__hash__',
'__init__','__init_subclass__','__le__','__lt__','__ne__','__new__',
'__reduce__','__reduce_ex__','__repr__','__setattr__','__sizeof__',
'__str__','__subclasshook__','findall','finditer','flags','fullmatch',
'groupindex','groups','match','pattern','scanner','search','split',
'sub','subn']
>>> text = "Hi, nice to meet you where are you from?"
>>> print(k.findall(text))                  #显示所有包涵 o 的字符串
['to', 'you', 'you', 'from']
>>> print(k.sub(lambda m: '[' + m.group(0) + ']',text))
                                            #将字符串中含 o 的单词用 [ ] 括起来
Hi, nice [to] meet [you] where are [you] [from]?
```

（2）re 模块中的匹配方法

re 模块中提供有两个匹配方法：re.match() 和 re.search()。它们的区别在于前者只从字符串开始处匹配，而后者是匹配整个字符串。它们的一个共同点是原型中的参数相同，如下所示：

re. match （pattern，string，flags = 0）

re. search （pattern，string，flags = 0）

它们的另一个共同点是，它们匹配成功都会返回一个 match 对象，匹配失败则返回 none。它们返回 match 对象后，还可以进一步使用 match 对象的方法进行分组匹配。

match 对象的分组匹配也称为子模式匹配，方法如下，其中 m 为指向一个 match 对象名。

- m. group([group1,…])：返回匹配到的一个或者多个子组。
- m. groups([default])：返回一个包含所有子组的元组。
- m. groupdict(([default])：返回匹配到的所有命名子组的字典。key 是 name 值，value 是匹配到的值。
- m. start([group])：返回匹配的组的开始位置。
- m. end([group])：返回匹配的组的结束位置。

代码 4-56　用 match( ) 方法匹配 "Hello"。

```
>>> import re
>>> text = "Hello,My name is kuangl,nice to meet you..."
>>> k = re.match("(H....)",text)
>>> if k:
    print (k.group(0),'\n',k.group(1))
else:
    print ("Sorry,not match!")


Hello
  Hello
```

- m. span([group])：返回匹配的组的位置范围，即（m. start(group),m. end(group)）。

代码 4-57　用 search( ) 方法匹配 "Zhang"。

```
>>> import re
>>> text ="Hello,My name is Zhang3,nice to meet you..."
>>> k =re.search(r'Z(han)g3',text)
>>> if k:
    print (k.group(0),k.group(1))
else:
    print ("Sorry,not search!")


Zhang3 han
```

代码 4-58　提取文本中的电话号码示例。

```
>>> import re
>>> if __name__ == '__main__':
    findsPhoneNum = "Zhang's 0510 -13571998,Wang's 020 -13572010,Li's 010 -
13572008,Zhao's 0351 -13571956"
    patt = re.compile('(0\d{2,3}) -(\d{7,8})')
```

```
index = 0
mResult = patt.search(findsPhoneNum,index)
patt = re.compile('(0\d{2,3})-(\d{7,8})')
index = 0
while True:
    mResult = patt.search(findsPhoneNum,index)
    if not mResult:
        break
    print('*' * 50)
    print('结果:')
    for i in range(3):
        print(f"搜索内容:{mResult.group(i)}从{mResult.start(i)}到{mResult.end(i)},范围:{mResult.span(i)}")
    index = mResult.end(2)
```

****

结果:

搜索内容:0510-13571998 从 8 到　21 ,范围: (8,21)

搜索内容:0510 从 8 到　12 ,范围: (8,12)

搜索内容:13571998 从 13 到　21 ,范围:(13,21)

****

结果:

搜索内容:020-13572010 从 29 到　41 ,范围:(29,41)

搜索内容:020 从 29 到　32 ,范围: (29,32)

搜索内容:13572010 从 33 到　41 ,范围:(33,41)

****

结果:

搜索内容:010-13572008 从 47 到　59 ,范围:(47,59)

搜索内容:010 从 47 到　50 ,范围: (47,50)

搜索内容:13572008 从 51 到　59 ,范围:(51,59)

****

结果:

搜索内容:0351-13571956 从 67 到　80 ,范围:(67,80)

搜索内容:0351 从 67 到　71 ,范围:(67,71)

搜索内容:13571956 从 72 到　80 ,范围:(72,80)

习题 4.4

1. 判断题

（1）' '、\t、\f、\n 和\r 统称为空白字符。（　　）

（2）Python 3.x 中字符串对象的 encode() 方法默认使用 UTF-8 作为编码方式。（　　）

（3）对字符串信息进行编码以后，必须使用同样的或者兼容的编码格式进行解码才能还原本来的信息。（　　）

（4）表达式 'a' + 1 的值为 'b'。（　　　）

（5）Python 运算符 % 不仅可以用来求余数，还可以用来格式化字符串。（　　　）

（6）用 format() 函数可以将任意数量的字符串或数字按照模板字符串中对应的格式模板字段进行转换并替换后，将这个模板字符串返回。（　　　）

（7）正则表达式中的 search() 方法可用来在一个字符串中寻找模式，匹配成功则返回对象，匹配失败则返回空值 None。（　　　）

（8）正则表达式中的元字符 \D 用来匹配任意数字字符。（　　　）

（9）正则表达式元字符 "^" 一般用来表示从字符串开始处进行匹配，用在一对方括号中的时候则表示反向匹配，不匹配方括号中的字符。（　　　）

（10）使用正则表达式对字符串进行分割时，可以指定多个分隔符，而字符串对象的 split() 方法无法做到这一点。（　　　）

（11）已知 x = 'hello world. '. encode()，那么表达式 x. decode('gbk') 的值为 'hello world. '。（　　　）

（12）正则表达式 '^http' 只能匹配所有以 'http' 开头的字符串。（　　　）

（13）正则表达式 '^\d{18}|\d{15}$' 只能检查给定字符串是否为 18 位或 15 位数字字符，并不能保证一定是合法的身份证号。（　　　）

（14）正则表达式 '[^abc]' 可以匹配一个除 'a'、'b'、'c' 之外的任意字符。（　　　）

（15）正则表达式 'python|perl' 或 'p(ython|erl)' 都可以匹配 'python' 或 'perl'。（　　　）

（16）正则表达式模块 re 的 match() 方法是从字符串的开始匹配特定模式，而 search() 方法是在整个字符串中寻找模式，这两个方法如果匹配成功则返回 match 对象，匹配失败则返回空值 None。（　　　）

（17）正则表达式元字符 "\s" 用来匹配任意空白字符。（　　　）

2. 选择题

（1）代码

```
>>> str1 = 'hello world'
>>> str2 = 'computer'
>>> str1[-2]
```

的输出为_____。

A. e　　　　　　　　B. id　　　　　　　　C. l　　　　　　　　D. er

（2）下列关于字符串的说法中，错误的是_____。

A. 字符串以 \0 标志字符串的结束

B. 字符应该视为长度为 1 的字符串

C. 既可以用单引号，也可以用双引号创建字符串

D. 在三引号字符串中可以包含换行、回车等特殊字符

3. 代码分析题

阅读下面的各代码，分析其输出结果。

（1）

```
max('I love FishC.com')
```

（2）

```
import re
sum = 0;pattern = 'boy'
if re.match(pattern,'boy and girl'): sum += 1
if re.match(pattern,'girl and boy'): sum += 2
if re.search(pattern,'boy and girl'): sum += 3
if re.search(pattern,'girl and boy'): sum += 4
print(sum)
```

（3）

```
import re
re.match("to"."Wang likes to swim too")
re.search("to"."Wang likes to swim too")
re.findall("to"."Wang likes to swim too")
```

（4）

```
import re
m = re.search("to"."Wang likes to swim too")
print(m.group(),m.span())
```

（5）

```
"{{1}}".format("不打印",?"打印")
```

（6）

```
import re
text = '''Suppose my Phone No. is 0510 -12345678,Wang's 0351 -13572468,
    Li's 010 -19283746.'''
matchResult = re.findall(r'(\d{3,4}) - (\d{7,8})',text)
for item in matchResult:
    print(item[0],item[1],sep = ' - ')
```

4. 实践题

（1）输入一个字符串，然后输出一个在每个字符间添加了 "＊" 的字符串。

（2）有如下列表

```
li = ["hello", 'seven', ["mon", ["h", "kelly"], 'all'], 123, 446]
```

请编写代码，实现下列功能。

1）输出 Kelly。

2）使用索引找到 all 元素并将其修改为 ALL。

（3）编写一个程序，找出字符串中的重复字符。

（4）处理一个字符串（仅英文字符），将里面的特殊符号转义为表情：

```
/s 转为 ^_^
```

```
/f 转为 @_@
/c 转为 T_T
```

（5）设计一个函数 myStrip( )，可以接收任意一个字符串，输出一个前端和后端都没有空格的字符串。

（6）设计一个函数，可以将阿拉伯数字转成中文数字，例如，输入字符串"我爱 12 你好 34"，输出"我爱一二你好三四"。

（7）给定两个字符串 s1、s2，判定 s2 能否给 s1 做循环移位得到字符串的包含。例如：

$$s1 = "AABBCD"，s2 = "CDAA"。$$

（8）给定一个字符串，寻找没有字符串重复的最长子字符串。例如，给定 "abcabcbb"，找到的是 "abc"，长度为 3；给定 "bbbbb"，找到的是 "b"，长度为 1。

（9）编写代码，用正则表达式提取另一个程序中的所有函数名。

4.5 Python 字典的个性化特性

4.5.1 字典与哈希函数

字典（dictionary）是 Python 的内置无序容器，它有如下特点。

1）以花括号（{}）作为边界符。

2）可以有 0 个或多个元素，元素间用逗号分隔，没有顺序关系。

3）每个元素都是一个 key:value 的键-值对，键-值之间用冒号（:）连接。

4）不可变数据对象才可以作为键；而值可以是可变对象，也可以是不可变对象。

5）键是可哈希（hash）的对象。

哈希也称为散列，就是把任意长度的输入（又称为预映射，pre-image）通过散列算法变换成固定长度的输出，该输出就是散列值。这些值具有均匀分布性和唯一性。所以，字典的键具有唯一性和不可变性。在 Python 中，不可变对象（bool、int、float、complex、str、tuple、frozenset 等）是可哈希对象，可变对象通常是不可哈希对象。

代码 4-59 可哈希对象举例。

```
>>> import math
>>> hash(123456)
123456
>>> hash(1.23456)
540858536241164289
>>> hash(math.pi)
326490430436040707
>>> hash(math.e)
```

```
     1656245132797518850
     >>> hash('123456')
     -7223035130123995062
     >>> hash('abcdef')
     -6277361403050886944
     >>> hash((1,2,3,4,5,6))
     -14564427693791970
     >>> hash(3 +5j)
     5000018
     >>> hash([1,2,3,4,5,6])          #对可变对象进行哈希计算出现错误
     Traceback (most recent call last):
       File "<pyshell#17>", line 1, in <module>
         hash([1,2,3,4,5,6])
     TypeError: unhashable type: 'list'
```

6）键—值映射（mapping）：键的作用是通过哈希函数计算出对应值的存储位置。或者说，通过键可以方便地计算出对应值的存放地址（id），而不需要一个一个地寻找地址。

7）值是可变对象或不可变对象。

4.5.2 字典操作

1. 操作符

表4.14列出了可作用于字典的主要操作符。

表4.14 可作用于字典的主要操作符

操 作 符	功 能
=	d2 = d1，为字典对象增添一个引用变量 d2
is	d1 is d2，测试 d1 与 d2 是否指向同一字典对象
in，not in	测试一个键是否在字典中
[ ]	用于以键查值、以键改值、增添键-值对

代码4-60 可作用于字典的主要操作符应用示例。

```
>>> studDict1 = {'name':'Zhang','major':'computer'}
>>> studDict2 = studDict1                    #引用操作
>>> studDict2 is studDict1                   #id 是否相同测试
True
>>> studDict2 == studDict1                   #取值是否相等测试
True
>>> 'major' in studDict2                     #测试键是否存在
True
>>> 'sex' in studDict2                       #测试键是否存在
False
```

```
>>> studDict1['name']                              #以键查值
'Zhang'
>>> studDict2['sex'] = 'm'                          #增添新键-值对
>>> studDict2
{'name': 'Zhang', 'major': 'computer', 'sex': 'm'}
>>> studDict2['name'] = 'Wang';studDict2           #以键改值
{'name': 'Wang', 'major': 'computer', 'sex': 'm'}
>>> len(studDict2)                                  #计算字典长度
3
>>> del studDict2['major'] ; studDict2             #删除元素
{'name': 'Wang', 'sex': 'm'}
>>> del studDict2                                   #删除字典对象
>>> studDict2                                       #显示不存在字典内容
Traceback (most recent call last):
  File "<pyshell#25>", line 1, in <module>
    studDict2
NameError: name 'studDict2' is not defined
```

2. 方法

除了构造方法 dict( ) 外，Python 还为字典定义了一些其他方法，见表4.15。

表 4.15　Python 字典中定义的内置方法

方　　法	功　　能
dict1. clear( )	删除字典内的所有元素
dict1. copy( )	返回一个 dict1 的副本
dict1. fromkeys(seq,val = None)	创建一个新字典，以序列 seq 中的元素为键，val 为字典所有键对应的初始值
dict1. get(key[, d = None])	key 在，返回 key 的值；key 不在，返回 d 值或无返回
dict1. has_key(key)	如果键在字典 dict1 里，则返回 True，否则返回 False
dict1. items( )	返回 dict1 中可遍历的（键，值）组成的序列
dict1. keys( )	以列表返回一个字典所有的键
dict1. pop(key[,d])	若 key 在 dict1 中，则删除 key 对应的键-值对；否则返回 d，若无 d，则出错
dict1. popitem( )	在 dict1 中随机删除一个元素，返回该元素组成的元组；若 dict1 为空，则出错
dict1. setdefault(key, d = None)	若 key 已在 dict1 中，则返回对应值，d 无效；否则添加 key:d 键-值对，返回值 d
dict1. update(dict2)	把字典 dict2 的元素追加到 dict1 中
dict1. values( )	返回一个以字典 dict1 中所有值组成的列表

代码4-61　字典方法应用示例。

```
>>> studDict1 = {'name':'Zhang','sex':'m','age':18,'major':'computer'}
>>> studDict2 = studDict1.copy();studDict2
{'name': 'Zhang', 'sex': 'm', 'age': 18, 'major': 'computer'}
>>> studDict3 = studDict1.fromkeys(studDict1);studDict3
```

```
{'name': None, 'sex': None, 'age': None, 'major': None}
>>> list1 = studDict1.keys();list1
dict_keys(['name', 'sex', 'age', 'major'])
>>> list2 =studDict1.values();list2
dict_values(['Zhang', 'm', 18, 'computer'])
>>> studDict3 = studDict1.fromkeys(list1,88);studDict3
{'name': 88, 'sex': 88, 'age': 88, 'major': 88}
>>> studDict4 = studDict1.popitem();studDict4
('major', 'computer')
>>> studDict1
{'name': 'Zhang', 'sex': 'm', 'age': 18}
>>> studDict1.pop('age',20)
18
>>> studDict1
{'name': 'Zhang', 'sex': 'm'}
>>> studDict1.setdefault('city','wuxi')
'wuxi'
>>> studDict1
{'name': 'Zhang', 'sex': 'm', 'city': 'wuxi'}
>>> studDict1.update(studDict2);studDict1
{'name': 'Zhang', 'sex': 'm', 'city': 'wuxi', 'age': 18, 'major': 'computer'}
```

习题 4.5

1. 选择题

下列说法中，错误的是_____。

A. 除字典类型外，所有标准对象均可用于布尔测试

B. 空字符串的布尔值是 False

C. 空列表对象的布尔值是 False

D. 值为 0 的任何数字对象的布尔值都是 False

2. 判断题

（1）字典的"键"必须是不可变的。（　　）

（2）无法删除集合中指定位置的元素，只能删除特定值的元素。（　　）

（3）Python 支持使用字典的"键"作为下标来访问字典中的值。（　　）

（4）列表可以作为字典的"键"。（　　）

（5）元组可以作为字典的"键"。（　　）

（6）Python 字典中的"键"不允许重复。（　　）

（7）Python 字典中的"值"不允许重复。（　　）

（8）Python 字典支持双向索引。（　　）

（9）Python 内置的字典 dict 中的元素是按添加的顺序依次进行存储的。（　　）

（10）已知 x = {1:1,2:2}，那么语句 x[3] = 3 无法正常执行。（　　）

（11）Python 内置字典是无序的，如果需要一个可以记住元素插入顺序的字典，可以使用 collections. OrderedDict。（　　）

3. 代码分析题

（1）指出下面代码的执行输出结果，说明原因。

```
v = dict.fromkeys(['k1','k2'],[])
v['k1'].append(666)
print(v)
v['k1'] = 888
print(v)
```

（2）指出下面代码的执行输出结果，说明原因。

```
dict1 = {"A":"a","B":"b","C":"c"}
dict2 = {y:x for x,y in dict1.items()}
print(dict2)
```

4. 实践题

（1）有字典 dic1 = {"k1":"v1","k2":"v2","k3":"v3"}，用程序依次实现以下操作。

1）遍历字典 dic1 中所有的 key。

2）遍历字典 dic1 中所有的 value。

3）循环遍历字典 dic1 中所有的 key 和 value。

4）添加一个键-值对 "k4":"v4"，输出添加后的字典 dic1。

5）删除字典 dic1 中的键-值对 "k1":"v1"，并输出删除后的字典 dic1。

6）获取字典 dic1 中 "k2" 对应的值。

（2）有字典 dic = {'k1':"v1","k2":"v2","k3":[11,22,33]}，请编写代码，实现下列功能。

1）循环输出所有的 key。

2）循环输出所有的 value。

3）循环输出所有的 key 和 value。

4）在字典中添加一个键-值对 "k4":"v4"，输出添加后的字典。

5）修改字典中 "k1" 对应的值为 "alex"，输出修改后的字典。

6）在 k3 对应的值中追加一个元素 44，输出修改后的字典。

7）在 k3 对应的值的第 1 个位置插入一个元素 18，输出修改后的字典。

（3）对下面的字典，试根据键从小到大对其排序。

```
dict = {"name":"zs","age":18,"city":"深圳","tel":"1362626627"}
```

（4）有一个列表嵌套字典如下，试分别根据年龄和姓名进行排序。

```
foo = [{"name":"zs","age":19},{"name":"ll","age":54},{"name":"wa","age":17},{"name":"df","age":23}]
```

4.6 Python 集合的个性化特性

集合是以大括号作为边界符的一种 Python 内置容器。它具有数学意义上集合的所有概念。作为容器，它的基本特点是元素无序、互异，并可分为可变集合（set）和不可变集合（frozenset）两种类型。可变集合的元素可以添加、删除，而不可变集合不能。可变集合是不可 hash 的，而不可变集合是可 hash 的。

集合运算操作分为操作符和方法两种。这些运算操作符都不对被操作集合对象进行修改，因此既适用于可变集合，也适用于不可变集合。

4.6.1　Python 集合运算符

除在前面介绍过的容器创建以及迭代操作外，集合还有自己的个性化运算符。其中包括集合的基本运算：交、并、差和对称差，图 4.3 为这些基本运算的示意说明。此外还有复制、判断、获取操作等。这些运算符如表 4.16 所示。

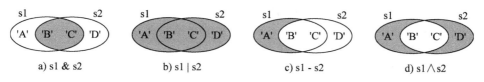

a) s1 & s2　　　　b) s1 | s2　　　　c) s1 - s2　　　　d) s1∧s2

s1 = set{('A', 'B', 'C')}; s2 = set{('B', 'C', 'D')}

图 4.3　两个集合之间的交、并、差和对称差示意图

表 4.16　集合运算符

Python 运算符	对应数学符号	功　能	示例表达式 s1 = set(['a','b','c']); s2 = set(['a','b'])	结　果
=		引用（赋值）	>>> s3 = s1; s3	{'a','b','c'}
In、not in	∈、∉	判断对象是/不是集合的成员	>>> 'a' in s1	True
==、! =	=、≠	判断两集合是否相等/不等	>>> s1 == s2	False
<	⊂	严格子集判断	>>> s1 < {'a','b','c'}	False
<=	⊆	子集判断	>>> s1 <= {'a','b','c'}	True
>	⊃	严格超集判断	>>> s1 > s2	True
>=	⊇	超集判断	>>> s1 >= {'a','b','c'}	True
&	∩	获取交集	>>> s1 & {'r','s','t','b'}	{'b'}
|	∪	获取并集	>>> s1 | {'r','s','t','b'}	{'a', 't', 'b', 's', 'r', 'c'}
–	– 或\	相对补集或差补	>>> s1 – s2	{'b'}
^	△	对称差分	>>> {'r','s','t','b'} ^ s1	{'r', 's', 't'}
for		遍历 s1 中的元素	>>> for i in s1:	

代码 4-62　遍历集合中的元素示例。

```
>>> s1 = frozenset({'a','z','w','s'})
>>> for i in s1:
        print(i,end = '\t')
z    s    w    a
```

除上述操作符外，还有四个复合操作符。

```
>>> s1 | = s2 等价于 s1 = s1 | s2
>>> s1 & = s2 等价于 s1 = s1 & s2
>>> s1 - = s2 等价于 s1 = s1 - s2
>>> s1 ^ = s2 等价于 s1 = s1 ^ s2
```

它们形式上是改变了 s1，但是实际上是新建了 s1 所指向的集合对象。

代码 4-63　　集合的复合引用操作示例。

```
>>> s1 = frozenset({1,2,3,4,5});s1
frozenset({1, 2, 3, 4, 5})
>>> s2 ={'a','b','c'}
>>> s1 & = s2
>>> s1 = frozenset({1,2,3,4,5})
>>> id(s1)
1935428451016
>>> s1 & = s2;s1
frozenset()
>>> id(s1)
1935428451912
```

4.6.2　面向集合元素操作的方法

1. 不可变集合元素操作方法

表 4.17 为 Python 不可变集合运算方法，它们与其运算操作符在功能上基本对应。

表 4.17　Python 不可变集合运算方法

不可变集合运算方法	运算表达式	不可变集合运算方法	运算表达式
s1. isdisjoint(s2)	s1 == s2	s1. intersection(s2,⋯)	s1 & s2 & ⋯
s1. issubset(s2)	s1 <= s2	s1. difference(s2,⋯)	s1- s2-⋯
s1. issuperset(s2)	s1 >= s2	s1. symmetric_difference(s2)	s1^s2^⋯
s1. union(s2,⋯)	s1	s2	⋯		

2. 可变集合元素操作方法

表 4.18 为仅适合于可变集合的方法，它们将对原集合进行改变。

表 4.18　仅适合于可变集合的方法

可变集合专用方法	功　能	可变集合专用方法	功　能
s1. add(obj)	在 s1 中添加对象 obj	s1. update(s2)	将 s1 修改为与 s2 之并集
s1. clear( )	清空 s1	s1. intersection_update (s2)	将 s1 修改为与 s2 之交集
s1. discard(obj)	若 obj 在 s1 中,则将其删除	s1. difference_update (s2)	将 s1 修改为与 s2 之差集
s1. pop( )	s1 非空, 随机移出一元素; 否则导致 KeyError	s1. symmetric_difference_up-date (s2)	将 s1 修改为与 s2 之对称差集
s1. remove(obj)	若 s1 有 obj, 则移出;否则导致 KeyError		

代码4-64　修改可变集合示例。

```
>>> s1 = {1,2,3,4,5}; s2 = {3,4,5,6,7}
>>> s1.pop()
1
>>> s1
{2,3,4,5}
>>> s2.discard(3); s2
{4,5,6,7}
>>> s1.update(s2); s1
{2,3,4,5,6,7}
>>> s1 ={2,3,4,5}; s1.intersection_update (s2); s1
{4,5}
>>> s1 = {2,3,4,5}; s1.difference_update (s2); s1
{2,3}
>>> s1 ={2,3,4,5}; s1.symmetric_difference_update (s2); s1
{2,3,6,7}
```

4.6.3　面向集合容器操作的函数和方法

集合作为一种无序的容器,可以进行容器性操作。表4.19 给出了集合对象的主要容器性操作函数。这些操作不修改集合,所以适合可变集合,也适合不可变集合。

表4.19　集合对象的主要容器性操作的函数(集合对象:s1 = {1,2,3,4,5},s2 = {'a','b','c'})

函数/方法	功　　能	结　　果
len(s1)	求集合元素个数	5
max(s1)	求最大元素	'c'
min(s1)	求最小元素	'a'
sum(s1)	求元素之和(不可有非数值元素)	15
s1.copy()	新建集合对象(s3 = s1.copy)	

习题 4.6

1. 选择题

集合 s1 = {2,3,4,5} 和 s2 = {4,5,6,7} 执行操作 s3 = s1;s1.update(s2) 后, s1、s2、s3 指向的对象分别是_____。

A. {2,3,4,5,6,7}、{2,3,4,5,6,7}、{2,3,4,5,6,7}
B. {2,3,4,5,6,7}、{4,5,6,7}、{2,3,4,5,6,7}
C. {2,3,4,5,6,7}、{4,5,6,7}、{2,3,4,5}
D. {2,3,4,5}、{2,3,4,5,6,7}、{2,3,4,5}

2. 判断题

(1) Python 集合不支持使用下标访问其中的元素。(　　)
(2) Python 集合可以包含相同的元素。(　　)

（3）Python 集合中的元素可以是元组。（　　　）

（4）Python 集合中的元素可以是列表。（　　　）

（5）运算符 "-" 可以用于集合的差集运算。（　　　）

（6）表达式 {1,3,2} > {1,2,3} 的值为 True。（　　　）

（7）对于集合 s1 和 s2，若已知表达式 s1 < s2 的值为 False，则表达式 s1 > s2 一定为 True。（　　　）

（8）已知 A 和 B 是两个集合，且表达式 A < B 的值为 False，那么表达式 A > B 的值一定为 True。（　　　）

（9）Python 内置的集合 set 中元素顺序是按元素的哈希值进行存储的，并不是按先后顺序。（　　　）

（10）无法删除集合中指定位置的元素，只能删除特定值的元素。（　　　）

（11）删除列表中重复元素最简单的方法是将其转换为集合后再重新转换为列表。（　　　）

3. 代码分析题

```
tu = ("alex", [11, 22, {"k1": 'v1', "k2": ["age", "name"], "k3": (11,22,
33)}, 44])
```

请回答下列问题：

（1）tu 变量中的第一个元素 alex 是否可被修改？

（2）tu 变量中的 "k2" 对应的值是什么类型？是否可以被修改？如果可以，请在其中添加一个元素 "Seven"。

（3）tu 变量中的 "k3" 对应的值是什么类型？是否可以被修改？如果可以，请在其中添加一个元素 "Seven"。

4. 实践题

（1）有如下值集合 [11,22,33,44,55,66,77,88,99,90]，将所有大于 66 的值保存至字典的第一个 key 中，将小于 66 的值保存至第二个 key 中。

（2）给出 0 ~ 1000 中的任一个整数值，就会返回代表该值的符合语法规则的形式英文，如输入 89，返回 eight-nine。

4.7 Python 数据文件操作

4.7.1 文件对象

1. 文件及其分类

文件（file）对象是一种建立在外部介质上、可以实现数据持久化的被命名数据大容器。下面是从不同角度对文件的分类：

1）按存储内容分类。依照存储内容，文件分为程序文件和数据文件。其中，数据文件又可以按照表现形式分为：文本文件、图像文件、音频文件、视频文件等。

2）按操作特点分类。按照操作特点，文件可分为顺序读写文件和随机读写文件。

3）按编码形式分类。按照编码形式，文件可分为文本文件（text file）和二进制文件（binary file）。表 4.20 列出了两种文件的区别。

表 4.20　文本文件与二进制文件的区别

文 件 类 型	存 储 单 位	类 型 信 息	进行换行符变换	用文本编辑器阅读
文本文件	字符编码（ASCII、UTF-8、GBK 等）	带有	有需要可能	可以
二进制文件	二进制字节	不带	不需要	不可以

说明：

1）文本文件以 ASCII、UTF-8、GBK 等字符编码为单位存储，即文本文件是字符串组成的文件，包括纯文本文件（txt 文件）、HTML 文件和 XML 文件等。文本编辑器可以识别出这些编码格式，并将编码值转换成字符展示出来。

二进制文件以字节为单位进行存储，即二进制文件是字节串组成的文件，如音频、图像、视频等数据。文本编辑器无法识别这些文件的编码格式，往往只能按照字符编码格式胡乱解析，所以在文本编辑器中打开时看到的是一堆乱码。

2）文件通常都是一行一行地排列的，而且长短不一。于是就有了如何表示换行的问题。因此，打开文件时，还需要说明使用什么样的换行符。一般来说，不同平台用来表示行结束的符号是不同的。在 Windows 系统中，用 "\r\n" 作为行末标识符（即换行符），当以文本格式读取文件时，会将 "\r\n" 转换成 "\n"；反之，以文本格式将数据写入文件时，会将 "\n" 转换成 "\r\n"。而在 Unix/Linux 系统中，默认的文件换行符就是 \n。如果只写一种处理换行符的方法，则无法被其他平台认可，而要为每一个平台都写一个方法又太麻烦。为此，Python 2.3 创建了一个特殊换行符 newline(\n)，并用 'U' 表示以通用换行符模式打开。这样，当打开注明是 'U' 标志的文件时，所有的行分隔符（或行结束符，无论它原来是什么）通过 Python 的输入方法（如 read()）返回时都会被替换为 newline(\n)，同时还用对象的 newlines 属性记录它曾"看到的"文件的行结束符。

2. Python 文件名与后缀

一个完整的文件名由文件名和文件名后缀组成。文件名由用户自己命名，文件名后缀一般用于表示文件的类型，由系统指定并自动添加。Python 常用文件名后缀有：

.py：Python 程序的文件名后缀。

.txt：文本文件的文件名后缀。

.dat：二进制文件的文件名后缀。

3. 文件的打开与关闭

不管是文本文件，还是二进制文件，它们的操作过程都大体上分为三步：打开文件、文件读写和文件关闭。文件的读写固然是文件操作的核心，但文件的打开与关闭也是非常重要的。一般来说，文件打开时要进行下列操作。

1）数据文件对象命名。数据文件是命名的、存储在外部存储器中的数据容器对象。要在某一个程序中对某个文件进行操作，就要建立这个程序与该文件之间的联系——用一个变量名指向这个文件对象。这个指向文件对象的变量称为文件名。

2）创建文件读写缓冲区。打开文件并不像前面介绍的用一个变量指向一个基本数据类型或内置数据容器那么简单。打开文件，除了要用一个名字与这个外存数据对象绑定之外，往往还要由解释器通知操作系统为这个即将进行的读写操作开辟指定大小的缓冲区。如果没有缓冲区，每向文件写一个数据，或者从文件读一个数据，都要启动一次外存（如磁盘）将内存数据写入外存或从外存将数据读到内存。与程序到内存之间的数据操作相比，启动外存读写操作的速度要慢得多。设置缓冲区的目的就是为了减少外存启动的次数，以提高外存读写的效率。一般说来，如果某次文件操作是读或写，缓冲区就开辟一个即可；若是有读有写，则要分别为读写各开辟一个缓冲区，以便对要操作的数据按读、写分别排队。

3）设置并初始化文件指针。由于文件对象比较大，存储的数据比较多，为了便于操作，提高读写效率，就需要设置一个文件指针，指示文件操作的位置。例如，若要执行的操作是从文件数据中找一个数据，则应当让文件指针指向文件头；若要执行的操作是向文件中写进一个数据，则应当让文件指针指向文件尾；若要从某一处连续执行读或写，则每操作一次，就应当让文件指针连续移动一个数据位置。

4）创建有关的 I/O 对象。在 Python 中，一切皆对象。文件的读写也是由对象进行的。因此，文件打开的同时，解释器将会创建三个标准 I/O 对象：

- stdin（标准输入）。
- stdout（标准输出）。
- sterr（标准错误输出）。

显然，文件打开是伴随着资源分配的。因此，一个文件的操作结束，就应当释放这些被分配的资源。这就称为文件关闭。

4. 文件对象的内置属性

文件对象一经创建就拥有了自己的属性。表 4.21 为 Python 的主要内置文件属性。这些属性基本上是在文件打开时初始化的。

表 4.21 Python 的主要内置文件属性（f 表示文件对象）

文 件 属 性	描　　　　　述
f. closed	文件已经关闭，为 True；否则为 False
f. mode	文件的打开模式
f. name	文件的名称
f. encoding	文本文件使用的编码
f. newlines	以文件中的换行符状况，分别返回：字符串（只一种），分隔符元组（多种），None（无）
f. softspace	如果空间明确要求具有输出，则返回 False；否则为 True

其中：

1）f. encoding 为文件使用的编码：当 Unicode 字符串被写入数据时，将自动使用 f. encoding 转换为字节字符串；若 f. encoding 为 None 时，则使用系统默认编码。

2）f. softspace 为 0 表示输出一数据后要加上一个空格符；为 1 表示不加。这个属性一般用不到，由程序内部使用。

4.7.2 文件打开方法 open( )

在 Python 中，最常用的文件打开方式是使用 Python 的内置函数 open( )。它执行后创建一个文件对象和三个标准 I/O 对象，并返回一个文件描述符（句柄）。其语法格式如下：

```
open(filename[,mode[,buffering[,encoding[,errors[,newline[,
    closefd=True]]]]]])…
```

这些参数用来初始化文件属性，下面进一步介绍这些参数的意义。

1. 文件名

filename 是要打开的文件名，是 open( ) 函数中唯一不可或缺的参数。通常，上述 filename 包含了文件存储路径在内的完整文件名。只有被打开的文件位于当前工作路径下时，才可以忽略路径部分。为把文件建立在特定位置，可以使用 os 模块中的 os.mkdir( ) 函数。

代码 4-65　创建一个文件夹。

```
>>> import os
>>> os.mkdir(('D:\myPythonTest'))
```

如果在给定路径或当前路径下找不到指定的文件名，将会触发 IOError。

2. 文件的打开模式

mode 是文件打开时需要指定的打开模式，通过打开模式向系统请求下列资源。

1）指定打开的文件是哪种类型，以便系统进行相应的编码配置。

● 文本文件（以 't' 表示）。

● 二进制操作（以 'b' 表示）。

2）打开后进行哪种类型的操作。

● 读操作（以 'r' 或缺省表示）。

● 写操作（以 'w' 表示覆盖式从头写，以 'a' 表示在文件尾部追加式写）。

● 读写操作（以 '+' 表示）。

3）系统为其配备相应的缓冲区、建立相应的标准 I/O 对象，并初始化文件指针位置是在文件头（'r' 或缺省、'w'）还是在文件尾（'a'）。

上面的三个方面就构成了文件的打开模式。把它们总结一下，就得到表 4.22 所示的关于 Python 文件打开模式的简洁描述。

表 4.22　Python 文件打开模式

文件打开模式		操作说明
文 本 文 件	二进制文件	
r	rb	以只读方式打开，是默认模式，必须保证文件存在
rU 或 Ua		以读方式打开文本文件，同时支持文件含特殊字符（如换行符）
w	wb	以写方式新建一个文件，若已存在，则自动清空
a	ab	以追加模式打开：若文件存在，则从 EOF 开始写；若文件不存在，则创建新文件写

（续）

文件打开模式		操 作 说 明
文 本 文 件	二进制文件	
r +	rb +	以读写模式打开
w +	wb +	以读写模式新建一个文件
a +	ab +	以读写模式打开

3. 文件缓冲区

Buffering 用来指定文件缓冲区：

0：代表 buffer 关闭（只适用于二进制模式）。

1：代表 line buffer（只适用于文本模式）。

>1：表示初始化的 buffer 大小。

若不提供该参数或者该参数给定负值，则按照如下系统默认缓冲机制进行。

1）二进制文件使用固定大小缓冲区。缓冲区大小由 io. DEFAULT_BUFFER_SIZE 指定，一般为 4096B 或 8192B。

2）对文本文件，若 isatty( ) 返回 True，则使用行缓冲；其他与二进制文件相同。

4. 传入参数 closefd

True：传入的 file 参数为文件的文件名（默认值）。

False：传入的 file 参数只能是文件描述符。

Ps：文件描述符，一个非负整数。

注意：使用 open 打开文件后一定要记得关闭文件对象。

5. 其他

encoding：返回数据的编码（一般为 UTF-8 或 GBK）。

newline：用于区分换行符（只对文本模式有效，可取的值有 None、'\n'、'\r'、' '、'\r\n'）。

strict：字符编码出现问题时会报错。

ignore：字符编码出现问题时程序会忽略，继续执行下面的代码。

4.7.3 文本文件读写

1. 文本文件读写方法

表 4.23 为文本文件的常用内置方法。在文件对象方法中，最关键的两类方法是文件对象的关闭方法 close( ) 和文件对象的读写方法。

表 4.23　文本文件的常用内置方法（f 表示文件对象）

	文件对象的方法	操　作
读	f. read([size = -1])	从文件读 size 个字节（Python 2）或字符（Python 3.0）；size 缺省或负，读剩余内容
	f. readline([size = -1])	从文件中读取并返回一行（含行结束符），若 size 有定义，返回 size 个字符
	f. readlines([size])	读出所有行组成的 list，size 为读取内容的总长
写	f. write(str)	将字符串 str 写入文件
	f. writelines(seq)	向文件写入可迭代字符串序列 seq，不添加换行符

（续）

文件对象的方法		操　　作
文件 指针	f. tell( )	获得文件指针当前位置（以文件的开头为原点）
	f. seek(offset [, where])	从 where（0：文件开始；1：当前位置；2：文件末尾）将文件指针偏移 offset 字节
其他	f. flush( )	把缓冲区的内容写入硬盘，刷新输出缓存
	f. close( )	刷新输出缓存，关闭文件，否则会占用系统的可打开文件句柄数
	f. truncate([size])	截取文件，只保留 size 字节
	f. isatty( )	文件是否为一个终端设备文件（UNIX 系统中）：是则返回 True；否则返回 False
	f. fileno( )	获得文件描述符——一个数字

2. 文本文件读写示例

代码 4-66　文件读写示例。

```
>>> import os
>>> os.mkdir('D:\myPythonTest')                    #创建一个文件夹
>>> f = open(r'D:\\myPythonTest\test1.txt','w')    #以写方式打开 f
>>> f.write('Python\n')                            #写入一行
7
>>> f.close()                                      #文件关闭
>>> f = open(r'D:\\myPythonTest\test1.txt','r')    #以读方式打开
>>> f.read()                                       #读出剩余内容
'Python\n'
>>> f.write('how are you? \n')                     #企图在读模式下写,导致错误
Traceback (most recent call last):
  File "<pyshell#59>", line 1, in <module>
    f.write('abcdefg\n')
io.UnsupportedOperation: not writable
>>> f.close()                                      #关闭文件
>>> f = open(r'D:\\myPythonTest\test1.txt','a')    #为追加打开
>>> f.write('how are you? \n')                     #在追加模式下写
13
>>> f.close()                                      #关闭文件
>>> f = open(r'D:\\myPythonTest\test1.txt')        #以默认(读)方式打开文件
>>> f.read(20)                                     #读出 20 个字符
'Python\nhow are you? \n'
>>> f.close()                                      #关闭文件
>>> f.read()                                       #在文件关闭之后操作
Traceback (most recent call last):
  File "<pyshell#10>", line 1, in <module>
    f.read()
ValueError: I/O operation on closed file.
```

说明：

1）在字符串前面添加符号 r，表示使用原始字符串。

2）不按照打开模式操作，会导致 io. UnsupportedOperation 错误。

3）一个文件在关闭后还对其进行操作会产生 ValueError。

4.7.4　二进制文件的序列化读写

1. 对象序列化与反序列化

Python 二进制文件除了用于图像、视频和音频等数据的保存外，也可用于数据库文件、WPS 文件和可执行文件。所有这些应用中，数据都是以二进制字节串的形式存放的。这样，在向文件写字符数据时，要把内存中的数据对象在不丢失其类型信息的情况下，转换成对象的二进制字节串。这一过程称为对象序列化（object serialization）。在读取时，要把二进制字节串准确地恢复成原来的对象，以供程序使用或显示出来。这一过程称为反序列化。Python 本身没有这些内置功能，要靠一些序列化模块实现。常用的序列化模块有 pickle、struct、json、marshal、PyPerSyst 和 shelve 等。

2. pickle 模块

Python 的 pickle 实际上是一个对象永久化（object persistence）模块。对象序列和反序列化是其实现对象持久化的两个接口，分别用 pickle. dump( ) 和 pickle. load( ) 实现。

（1）pickle. dump( )

pickle. dump( ) 的功能是将对象 obj 转换成字节串写到文件对象 file 中。为此，要求 file 必须有 write( ) 接口，可以是一个以 'wb' 方式打开的文件或者一个 StringIO 对象或者其他任何实现 write( ) 接口的对象。pickle. dump( ) 的语法如下：

```
pickle.dump(obj, file, [,protocol])
```

protocol 为序列化使用的协议版本，0 表示 ASCII 协议，所序列化的对象使用可打印的 ASCII 码表示；1 表示老式的二进制协议；2 表示 2.3 版本引入的新二进制协议，较以前的更高效。其中协议 0 和 1 兼容老版本的 Python。protocol 默认值为 0。

代码 4-67　pickle. dump( ) 应用示例。

```
>>> import pickle
>>> class Person:
.    def __init__(self, name, age):
         self.name = name
         self.age = age
     def show(self):
         print(self.name + "_" + str(self.age))


>>> aa = Person("Zhang", 20); aa.show()
Zhang_20
```

（2）pickle. load( )

pickle. load( ) 的功能是将文件中的数据解析为一个 Python 对象。其语法如下：

```
pickle.load(file)
```

代码 4-68　pickle.load( ) 应用示例。

```
>>> import pickle
>>> with open('d:\\p.dat', 'rb') as f:
        bb = pickle.load(f)


>>> bb.show()
Zhang_20
```

显然，采用 pickle 模块，就不再需要 write( ) 和 read( ) 两个方法了，它的 dump( ) 和 load( ) 既完成了格式转换，又进行了读写。

3. struct 模块

（1）struct 的概念

struct 是 C 语言提供的一种组合数据类型，用于把不同类型的数据组织成一种数据类型，有点类似于类实例的属性。Python 的 struct 模块就是按照这种模式把一个或几个数据组织起来进行打包（pack）变换再写入；相对而言，读出后，还要进行解包（unpack）处理才可以交程序使用。

（2）标记一个 struct 的结构

为了解包时恢复原来组成 struct 的数据类型，必须用一个字符串记下它们原来的类型。为此要使用规定的类型符进行简洁标记。

表 4.24 为 struct 支持的类型标记符。

表 4.24　struct 支持的类型标记符（与 Python 有关部分）

类型符	Python 类型	字节数	类型符	Python 类型	字节数
x	None	1	Q	long	8
?	bool	1	f	float	4
i	integer	4	d	float	8
q	long	8	s	string	1

说明：

1）q 和 Q 只在机器支持 64 位操作时有意义。

2）每个格式前可以有一个数字，表示个数。

3）s 格式表示一定长度的字符串，4s 表示长度为 4 的字符串。

例如，一个职员的 struct 包含如下数据：

```
name = 'Zhang'
age = 35
wage = 3456.78
```

由于字符串可以直接写，所以只需对 struct 中的整型、浮点型标记为：empfmt = 'if'。

（3）打包成字节串对象

打包用 struct.pack（fmt, v1, v2, ...）。其第一个参数 fmt 是类型标记字符串，后面依次为各个数据。例如，对于上述职员数据，打包的语法格式如下：

```
empByteStr = struct.pack(empfmt, age, wage)
```

（4）写入文件

打开文件，将打包后的字节串写入文件，然后关闭文件。写入时，按照顺序，先直接写入字符串 name，再写 empByteStr。

（5）读文件

打开文件，从文件中读出一个字节串，然后解包，关闭文件。

注意，读出时要计算各个数据的存储长度，如上述 name 为 5，age 为 4，wage 为 4，即 age 与 wage 共用了 8B。

代码 4-69   用 struct 进行数据打包与解包示例。

```
>>> import struct
>>> #写入 ********************************
>>> name = 'Zhang'; age = 35; wage = 3456.78
>>> empfmt = 'if'
>>> empByteStr = struct.pack(empfmt, age, wage)    #打包成字节流对象
>>> with open(r'D:\\mycode\test3.dat', 'wb') as f3:
        f3.write(empByteStr)
        f3.write(name.encode())                     #将 name 转换成字节串对象

8
5
>>> #读出 ********************************
>>> with open(r'D:\\mycode\test3.dat', 'rb') as f4:
        ebs = f4.read(8)                            #读出八个字节
        empTup = struct.unpack(empfmt, ebs)         #解包
        n = f4.  read(5)                            #读出五个字节

>>> nm = n.decode()                                 #将字节串对象解码为 str
>>> ag, wg = empTup                                 #分割元组元素
>>> print(f'name:{nm}')
name: Zhang
>>> print(f'age:{ag}')
age: 35
>>> print(f'wage:{ wg }')
wage: 3456.780029296875
```

说明：encode() 函数用于将 str 对象转换为字节串对象，decode() 函数用于将字节串对象解码为 str 对象。

4.7.5   文件指针位置获取与移动

在一般情况下，对 Python 文件的访问会从文件操作标记（文件指针）起进行顺序读/

写。但是有时，也需要跳跃式地移动文件指针，逃过某些字节进行访问，如选择性地读出或改写某个数据。这时就涉及对文件指针操作的两个方法：tell() 和 seek()。前者用于获取文件指针当前位置，后者用于移动文件指针。

代码4-70　在代码4-69的基础上进行文件指针操作。

```
>>> import struct
>>> with open(r'D:\\mycode\test3.dat', 'rb') as f5:
    f5.tell()                             #获取文件指针当前位置
    f5.seek(4)                            #跳过四个字节
    x = f5.read(4)
    xTup = struct.unpack('f', x)          #解包
    print(f'x:{ xTup }')
    f5.tell()                             #再获取文件指针当前位置


0
4
x: (3456.780029296875,)
8
```

讨论：从文件头开始，跳过四个字节就是跳过年龄，读取工资。

4.7.6　文件可靠关闭与上下文管理器

1. 文件关闭与可靠关闭

在文件操作时，各种操作的数据都会首先保存在缓冲区中，除非缓冲区满或执行关闭操作，否则不会将缓冲区内容写到外存。文件关闭操作的主要作用是将留在缓冲区的信息最后一次写入外存，切断程序与外存中该文件的通道。如果不执行文件关闭——关闭文件标签，就停止程序运行，则有可能丢失信息。

2. 文件可靠关闭

文件关闭要使用文件对象的方法 close()。但是，这种关闭是不太安全的。例如，当在文件上执行一些操作时可能会触发异常，这时代码退出了，但却没有关闭文件。因此，文件操作应当使用可靠关闭方式。下面介绍两种可靠的关闭机制。

（1）将文件关闭写在异常处理的 finally 子句中

文件操作中会发生异常，包括文件无法打开以及读写失败，为此需要异常处理。由于异常处理的 finally 子句是必须执行的子句，因此将 close() 函数写在 finally 子句中，一定可以可靠关闭。

代码4-71　将 close() 函数写在 finally 子句的文件可靠关闭示例。

```
try:
    f = open('D:\\mycode\test.txt')       #文件处理操作
except IOError as e:
    print (e)
    exit()
```

```
finally:
    f.close()
```

（2）使用上下文管理器

为了能可靠地关闭打开的文件，包括在异常情况下关闭打开的文件，除了把 close( ) 函数写到 finally 子句中外，Python 还提供了一种更好的办法——上下文管理器（Context Manager）。

在编程中，经常会碰到这种情况：某一个特殊的语句块，在执行这个语句块之前需要先执行一些准备动作，而当该语句块执行完成后，还需要执行一些后续的收尾动作。文件操作就是这样的语句块：执行文件操作，首先需要获取文件句柄，当执行完相应的动作后，需要执行释放文件句柄的动作。这是一种必须的上下文关系。

对于这种情况，Python 提出了上下文管理器的概念，可以通过上下文管理器来定义或控制代码块执行前的准备动作，以及执行后的收尾动作。

在 Python 中，可以通过 with 语句来方便地使用上下文管理器。其语法格式如下：

```
with context_expr [as var]:
    with_suite
```

其中：

1）context_expr 是支持上下文管理协议的对象，也称上下文管理器对象，负责维护上下文环境。

2）as var 是一个可选部分，通过变量方式保存上下文管理器对象。

3）with_suite 就是需要放在上下文环境中执行的语句块。

在 Python 的内置类型中，很多类型都是支持上下文管理协议的，文件就是其中之一。在支持上下文管理协议的地方使用 with，比异常处理简单多了，并可以增强代码的健壮性。当需要操作一个文件时，使用 with 语句，可以保证系统能够自动关闭打开的流。

代码 4-72　使用 with 示例。

```
>>> with open(r'D:\\mycode\test2.txt', 'w') as f2:
    f2.writelines(['Python\n', 'programming\n'])
    f2.write('good bye\n')


9
>>> f2.closed                        #测试文件对象 f2 是否关闭
True
```

当代码执行完 with 语句后，文件对象 f2 就被自动关闭了。

4.7.7　文件和目录管理

除了进行文件内容的操作，Python 还提供了从文件级和目录级进行管理的手段。在 Python 中有关文件及其目录的管理型操作函数主要包含在一些专用模块中，表 4.25 为可用于进行文件和目录管理操作的内置模块。

链 4-1　Python 文件
与目录管理

表 4.25 Python 中可用于文件和目录管理操作的内置模块

模块/函数名称	功 能 描 述	模块/函数名称	功 能 描 述
open( ) 函数	文件读取或写入	tarfile 模块	文件归档压缩
os. path 模块	文件路径操作	shutil 模块	高级文件和目录处理及归档压缩
os 模块	文件和目录简单操作	fileinput 模块	读取一个或多个文件中的所有行
zipfile 模块	文件压缩	tempfile 模块	创建临时文件和目录

下面举例对其中常用情况进行介绍。

1. 文件重命名

文件重命名语法格式如下：

```
os.rename ('currentFileName', 'newFileName')
```

文件重命名示例代码：

```
import os
os.rename("E:/Python36/test1.txt", "D:/Python36/test2.txt")
```

2. 删除文件

删除文件语法格式如下：

```
os.remove ('aFileName')
```

删除文件示例代码：

```
import os
os.remove("E:/Python36/test1.txt")
```

3. 创建新目录

创建新目录语法格式如下：

```
os.mkdir('newDir')
```

创建新目录示例代码：

```
import os
os.mkdir("testDir")
```

4. 显示当前工作目录

显示当前工作目录语法格式如下：

```
os.get cwd ( )
```

显示当前工作目录示例代码：

```
import os
os.getcwd( )
```

5. 更改现有目录

更改现有目录语法格式如下：

```
os.chdir ('dirName)
```

删除文件示例代码：

```
import os
os.chdir("/myDir/testDir")
```

6. 删除目录

删除目录语法格式如下：

```
os.redir ('directoryName')
```

删除文件示例代码：

```
import os
os.redir'/tmp/testDir')
```

习题 4.7

1. 选择题

（1）函数 open() 的作用不包括_____。

A. 读写对象是二进制文件或文本文件　　B. 读写模式是只读、读写、添加或修改

C. 建立程序与文件之间的通道　　　　　D. 是顺序读写，还是随机读写

（2）为进行写入，打开文本文件 file1. txt 的正确语句是_____。

A. f1 = open('file1. txt','a')　　　　　　B. f1 = open('file1','w')

C. f1 = open('file1','r + ')　　　　　　　D. f1 = open('file1. txt','w + ')

（3）下列不是文件对象写方法的是_____。

A. write()　　　　　B. writeline()　　　　C. writelines()　　　　D. writefile()

（4）文件是顺序读写还是随机读写，与_____无关。

A. 函数 open()　　　　　　　　　　　　B. 方法 seek()

C. 方法 next()　　　　　　　　　　　　D. 方法 fell()

（5）为进行读操作，打开二进制文件 abc 的正确语句是_____。

A. open(abc,'b')　　　　　　　　　　　B. open('abc','rb')

C. open('abc','r + ')　　　　　　　　　　D. open('abc','r')

（6）以下文件打开方式中，两种打开效果相同的是_____。

A. open(filename,'r')　　　　　　　　　B. open(filename,"w + ")

C. open(filename,"rb")　　　　　　　　D. open(filename,"w")

（7）文件对象 f. week(0,0) 的含义是_____。

A. 清除文件 f　　　　　　　　　　　　　B. 返回文件 f 开头内容

C. 移动文件指针到文件 f 开头　　　　　　D. 返回文件 f 尾部内容

（8）open('file1',r). read(n) 用于_____。

A. 从文件 file1 头部读取 n 个字符　　　　B. 从文件 file1 的当前位置读取 n 个字节

C. 从文件 file1 中读取 n 行　　　　　　　D. 从文件 file1 的当前位置读取 n 个字符

2. 判断题

（1）在 open() 函数的打开方式中，有 "＋"，表示文件对象创建后，将进行随机读写；无 "＋"，表示文件对象创建后，将进行顺序读写。（　　　）

（2）close( ) 函数的作用是关闭文件。（   ）

（3）在 Python 中，显式关闭文件没有实际意义。（   ）

（4）使用 print( ) 函数无法将信息写入文件。（   ）

（5）用 read( ) 方法可以设定一次要读出的字节数量。设计这个数量的合适原则：一次尽可能多读；如果可能，最好全读；如一次不能读完，则可按缓冲区大小读取。（   ）

（6）Python 标准库 os 中的方法 isfile( ) 可以用来测试给定的路径是否为文件。（   ）

（7）Python 标准库 os 中的方法 exists( ) 可以用来测试给定路径的文件是否存在。（   ）

（8）Python 标准库 os 中的方法 isdir( ) 可以用来测试给定的路径是否为文件夹。（   ）

（9）Python 标准库 os 中的方法 listdir( ) 返回包含指定路径中所有文件和文件夹名称的列表。（   ）

（10）标准库 os 的 listdir( ) 方法默认只能列出指定文件夹中当前层级的文件和文件夹列表，而不能列出其子文件夹中的文件。（   ）

3. 代码分析题

阅读下列代码，指出输出结果。

（1）

```
import os
for d in os.listdir('.'):
    print(d)
```

（2）

```
def testABC():
    try:
        f1 = open('D:\\file1.text', 'w+')
        f1.write('abc')
        f1.writelines(['def\n', '123'])
        print f1.tell()
        f1.seek(0)
        content = f1.readlines()
        for con in content:
            print con
    except IOError, e:
        print (e)
    finally:
        f1.close()

testABC()
```

（3）

```
def testDEF():
    try:
```

```
            f2 = open('D:\\file2.text', 'w + ')
            f2.writelines(['abc\n', 'def\n', 'ghi'])
            f2.seek(-3, 2)
            print f2.tell()
            content = f2.read()
            print content
            f2.seek(-6, 1)
            f2.write('123')
            f2.seek(0, 0)
            content = f2.read()
            print (content)
    except IOError, e:
            print (e)
    finally:
            f2.close()


testDEF()
```

(4)

```
import os

def print_dir():
    filepath = input("请输入一个路径:")
    if filepath == "":
        print("请输入正确的路径")
    else:
        for i in os.listdir(filepath):
            print(os.path.join(filepath,i))
print(print_dir())
```

(5)

```
import os

def show_dir(filepath):
    for i in os.listdir(filepath):
        path = (os.path.join(filepath, i))
        print(path)
        if os.path.isdir(path):
            show_dir(path)


filepath = "C:Program FilesInternet Explorer"
show_dir(filepath)
```

（6）

```python
import os


def print_dir(filepath):
    for i in os.listdir(filepath):
        path = os.path.join(filepath, i)
        if os.path.isdir(path):
            print_dir(path)
        if path.endswith(".html"):
                print(path)


filepath = "E:PycharmProjects"
print_dir(filepath)
```

（7）

```python
import os
[d for d in os.listdir('.')]
```

4. 程序设计题

（1）建立一个存储人名的文件，输入时不管大小写，但在文件中的每个名字都以首字母大写、其余字母小写的格式存放。

（2）检查一个文件，将其所有的字符串"Java""java"和"JAVA"都改写为"Python"。

（3）有两个文件a.txt和b.txt，先将两个文件中的内容按照字母表顺序排序，然后创建一个文件c.txt，存储为a.txt与b.txt按照字母表顺序合并后的内容。

（4）写一个比较两个文件的程序：如果两个文件完全相同，则输出"文件XXXX与文件YYYY完全相同"；否则给出两个文件第一个不同处的行号、列号和字符。

（5）编写Python代码，可以随心所欲地修改当前工作目录，也可以恢复到原来的当前工作目录。

（6）编写Python代码，可以进入任何一个目录中搜索其中包含哪些文件。

（7）编写Python代码，可以把一组文件压缩归档到一个归档文件中，也可从中展开一个或几个文件。

5. 资料收集题

（1）尽可能多地收集可用于文件和目录管理的Python模块，并对它们进行比较。

（2）尽可能多地收集可用文件压缩和归档的Python模块，并对它们进行比较。

▶ 第 5 章

Python 面向对象编程

　　20 世纪 50 年代末出现的第一次软件危机给了计算机领域的精英们大展才华的机会。结构化程序设计思想提出之后，先是出现了用函数（或子程序）进行代码封装的模式。但是，函数（子程序）是基于功能的程序代码封装，其粒度很小，在设计大程序系统时，还显得十分烦琐。于是人们开始寻找更大粒度的代码封装体。1967 年 5 月 20 日，在挪威奥斯陆郊外的小镇莉沙布举行的 IFIP TC-2 工作会议上，挪威科学家 Ole-Johan Dahl 和 Kristen Nygaard 正式发布了 Simula 67 语言。这一语言为程序设计带来一股新风。它采用类（class）作为程序代码的封装体。类是对系统中具有共同特征实体的抽象。它封装了描述一类事物的属性以及行为。属性用数据描述，行为用函数（称为方法）描述。这种将数据连同对其进行操作的代码作为一个整体的封装结构，被称为抽象数据结构（Abstract Data Type，ADT）。

　　采用这种编程范式，首先要分析系统涉及哪些对象（实体），并且要分析这些对象可以抽象为哪几种类型。编码针对类进行，把具体对象看作是类的实例。所以，这是一种分析式编程思想，实际是一种基于类（尽管多称为面向对象）的程序设计思想。

　　面向对象编程的另外特点是通过继承与多态实现代码复用。继承允许在已有类的基础上生成新的类，多态可以赋予一个名字或符号不同的意义。从这一点上来提高程序设计的效率和可靠性。

5.1　类及其实例

5.1.1　类模型与类语法

1. 类的方法与属性

　　类之间的重要区别在于行为。例如，学生是接受知识和能力教育的人群，工人是不占有生产资料、通过工业劳动或手工劳动获取报酬的人群，运动员是通过体育训练和比赛获取荣誉和补偿的人群，职员是从事行政或事务工作并获取报酬的人群。

　　类与类之间的不同还在于属性项不同。例如，学生的属性项主要有学校名称、年级、姓名、年龄、性别、成绩等；工人的属性项主要有工种、级别、姓名、年龄、性别和配偶姓名等；运动员的属性项主要有运动项目、姓名、年龄、性别、比赛成绩等；职员的属性项有公司名称、职位、姓名、薪酬等。

　　通常，行为成员用方法（method）描述；属性成员用属性（properties）描述，也称数据成员描述。方法和属性就是类的基本成员。

类的属性分为类属性和实例属性。类属性用于描述该类所有对象的共同特征，也用于与其他类相区别，例如，职员类中的公司名称（cName）就是其类属性。实例属性用于表现一个类中不同对象的特征，例如，职员类中的职员姓名（eName）、薪酬（salary）就是其实例属性。

类的方法分为实例方法、静态方法和类方法。关于它们的不同之处，将在 5.1.4 节中介绍。

2. 公开成员和私密成员

在面向对象的程序设计中，类是一类对象的抽象和模型。一个类必须遵循程序模块设计的基本原则。1972 年，David Parnas 给出了一个程序模块的基本原则——信息隐藏原则。简单来说，信息隐藏就是凡是不需要外部知道的，就将它们隐藏起来。这样的好处有：模块间的联系少，模块的独立性强，可以较好地应付不断变化的需求，将不同的变化因素封装在不同的模块中，减少软件维护的工作量。

按照信息隐藏原则，在设计类时将成员分为两类：公开（public）成员和私密（private）成员。它们的区别在于，公开成员可以被外部（类的定义域之外）的对象访问，而私密成员不可以被外部的对象直接访问。经验证明，属性数据是对象的可变元素，在类定义中应当尽量将其设计成私密成员，使外部对象不能轻而易举地获得，更不能被外界随意操作。此外，与外部无关的成员也都应设计成私密成员。

由此可见，类封装了属性和行为，还区分了公开成员与私密成员，形成外部只能通过公开成员作为外部访问接口的封装体。这种封装性（encapsulation）是类的一个重要特点。因此，类就是定义一类对象的行为方法和属性选项的模型。或者说，类是某一类对象属性和行为的封装体。

3. Python 的类语法

在 Python 中，类定义用关键字 class 引出，其语法如下：

```
class 类名：
    类文档串              #对于类的描述文档，可以省略部分
    类属性声明
    def __init__(self, 实例参数1, 实例参数2,…)：
        实例属性声明
    方法定义
```

说明：

1）类定义由类头和类体两大部分组成。类头也称为类首部，占一行，以关键字 class 开头，后面是类名，之后是冒号。下面是缩进的类体。

2）类名应当是合法的 Python 标识符。自定义类名的首字母一般采用大写。

3）类体由类文档串和类成员的定义（说明）组成。类文档串是一个对类进行说明的三撇号字符串，通常放在类体的最前面，对类的定义进行一些说明，可以省略。类的成员可以分为方法（method）和属性两大类。

4）属性也是对象，是数据对象，它们都用变量引用。指向类属性（class attribute）的变量称为类变量（class variable）；指向实例属性（instance attribute）的变量称为实例变量（instance variable）。

5）Python 要求实例变量声明在一个特别的方法 __init__（）中。这个方法用于对实例变量进行初始化，故称为初始化方法（也称为构造方法，但不太准确）。

6）在 Python 中，指向私密成员的变量和方法名字要以双下画线（ __ ）为前缀。

4. Python 类定义示例

代码 5-1　Employee 类的定义。

```
class Employee():
    '''Define an employee class'''        #文档串
    cName = 'ABC'                         #公开属性——类属性变量初始化

    def __init__(self, eName = ' ', salary = 0.0):
                                          #特别私密方法化——实例化方法
        self.eName = eName                #公开实例属性变量
        self.__salary = salary            #私密实例属性变量
        pass
    def getValue(self):                   #实例方法
        return (self.cName, self.eName, self.__salary)
                                          #类属性作为实例属性才可访问

        pass
```

说明：

1）pass 是 Python 的一个关键字，代表一个空的代码块或空语句。

2）getValue（self）是一个实例方法。所有的实例方法的第一个参数都必须是 self。在实例方法中引用的实例变量都要加上 self 前缀，表示它们都是所提及实例的成员。

5.1.2　对象创建与 __init__（）方法

Python 秉承"一切皆对象"的宗旨，程序中所有的构件都作为对象，并且按照生成的过程可以将对象分为两大类：字面对象和实例对象。字面对象是直接书写在程序中的数据对象。由于这个原因，Python 的基本语法不再提供定义常量的机制。需要常数时，可以通过模块定义，如 math 模块中的 math.e、math.pi 3 和 math.inf。下面主要介绍实例对象的概念及其创建方法。

1. 类对象与实例对象的创建

在 Python 中，类定义实际上是一个可执行语句，它在执行时就自动创建了一个对象，并用所定义的名字指向它。这个对象就是类对象，它的名字就是类名。创建了类对象就是创建了一个类实例的基本模型，在这个模型中包含所有的类变量和类方法，但不包含实例成员。要创建一个类对象，直接写出类名即可。当然，也可以用一个变量指向它。例如，对于 Employee 类来说，就是

```
>>> e1 = Employee        #用变量 e1 指向类对象 Employee
```

类描述了一类数据的共同属性，而这类对象中的一个具体对象，就称为这个类的一个实例。

实例对象是以类对象为基础创建的，它不仅含有类成员，还含有用于区别实例个体的实例成员，是一个已经个性化了的对象。所以，要创建实例对象需要提供实例参数，起码要有提供实例参数的形式，即要写成函数的样子。对 Employee 类来说，就是

```
>>> e2 = Employee('Zhang',2345.67)
                                    #创建一个 Employee 实例对象并用变量 e2 指向它
>>> e3 = Employee()                 #创建一个空的 Employee 实例对象并用变量 e3 指向它
```

这种带有实例参数的方法称为实例对象的构造方法。

2. __init__( ) 方法

任何实例对象的生命周期都是从调用__int__( )方法进行初始化开始的。这个调用是自动的，但可能是隐式的，也可能是显式的。作为 Python 实例初始化方法的__init__( ) 方法具有如下特点。

1）它的名字前后都使用了双下画线（__），表明它是 Python 定义的特别成员。任何一个类都可以定义这个方法，只是参数不同。

2）它的第一个参数默认指向当前的对象——本对象，名字不限，但一般使用 self，使其意义更明确。其他参数用于实例变量的初始化。

3）为了能创建空的实例对象，__init__( ) 方法的参数应当设有默认值。

3. 创建实例对象的过程

1）定义类，即生成类对象。

2）调用实例对象构造函数，复制一个类对象，并按照实例参数的数量和类型生成相应的实例变量，形成实例对象框架。

3）自动调用 __init__( ) 方法，将实例对象的 id 传递给 __init__( ) 的 self 参数，将实例参数按照顺序传递给 __init__( ) 方法的其他参数。

4）__init__( ) 方法分别对各个实例变量进行初始化。由于传递了实例对象的 id，所以初始化是对实例对象的各个实例变量进行的。

5）__init__( ) 方法返回，创建实例对象的操作结束。

由此可以看出，__init__( ) 只执行实例属性的初始化，不负责存储分配。尽管许多人将之称为构造方法，但却名不符实，最多可以称为内部构造方法。因此，本书坚持称其为初始化方法，这样在概念上准确一些，特别是对初学者有好处。

4. 在类定义外显式补充属性

Python 作为一种动态语言，除了用变量指向的对象类型可以变化外，一个类的成员还可以动态改变，即类可以在引用过程中增添新的属性，类对象可以增添类属性，实例对象可以增添实例属性。

代码 5-2　Employee 类的测试。

```
>>> from employee import Employee     #导入 Employee 类定义
>>> Employee                          #测试名字 Employee
<class '__main__.Employee'>
>>> e1 = Employee                     #用 e1 指向 Employee
```

```
>>> e1.cName                                    #用类对象 e1 访问类变量,正确
'ABC'
>>> e1.eName                                     #用类对象访问实例变量,错误
Traceback (most recent call last):
  File " <pyshell#5 >", line 1, in <module >
    e1.eName
AttributeError: type object 'Employee' has no attribute 'eName'
>>> e1.getValue()                                #用类对象在外部访问实例方法,错误
Traceback (most recent call last):
  File " <pyshell#6 >", line 1, in <module >
    e1.getValue()
TypeError: getValue() missing 1 required positional argument: 'self'
>>>
>>> e2 = Employee('Zhang',2345.67)              #创建实例对象,并用 e2 指向该对象
>>> e2                                           #测试 e2
<__main__.Employee object at 0x000001BE745E6160 >
>>> e2.getValue()                                #实例对象在外部调用实例方法,正确
('ABC', 'Zhang', 2345.67)
>>> e2.cName                                     #实例对象访问类变量,正确
'ABC'
>>> e2.eName                                     #实例对象在外部访问公开实例变量,正确
'Zhang'
>>> e2.salary                                    #实例对象在外部访问私密实例变量,错误
Traceback (most recent call last):
  File " <pyshell#12 >", line 1, in <module >
    e2.salary
AttributeError: 'Employee' object has no attribute 'salary'
>>>
>>> #在外部补充属性
>>> e1.hostCountry =  'China'                    #在类定义外补充实例属性,正确
>>> e1.hostCountry                               #用类对象调用补充的类属性,正确
'China'
>>> e2.hostCountry
'China'
>>> e2.hobbies = 'swimming'                      #在类定义外补充实例属性,正确
>>> e2.hobbies                                   #用实例对象调用补充的实例属性,正确
'swimming'
>>> e1.hobbies                                   #用类对象调用补充的实例属性,错误
Traceback (most recent call last):
  File " <pyshell#9 >", line 1, in <module >
    e1.hobbies
AttributeError: type object 'Employee' has no attribute 'hobbies'
```

```
>>> #修改属性测试
>>> e2.cName   = 'AAA'; e2.cName;e1.cName        #企图用实例对象修改类属性,失败
'AAA'
'ABC'
>>> e1.cName = 'AAA'; e1.cName                   #用类对象修改类属性,正确
'AAA'
```

说明:

1) 类对象名后面添加的圆括号是在构建实例对象时传递参数用的,将其称为构造函数、构造方法或工厂方法。不加圆括号的类对象不能传递参数,也就不能用于构建实例对象。

2) 创建实例对象时,构造方法将被调用,并执行两个操作。

● 生成一个类对象的副本。

● 自动调用 _ _init_ _( )方法,为生成的对象添加实例变量,也称为对实例对象初始化。

3) 用类对象和实例对象都可以在外部分别补充属性变量。

4) 在测试由实例对象修改类属性时,并没有报错,只是用类对象 e1 测试时,没有成功;而用 e2 测试时,成功了。这是为什么? 道理很简单。就 e2 来说,不让修改公司名称,而自己补充一个自己用的公司名称。这个名称的作用域在 e2 中,所以类对象 e1 访问不到。通过下面的测试,可以看出 e1.cName 与 e2.cName 不是同一个对象。

```
>>> id(e1.cName)
12224128
>>> id(e2.cName)
24341760
```

5.1.3 最小特权原则与成员访问限制

最小特权(least privilege)原则可以看作信息隐藏原则的补充和扩展,也是系统安全中最基本的原则之一。它要求限定系统中每一个主体所必需的最小特权,确保由可能的事故、误操作等酿成的损失最小。在设计程序时,在程序运行时,最小特权原则要求每一个用户和程序在操作时应当使用尽量少的特权。最小特权原则要求所有模块的特权不能都一样,应按照需要给不同元素设定不同的访问权限。

在 Python 面向对象的体系中,从不同角度实施最小特权原则和信息隐藏原则,对成员访问采取了不同的限制。

1. 类对象与实例对象的访问限制

由代码 5-2 可以看出,Python 面向对象机制中,对于类对象与实例对象的交叉访问有表 5.1 所示的一些限制。

表 5.1 类对象与实例对象的交叉访问限制

访 问 者	类 变 量	公开实例成员	类补充属性	实例补充属性
类对象	√	×	√	√
实例对象	只可引用,不可修改	√	×	√

2. 成员函数不可用名字直接访问属性变量

Python 类定义的特殊性在于它所创建的是一个隔离的命名空间。这种隔离的命名空间与作用域有一定的差异：一是它不能在里面再嵌套其他作用域；二是它是在定义时立即绑定，不像函数那样在执行的时候才进行绑定。这样就导致在类中成员函数（方法）的命名空间与类的命名空间是并列的，而非嵌套的命名空间。或者说，Python 类定义所引入的"作用域"对于成员函数是不可见的，这与 C++ 或者 Java 有很大区别。因此，Python 成员函数想要访问类体中定义的成员变量，必须通过 self 或者类名以属性访问的形式进行，而不可用名字直接访问。

3. 公开属性和私密属性的引用与访问

在类定义中，成员分为公开和私密两种，它们的引用与访问有所不同，如公开属性可以用任意变量引用，私密属性需用以双下画线（_ _）开头的变量引用。公开属性可以在类的外部调用，私密属性不能在类的外部调用。

代码 5-3　公开属性和私密属性的访问权限测试示例。

```
>>> class people():                     #定义一个 people 类
    Name = ''                           #公开属性 name 空值

    def __init__(self):                 #定义初始化构造方法__init__(),其实就是
                                        定义一个初始化函数
        self.name = 'Zhangxxx'          #引用公开属性
        self.__age = 18                 #引用私密属性

>>> if __name__ == '__main__':          #在类的外部,main 函数中
    p1 = people()                       #调用 people 类,实例化 people 类的对象
    print (p1.name)                     #打印出公开属性
    print (p1.age)                      #企图在外部访问并打印私密属性
Zhangxxx
Traceback (most recent call last):
  File "<pyshell#4>", line 4, in <module>
    print (p1.__age)                    #企图在外部访问并打印私密属性
AttributeError: 'people' object has no attribute '__age'
```

说明：

1）这个运行结果表明，Python 类给了私密成员最小的访问权限——只能在类方法内部访问私密成员，不可在外部访问。这是因为双下画线开头的属性和方法在被实例化后会自动在其名字前面加 _classname 前缀，由于名字被改变了，自然无法通过双下画线开头的名字访问，从而达到不可进入的目的。

2）既然不能从外部访问私密属性，但又需要在外部使用某个私密属性的值时，Python 提供了间接地使用 showinfo() 方法获取这个属性，并且还允许采用属性访问的方式用"实例名._ _dict_ _"查看实例中的属性集合。这体现了一定程度的灵活性。

代码 5-4　私密属性的间接获取与查看示例。

```
>>> class people():
    name = ''
    __age = 0
    def __init__(self):
        self.name = 'zhangxxx'
        self.__age = 18
    def showinfo(self):                #定义 showinfo() 方法可在外部获取私密属性
        return self.age                #返回私密属性的值

>>> if __name__ == '__main__':
    p1 = people()
    print (p1.name)
    print (p1.showinfo())              #调用 showinfo() 函数获取并打印私密属性
    print (p1.dict)                    # dict 可以看到 Python 面向对象的私密成员
```

zhangxxx

<bound method people.showinf of < __main __.people object at 0x00000210946FCB38 >>

{'name': 'zhangxxx', '_people__age': 18}

4. 方法覆盖

Python 允许在一个类中编写几个名字相同而参数不同的方法。但是，排在后面的方法会覆盖排在前面的方法。

代码 5-5　定义在后的方法覆盖定义在前的方法示例。

```
>>> class Area(object):
    def __init__(self, a = 0, b = 0, c = 0):
        self.a = a;self.b = b; self.c = c
    def getArea (self, a, b, c):
        l = self.a + self.b + self.c
        s = pow (l * (l - self.a) * (l - self.b) * (l - self.c), -2) / 2
        print (f'该三角形面积为:{s}。')
    def getArea(self, a, b):
        s = self.a * self.b
        print (f'该矩形面积为:{s}。')
    def getArea(self,a):
        s = self.a * self.a * 3.14159
        print (f'该圆面积为:{s}。')
    pass

>>> area1 = Area(1)
>>> area1.getArea(1)
该圆面积为: 3.14159。
>>> area2 = Area(2,3)
```

```
>>> area2.getArea(2,3)
Traceback (most recent call last):
  File "<pyshell#28>", line 1, in <module>
    area2.getArea(2,3)
TypeError: getArea() takes 2 positional arguments but 3 were given
```

说明：

1）在类 Area 中定义了三个 getArea( ) 方法，它们的实例参数分别为 3、2、1。从执行结果看，只有排在最后的方法执行成功，其他都认为是参数数量错误。

2）在同一个名字域中，后面的方法会覆盖前面的同名方法。这是因为方法也是对象，原先这个名字指向前面的对象，重新定义以后，方法名就指向后面定义的对象。

5.1.4　实例方法、静态方法与类方法

在 Python 类中，方法分为实例方法、静态方法与类方法，表 5.2 为这三者之间的比较。

表 5.2　实例方法、静态方法与类方法之间的比较

	装饰器	调　用		默 认 参 数	可继承	用　途
		类对象	实例对象			
实例方法	无	×	√	至少一个实例对象（self）	√	传递实例属性和方法
静态方法	@ staticmethod	√	√	无	×	存放逻辑性代码
类方法	@ classmethod	√	√	至少一个类对象（cls）	√	传递类的属性和方法

说明：

1）实例方法主要用于传递实例属性和实例方法，其主要特征是最少要有一个参数，并且第一个参数一定会被默认为实例对象，通常以名字 self 指代。实例方法可以由程序员定义，不过为了方便程序开发，Python 还内置了相当多的具有共同性的实例方法——人们称其为魔法方法，__init__( ) 就是其中之一。更多的魔法方法，将在 5.2.2 节介绍。

2）类的非实例方法有两种：静态方法（static method）和类方法（class method）。它们的共同点如下：

- 都可以由类对象或实例对象调用。
- 都不可以对实例对象进行访问，即它们都不传入实例对象及其参数。
- 它们都只传入与实例对象无关的类属性。

它们的不同点如下：

- 定义时所使用的修饰器不同。静态方法使用@ staticmethod，类方法使用@ classmethod。
- 参数不同。类方法用类对象作为默认的第一参数，通常用 cls 指代；静态方法则没有 cls 参数。

代码 5-6　使用静态方法输出 Employee 类生成的实例对象数。

```
class Employee():
    numInstances = 0
    def __init__(self):
```

```
                Employee. numInstances += 1


        @staticmethod
        def showNumInstances():                              #静态方法:输出实例数
            print(f'Number of instances created:{Employee.numInstances}.')
                                                             #类对象调用
    >>> e1,e2,e3 = Employee(),Employee(),Employee()
    >>> Employee.showNumInstances()                          #类对象调用
    Number of instances created: 3.
    >>> e1.showNumInstances()                                #实例对象调用
    Number of instances created: 3.
    >>> e2.showNumInstances()                                #实例对象调用
    Number of instances created: 3.
    >>> e3.showNumInstances()                                #实例对象调用
    Number of instances created: 3.
```

注意：静态方法可以由类对象调用，也可以由实例对象调用。

代码 5-7 使用类方法输出 Employee 类生成的实例对象数。

```
    >>> class Employee:
        numInstances = 0                                     #类属性:记录实例数
        def__init__(self):
            Employee. numInstances += 1


        @classmethod
        def showNumInstances(cls):                           #类方法:输出实例数
            print('Number of instances created:{cls.numInstances}.')
                                                             #cls 参数调用

    >>> e1,e2,e3 = Employee(),Employee(),Employee()
    >>> e1.showNumInstances()
    Number of instances created: 3.
    >>> e2.showNumInstances())
    Number of instances created: 3.
    >>> e3.showNumInstances()
    Number of instances created: 3.
```

3）静态方法只允许访问静态成员（即静态成员变量和静态方法），不允许访问实例成员变量和实例方法。实例方法则无此限制。

5.1.5 获取类与对象特征的内置函数

为了便于用户确认对象（模块、类和实例）特征，Python 提供了几个内置函数。

1. isinstance( ) 函数

isinstance( ) 函数在 4.3.1 节已经使用过。广义地说，它可用于判断一个对象是否为一个类的实例，若是，则返回 True；否则返回 False。

代码5-8　isinstance( ) 功能演示。

```
>>> class A:pass

>>> class B:pass

>>> a = A()
>>> isinstance(a,A)
True
>>> isinstance(a,B)
False
```

2. dir( ) 与 vars( ) 函数

用 dir( ) 函数可以获取一个模块、一个类、一个实例的所有名字列表。用 vars( ) 函数可以获取一个模块、一个类、一个实例的属性及其值的映射——字典。

代码5-9　dir( ) 与 vars( ) 函数功能演示。

```
>>> #用类作为dir()与vars()的参数
>>> class A():
        '''这是一个简单的类'''
        x = 1
        y = 2

>>> dir(A)                           #返回类的所有名字列表
['__class__','__delattr__','__dict__','__dir__','__doc__','__eq__',
'__format__','__ge__','__getattribute__','__gt__','__hash__','__init__',
'__init_subclass__','__le__','__lt__','__module__','__ne__','__new__',
'__reduce__', '__reduce_ex__','__repr__','__setattr__','__sizeof__',
'__str__','__subclasshook__','__weakref__','x','y']
>>> vars(A)                          #返回类对象的实例属性字典
mappingproxy({'__module__': '__main__', '__doc__':'这是一个简单的类',
'x':1, 'y':2, '__dict__': <attribute '__dict__' of 'A' objects>,
'__weakref__': <attribute '__weakref__' of 'A' objects>})
>>>
>>> #用实例对象作为dir()与vars()的参数
>>> a = A()
>>> dir(a)                           #返回实例对象的全部名字列表
['__class__', '__delattr__', '__dict__', '__dir__', '__doc__', '__eq__',
'__format__', '__ge__', '__getattribute__', '__gt__', '__hash__', '__init__',
'__init_subclass__', '__le__', '__lt__', '__module__', '__ne__', '__new__',
'__reduce__', '__reduce_ex__', '__repr__', '__setattr__', '__sizeof__',
'__str__', '__subclasshook__', '__weakref__', 'x', 'y']
>>> vars(a)                          #返回实例对象的实例属性字典
```

```
    { }
    >>>
    >>> #用参数为空的 dir() 与 vars()
    >>> dir()                           #返回当前模块中的全部名字列表
    ['A','__annotations__','__builtins__','__doc__','__loader__','__name__',
'__package__', '__spec__', 'a']
    >>> vars()                          #返回当前模块中的实例属性字典
    {'__name__':'__main__','__doc__':None,'__package__':None,'__loader__':
<class '_frozen_importlib.BuiltinImporter'>, '__spec__': None,
'__annotations__': {}, '__builtins__': <module 'builtins' (built-in)>, 'A':
<class '__main__.A'>, 'a': <__main__.A object at 0x0000026367FE3518>}
    >>>
    >>> #用指定模块作为 dir() 与 vars() 的参数
    >>> import math                     #导入模块 math
    >>> dir(math)                       #返回 math 模块中的全部属性列表
    ['__doc__','__loader__','__name__','__package__','__spec__','acos','acosh',
'asin', 'asinh', 'atan', 'atan2', 'atanh', 'ceil', 'copysign', 'cos', 'cosh',
'degrees', 'e', 'erf', 'erfc', 'exp', 'expm1', 'fabs', 'factorial', 'floor', 'fmod',
'frexp', 'fsum', 'gamma', 'gcd', 'hypot', 'inf', 'isclose', 'isfinite', 'isinf',
'isnan', 'ldexp', 'lgamma', 'log', 'log10', 'log1p', 'log2', 'modf', 'nan', 'pi',
'pow', 'radians', 'sin', 'sinh', 'sqrt', 'tan', 'tanh', 'tau', 'trunc']
    >>> vars(math)                      #返回 math 模块中的实例属性字典
    {'__name__':'math','__doc__':'This module is always available. It provides
access to the\nmathematical functions defined by the C standard ','__package__':
'', '__loader__': <class '_frozen_importlib.BuiltinImporter'>, '__spec__':
ModuleSpec(name='math',loader=<class'_frozen_importlib.BuiltinImporter'>,
origin='built-in'), 'acos': <built-in function acos>, 'acosh': <built-in
function acosh>, 'asin': <built-in function asin>, 'asinh': <built-in
function asinh>, 'atan': <built-in function atan>, 'atan2': <built-in
function atan2>, 'atanh': <built-in function atanh>, 'ceil': <built-in
function ceil>, 'copysign': <built-in function copysign>, 'cos': <built-in
function cos>, 'cosh': <built-in function cosh>, 'degrees': <built-in
function degrees>,'erf':<built-in function erf>,'erfc':<built-in function
erfc>, 'exp': <built-in function exp>, 'expm1': <built-in function expm1>,
'fabs': <built-in function fabs>, 'factorial': <built-in function factorial>,
'floor': <built-in function floor>, 'fmod': <built-in function fmod>, 'frexp':
<built-in function frexp>, 'fsum': <built-in function fsum>, 'gamma': <built-
in function gamma>, 'gcd': <built-in function gcd>, 'hypot': <built-in function hy-
pot>, 'isclose': <built-in function isclose>, 'isfinite': <built-in function isfi-
nite>, 'isinf': <built-in function isinf>, 'isnan': <built-in function
isnan>, 'ldexp': <built-in function ldexp>, 'lgamma': <built-in function
lgamma>, 'log': <built-in function log>, 'log1p': <built-in function log1p>,
```

```
'log10': <built - in function log10 >, 'log2': <built - in function log2 >,
'modf': <built - in function modf >, 'pow': <built - in function pow >,
'radians': <built - in function radians >, 'sin': <built - in function sin >,
'sinh': <built - in function sinh >, 'sqrt': <built - in function sqrt >,
'tan': <built - in function tan >, 'tanh': <built - in function tanh >,
'trunc': <built - in function trunc >, 'pi': 3.141592653589793,
'e': 2.718281828459045, 'tau': 6.283185307179586, 'inf': inf, 'nan': nan}
```

说明：

1）dir( ) 和 vars( ) 函数用于进行下列测试：

- 已导入模块（不能测试未导入模块）。
- 一个类。
- 一个实例。
- 当前程序。

2）dir( ) 函数返回测试对象的全部名字列表。vars( ) 函数返回测试对象的全部实例属性字典。

3. hasattr( )、getattr( )、setattr( ) 和 delattr( ) 函数

这四个函数都针对类或实例的属性，分别为属性的有无判断，以及属性的返回、设置和删除。四个类与对象属性操作函数的用法见表 5.3。

表 5.3 四个类与对象属性操作函数的用法

函数名	功　能	参　　数	返　回
hasattr( )	是否有此属性	(对象名，属性名)	有，True；无，False
getattr( )	返回属性	(对象名，属性名 [，默认值])	有默认值，返回默认值，否则引发 AttributeError；默认值错，引发 IndentationError: unexpected indent 异常
setattr( )	设置动态属性	(对象名，属性名，值)	无返回值。无值，设置值；有值，替换值
delattr( )	删除动态属性	(对象名，属性名)	无返回值

代码 5-10 hasattr( )、getattr( )、setattr( ) 和 delattr( ) 函数功能演示。

```
>>> class A:
    x = 3

>>> a = A()
>>> hasattr(a,x)
Traceback (most recent call last):
  File "<pyshell#18>", line 1, in <module>
    hasattr(a,x)
NameError: name 'x' is not defined
>>> hasattr(A,'x')          #测试 A 中是否有属性 x,属性名用撇号引起来
True
>>> hasattr(a,'x')          #测试 a 中是否有属性 x,
True
```

```
    >>> getattr(a,'x')                          #获取属性 x 的值
    3
    >>> hasattr(a,'y')                          #测试 a 中是否有属性 y
    False
    >>> setattr(a,'y',5)                        #为对象 a 创建一个动态属性 y
    >>> getattr(a,'y')                          #获取动态属性 y 的值
    5
    >>> delattr(a,'x')                          #企图删除静态属性 x
    Traceback (most recent call last):
      File "<pyshell#14>", line 1, in <module>
        delattr(a,'x')
    AttributeError: x
    >>> delattr(a,'y')                          #删除动态属性 y
    >>> hasattr(a,'y')                          #检测动态属性是否被删除
    False
```

注意:

1) 属性名必须用撇号引起来。

2) 增删属性仅对动态属性而言。

习题 5.1

1. 选择题

(1) 只可访问一个类的静态成员的方法是_____。

A. 类方法　　　　　B. 静态方法　　　　　C. 实例方法　　　　　D. 外部函数

(2) 只有创建了实例对象,才可以调用的方法是_____。

A. 类方法　　　　　B. 静态方法　　　　　C. 实例方法　　　　　D. 外部函数

(3) 将第一个参数限定为定义给它的类对象的是_____。

A. 类方法　　　　　B. 静态方法　　　　　C. 实例方法　　　　　D. 外部函数

(4) 将第一个参数限定为调用它的实例对象的是_____。

A. 类方法　　　　　B. 静态方法　　　　　C. 实例方法　　　　　D. 外部函数

(5) 只能使用在成员方法中的变量是_____。

A. 类变量　　　　　B. 静态变量　　　　　C. 实例变量　　　　　D. 外部变量

(6) 不可以用 __init__() 方法初始化的实例变量称为_____。

A. 必备实例变量　　　　　　　　　　　　B. 可选实例变量

C. 动态实例变量　　　　　　　　　　　　D. 静态实例变量

2. 填空题

(1) 实例属性在类体内通过_____访问,在外部通过_____访问。

(2) 类方法的第一个参数限定为_____,通常用_____表示。

(3) 实例方法的第一个参数限定为_____,通常用_____表示。

(4) 实例对象创建后,就会自动调用_____进行实例对象的初始化。

(5) 一个实例对象一经创建成功,就可以用_____操作符调用其成员。

（6）在表达式"类名 . 成员变量"中的成员变量是_____成员变量；在表达式"实例 . 成员变量"中的成员变量是_____成员变量。

3. 判断题

（1）在 Python 中定义类时，所有实例方法的第一个参数用来表示对象本身，在类的外部通过对象名来调用实例方法时不需要为该参数传值。（   ）

（2）实例就是具体化的对象。（   ）

（3）方法和函数实际上是一回事。（   ）

（4）Python 中一切内容都可以称为对象。（   ）

（5）通过对象不能调用类方法和静态方法。（   ）

（6）Python 中没有严格意义上的私有成员。（   ）

（7）一个实例对象一旦被创建，其作用域就是整个类。（   ）

（8）Python 允许为自定义类的对象动态增加新成员。（   ）

（9）在 Python 中定义类时，实例方法的第一个参数名称必须是 self。（   ）

（10）Python 只允许动态为对象增加数据成员，而不能动态为对象增加成员方法。（   ）

（11）在 Python 中定义类时，实例方法的第一个参数名称不管是什么，都表示对象自身。（   ）

（12）在 Python 中定义类时，运算符重载是通过重写特殊方法实现的。例如，在类中实现了 mul( ) 方法即可支持该类对象的 ** 运算符。（   ）

4. 代码分析题

阅读下面的代码，判断其是否可以运行：若可以运行，给出输出结果；不可运行，说明理由。

（1）

```python
class A:
    def __init__(self,p = 'Python'):
        self.p = p
    def print(self):
        print(self.p)


a = A()
a.print()
```

（2）

```python
class A:
    def __init__(self):
        self.p = 1
        self._q = 1


    def getq(xyz):
        return self._q
```

```
    a = A()
    a.p = 20
    print(a.p)
```

（3）

```
    class Account:
        def __init__(self,id):
            self.id = id; id = 999

    ac = Account(1000); print(ac.id)
```

（4）

```
    class Account:
        def __init__(self, id, balance):
            self.id = id; self.balance = balance
        def deposit(self, amount): self.balance += amount
        def withdraw(self, amount): self.balance - = amount
    acc = Account('abcd', 200); acc.deposit(600); acc.withdraw(300)
    print(acc.balance)
```

（5）

```
    class Test:
        def init(self, value):
            self.__value = value
        @property
        def value(self):
            return self.__value

    t = Test(3)
    t.value = 5
    print(t.value)
```

（6）

```
    class Fibonacci():

        def __init__(self, all_num):
            self.all_num = all_num
            self.a = 1
            self.b = 1
            self.current_num = 0

        def __iter__(self):
            return self
```

```
        def __next__(self):
            if self.all_num <= 2:
                self.current_num += 1
                if self.current_num == 3:
                    raise StopIteration
                return self.a
            else:
                if self.current_num < self.all_num:
                    ret = self.a
                    self.a, self.b = self.b, self.a + self.b
                    self.current_num += 1
                    return ret
                else:
                    raise StopIteration

for i in Fibonacci(10):
    print(i)
```

5. 实践题

（1）设计一个 Rectangle 类，可由方法成员输出矩形的长、宽、周长和面积。

（2）设计一个大学生类，可由方法成员输出学生姓名、性别、年龄、学号、专业。

（3）设计一个 Cat 类，具有名字、品种、颜色、年龄、性别等属性，以及抓老鼠能力。再设计一个 Mouse 类，具有名字、品种、颜色、年龄、性别等属性。分别创建 3 个猫对象和 5 个老鼠对象，让猫抓老鼠，每只猫只抓一只老鼠，输出哪只猫抓了哪只老鼠。

5.2　Python 类的魔法方法

5.2.1　从操作符重载说起

1. 多态性与操作符重载的提出

多态指的是一类事物有多种形态，例如，H_2O 可以有气态、液态和固态。在程序设计中，多态性指一个名字承载了不同的用途、能力或身份。操作符重载就是让一个操作符承载不同的能力。它是随着面向对象程序设计的出现而提出的概念。为了说明其必要性，请看下面的例子。

代码 5-11　实例对象直接使用操作符情况演示。

```
>>> class A():
    def __init__(self,value):
        self.value = value
```

```
>>> a1,a2 = A(3),A(5)
>>> a1 + a2

Traceback (most recent call last):
  File "<pyshell#7>", line 1, in <module>
    a1 + a2
TypeError: unsupported operand type(s) for +: 'instance' and 'instance'
```

在这个例子中，变量 a1 和 a2 的值都是整数，可是却不能使用操作符 " + " 对它们进行加运算，因为它们不是 int 类型，而是 A 类型。当然，这种情况下使用加号非常方便。将加号重载，就可以解决这个问题。所谓操作符重载，就是让这些操作符不只承载原来定义的类型，也能承载其他类型。

2. Python 操作符重载示例

代码 5-12　时间对象相加。

```
>>> class Time():
        def __init__(self,hours,minutes,seconds):
            self.hours = hours
            self.minutes = minutes
            self.seconds = seconds
        def __add__(self,other):
            self.seconds += other.seconds
            if self.seconds >= 60:
                self.minutes += self.seconds // 60
                self.seconds = self.seconds % 60
            self.minutes += other.minutes
            if self.minutes >= 60:
                self.hours += self.minutes // 60
                self.minutes = self.minutes % 60
            self.hours += other.hours
            return self
        def output(self):
                print ('{0}:{1}:{2}'.format(self.hours, self.minutes,
self.seconds))

>>> t1,t2,t3 = Time(3,50,40),Time(2,40,30),Time(1,10,20)
>>> (t1 + t2).output()
6:31:10
>>> (t2 + t3).output()
3:50:50
```

说明：时间对象由时、分、秒组成，其相加涉及分、秒六十进位。重载加操作符" + "后，不仅解决了 Time 实例对象的相加问题，而且解决了它们相加过程中的六十进位问题。

3. 操作符重载注意事项

对于 Python 操作符重载，应注意以下事项。

1）操作符重载就是在该操作符原来预定义的操作类型上增添新的载荷类型。所以，只能对 Python 内置的操作符重载，不可以生造一个内置操作符之外的操作符，例如，给"##"以运算机能是不可以的。

2）Python 操作符重载通过重新定义与操作符对应的内置特别方法进行。这样，当为一个类重新定义了内置特别方法后，使用该操作符对该类的实例进行操作时，该类中重新定义的内置特别方法就会拦截常规的 Python 特别方法，解释为对应的内置特别方法。因此，要重载一个操作符，必须用对应的内置特别方法，不可生造一个方法。

3）操作符重载不可改变操作符的语义习惯，只可以赋予其与预定义相近的语义，尽量使重载的操作符语义自然、可理解性好，不造成语义上的混乱。例如，不可赋予 + 符号进行减操作的功能，赋予 * 符号进行加操作的功能等，这样会引起混乱。

4）操作符重载不可改变操作符的语法习惯，勿使其与预定义语法差异太大，避免造成理解上的困难。保持语法习惯包括如下情况：

- 要保持预定义的优先级别和结合性，例如，不可定义 + 的优先级高于 *。
- 操作数个数不可改变。例如，不能用 + 对三个操作数进行操作。

代码5-13　索引操作符"［］"重载示例。

```
>>> class indexer:
    def __getitem__(self, index):
        return index ** 2

>>> x = indexer();x[3]
9
```

代码5-14　调用操作符"（）"重载示例。

```
>>> class F:
    def __init__(self, value):
        self.value = value
    def __call__(self, other):
        return self.value * other

>>> f = F(3)              #调用__init__,设置 value 为3
>>> f(5)                  #调用__call__,设置 other 为5
15
>>> F(2)(6)
12
```

说明：对象被当作函数使用时会调用对象的 __call__ 方法，或者说对象名后加了（），就会触发 __call__。所以，__call__ 相当于重载了圆括号运算符。相对于 __init__ 是由表达式"对象=类名（）"所触发，__call__ 则由表达式"对象（）"或者"类（）"触发。

4. Python 魔法方法概述

从前面的讨论中可以看出，之所以可以实现操作符重载，是因为编译器对于操作符会解释为相应的内置方法。表 5.4 为 Python 解释器对于主要操作符的解释一览表。

表 5.4　**Python** 对于主要操作符的解释

Python 表达式	被解释器解释为的内置方法	Python 表达式	被解释器解释为的内置方法
x + y	x. __add__(self,y)	x = = y	x. __eq__(self,y)
x − y	x. __sub__(self,y)	x! = y	x. __ne__self,(y)
x * y	x. __mul__(self,y)	x < y	x. __lt__(self,y)
x/y	x. __trueiv__(self,y)	x < = y	x. __le__(self,y)
x//y	x. __floordiv__(self,v)	x > y	x. __gt__(self,y)
x% y	x. __mod__(self,y)	x > = y	x. __ge__(self,y)
divmod(x,y)	x. __divmod__(self,y)	if x:	x. __bool__(self)
− x	x. __neg__(self)	x(y)	x. __call__(self,y)
+ x	x. __pos__(self)	X[y]	x. __getitem__(self,y)
x += y	x. __iadd(self,y)	abs(x)	x. __abs__(self)

　　显然，每个操作符的背后都有一个相应的神秘内置方法在支持。这些神秘的内置操作符方法有一个共同的特点——方法名被双下画线前后包围。这些方法就像魔术师的神秘道具一样，发挥着神奇的功能。因此被人们称作为魔法（dunder）方法。

　　魔法方法既是 Python 面向对象的成果，也是其函数式编程的重要成果。它们可以提供极其方便的多态性实现，程序员可以利用默认值，也可以通过重写达到自己的期待，使程序的自由度更高。所以掌握魔法方法非常重要。除了与操作符对应的魔法方法外，Python 还提供了一些其他的魔法方法：

链 5-1　Python 魔法
方法分类查询表

- 用于属性操作的魔法方法（见表 5.5）。
- 用于迭代操作的魔法方法（见表 5.6）。
- 用于对象创建与类型转换的魔法方法（见表 5.7）。

Python 程序员要像高明的魔术师一样编写程序，就要很好地掌握这些魔法方法。

表 5.5　用于属性操作的主要魔法方法

操作目的	Python 表达式	对应的魔法方法
获取一个属性	x. my_property	x. __getattribute__('my_property')
获得一个属性	x. my_property	x. __getattr__('my_property')
设置一个属性	x. my_property = value	x. __setattr__('my_property', value)
阐述一个属性	del x. my_property	x. __delattr__('my_property')
列出所有属性和方法	dir(x)	x. __dir__( )

表 5.6　用于迭代操作的主要魔法方法

操作目的	Python 表达式	对应的魔法方法
遍历一个序列	iter(seq)	seq. __iter__( )
迭代获取下一个值	next(seq)	seq. __next__( )
以反序创建一个迭代器	reversed(seq)	seq. __reversed__( )

表 5.7　用于对象创建与类型转换的主要魔法方法

操 作 目 的	Python 表达式	对应的魔法方法
复数	complex(x)	x. __complex__( )
整数	int(x)	x. __int__( )
浮点数	float(x)	x. __float__( )
舍入到最近的整数	round(x)	x. __round__( )
舍入到最近的 n 位数	round(x, n)	x. __round__(n)
初始化一个实例	x = MyClass( )	x. __init__( )
创建字符串	str(x)	x. __str__( )
创建字节数组	bytes(x)	x. __bytes__( )
格式化字符串	format(x, format_spec)	x. __format__(format_spec)

5.2.2　Python 魔法方法应用举例

Python 的魔法方法不仅作为无名英雄在背后支持几乎所有表达式的实现，也常常被程序员应用在程序中，特别是应用在类的设计中。这一节通过几个例子介绍 Python 魔法方法的应用。

1. __init__、__new__ 与 __del__

（1）__init__ 与 __new__

1）从功能上看，__new__ 与 __init__ 这两个方法都用于创建实例，但 __init__ 的作用是进行实例变量的初始化，在创建实例时都要被自动调用；而 __new__ 负责实例化时开辟内存空间并返回对象，通常用于不可变内置类的派生，所以它要先于 __init__ 执行。

2）从返回值看，__new__ 必须要有返回值，返回实例化出来的实例；__init__ 在 __new__ 的基础上可以完成一些其他初始化的动作，不需要返回值。

3）从参数上看，__new__ 至少要有一个参数 cls，代表当前类，此参数在实例化时由 Python 解释器自动识别；__init__ 有一个参数 self，就是 __new__ 返回的实例。

代码 5-15　当调用 A(args) 创建实例 x 时，__new__ 与 __init__ 的关系。

```
class A:                    #定义类A
    pass

x = A.__new__(A, args)      #使用__new__()创建类A的实例x

if isinstance(x, A):        #使用__init__()初始化类A的实例x
    x.__init__(args)
```

说明：函数 isinstance( ) 用于判断一个实例 x 是否为类 A 的实例。显然，只有创建了实例对象之后，才调用 __init__ 进行初始化。如果 __new__ 不返回对象，则 __init__ 不会被调用。

（2）__del__

__del__ 称为析构方法，当对象在内存中被释放时自动触发执行。应当注意：

1）与 __init__ 一样，__del__ 的第一个参数一定是 self，代表当前实例。

2）__del__ 方法只有在释放锁定或关闭连接，存在某种关键资源管理问题的情况下才会显式定义。

2. __str__、__print__ 与 __repr__

（1）__str__ 与 __print__

__str__ 的作用是能让字符串转换函数 str( ) 对任何对象进行转换。如代码 5-12 中，要直接用 print( ) 输出一个 Time 类的实例，将会触发 SyntaxError（invalid character in identifier）错误。为此，必须对 Time 类实例进行字符串转换。可是，下面的形式也无法输出 Time 对象的值。

```
>>> print(str(t1))
<__main__.Time object at 0x000002051529EFD0 >
```

在这种情况下必须借助 __str__。

代码 5-16　__str__ 定制示例。

```
>>> class Time():
    def __init__(self,hours,minutes,seconds):
        self.hours = hours
        self.minutes = minutes
        self.seconds = seconds
    def __add__(self,other):
        self.seconds += other.seconds
        if self.seconds >= 60:
            self.minutes += self.seconds // 60
            self.seconds = self.seconds % 60
        self.minutes += other.minutes
        if self.minutes >= 60:
            self.hours += self.minutes // 60
            self.minutes = self.minutes % 60
        self.hours += other.hours
        return self
    def __str__(self):                      #定制__str__
        return (str(self.hours) + ':' + str(self.minutes) + ':' + str
(self.seconds))

>>> t1,t2,t3 = Time(3,50,40),Time(2,40,30),Time(1,10,20)
>>> print(str(t1 + t2))
6:31:10
```

在此基础上再对__print__ 进行定制就更加方便了。添加的代码如下：

```
def __print__(self):
    return str(self)
```

测试结果如下：

```
>>> print (t1)
3:50:40
>>> print(t1 + t2)
6:31:10
```

（2）__repr__ 和 __str__

__repr__ 和 __str__ 这两个方法都是用于显示的。__repr__ 对应的函数是 repr（），__str__ 对应的函数是 str（）。但是，repr（）返回的是一个对象的字符串表示，并在绝大多数（不是全部）情况下可以通过求值运算（使用内建函数 eval（））重新得到该对象。而 str（）致力于生成一个对象的可读性好的字符串表示，很适合用于 print 语句输出，但通常无法用于 eval（）求值。也就是说，repr（）输出对 Python 比较友好，而 str（）的输出对用户比较友好。

由于 repr（）与 str（）各有特色，所以有的程序员在设计类时会对 __repr__ 和 __str__ 都进行定制，提供两种显示环境。这时，对于 print（）操作，会首先尝试 __str__ 和 str 内置函数，以给用户友好的显示；而在其他应用中，如用于交互模式下提示回应，则使用 __repr__ 和 repr（）。

关于 __repr__ 就不再举例说明了。不过，需要注意的是，__str__ 和 __repr__ 都必须返回字符串，否则会出错。

3. __len__

__len__ 在调用 len（instance）时被调用。len（）是一个内置函数，可以返回一个对象的长度，可用于任何有长度的对象来返回其长度。例如，字符串的长度是它的字符个数；字典的长度是它关键字的个数；列表或序列的长度是元素的个数。对于类实例，要让 len（）函数工作正常，类必须提供一个特别方法 __len__，它返回元素的个数。这样，当调用 len（instance）时，Python 就会调用类中的 __len__ 方法。

代码 5-17　计算一个自然数区间中的素数个数。

```
>>> class Primes():
    primeList = []
    def __init__(self,nn1,nn2):
        self.nn1 = nn1
        self.nn2 = nn2

    def getPrimes(self):
        import math
        if self.nn1 > self.nn2:
            self.nn1,self.nn2 = self.nn2,self.nn1
        if self.nn1 <= 2:
            self.nn1 = 3
```

```
                      self.primeList.append(2)
                 for n in range(self.nn1,self.nn2):
                      m = math.ceil(math.sqrt(n) + 1)
                      for i in range(2,m):
                           if n % i == 0 and i < n:
                                break
                      else:
                           self.primeList.append(n)
           def __str__(self):
                return str(self.primeList)
           def __len__(self):                    #定制__len__
                return (len(self.primeList))


>>> p1 = Primes(3,100)
>>> p1.getPrimes()
>>> print(p1)
[3,5,7,11,13,17,19,23,29,31,37,41,43,47,53,59,61,67,71,73,79,83,89, 97]
>>> len(p1)
24
```

4. __getitem__、__setitem__ 和 __delitem__

若在类中定制或继承了这些方法,则遇到实例的索引操作,即实例 x 遇到 x[i] 这样的
表达式时,就会自动调用 __getitem__、__setitem__ 和 __delitem__。

代码 5-18　__getitem__、__setitem__ 和 __delitem__应用示例。

```
>>> class Foo:
       def __init__(self,name):
            self.name = name
       def __getitem__(self, item):
            return self.__dict__[item]
       def __setitem__(self, key, value):
            self.__dict__[key] = value
       def __delitem__(self, key):
            del self.__dict__[key]


>>> f1 = Foo('Zhang')        #实例化
>>> print(f1['name'])        #以字典索引方式打印,找到__getitem__方法,'name'传递
                             给第二个参数
Zhang
>>> f1['age']=18             #引用操作,直接传递给__setitem__方法
>>> print(f1.dict)
{'name': 'Zhang', 'age': 18}
```

```
>>> del f1['age']
>>> print(f1.dict_)
{'name': 'Zhang'}
```

5. 对象迭代

下面介绍几种实现对象迭代的特别方法。

（1）__iter__ 与 __next__ 的定制

如前所述，迭代环境是通过调用内置函数 iter( ) 创建的。对于用户自定义类的实例来说，iter( ) 总是通过尝试寻找定制（重构）的 __iter__ 方法来实现，这种定制的 __iter__ 方法应该返回一个迭代器对象。如果已经定制，Python 就会重复调用这个迭代器对象的 __next__ 方法，直到发生 StopIteration 异常；如果没有找到这类 __iter__ 方法，Python 会改用 __getitem__ 机制，直到引发 IndexError 异常。

代码5-19　__iter__ 与 __next__ 定制示例。

```
>>> class Range:
    def __init__(self,start,end,long):    #构造函数,定义三个元素:start、end、long
        self.start = start
        self.end = end
        self.long = long
    def __iter__(self):                    #__iter__:生成迭代器对象 self
        return self                        #返回这个迭代器本身
    def __next__(self):                    #__next__:一个一个返回迭代器内的值
        if self.start >= self.end:
            raise StopIteration
        n = self.start
        self.start += self.long
        return n

>>> r = Range(3,10,2)
>>> next(r)
3
>>> next(r)
5
>>> next(r)
7
>>> next(r)
9
>>> next(r)
Traceback (most recent call last):
  File "<pyshell#7>", line 1, in <module>
    next(r)
  File "<pyshell#1>", line 10, in __next__
    raise StopIteration
```

```
StopIteration
>>> r = Range(3,20,3)
>>> for i in(r):
            print(i,end = '\t')


3    6    9    12    15   18
```

（2）__contains__、__iter__ 和 __getitem__

前面介绍了实现对象迭代可以解释为 __iter__ 方法的定制。实际上，在迭代领域还有两种可定制的特别实例方法：__contains__ 和 __getitem__。__contains__ 方法把成员关系定义为对一个映射应用键，以及用于序列的搜索。__getitem__ 已经在前面进行了介绍。当一个类中定制有三种对应迭代的特别实例方法时，__contains__ 方法优先于 __iter__ 方法，而 __iter__ 方法优先于 __getitem__ 方法。

代码 5-20　在一个定制有 __contains__、__iter__ 和 __getitem__ 三种特别方法的类中编写三个方法和测试成员关系，以及应用于一个实例的各种迭代环境。调用时，其方法会打印出跟踪消息。

```
>>> class Iters:
    def __init__(self,value):
        self.data = value
    def __getitem__(self,i):
            print('get[%s]:'%i,end = '///')
            return self.data[i]
    def __iter__(self):
            print('iter => ',end ='###')
            self.ix = 0
            return self
    def __next__(self):
            print('next:',end = '...')
            if self.ix == len(self.data):
                raise StopIteration
            item = self.data[self.ix]
            self.ix += 1
            return item
    def __contains__(self,x):
            print('contains:',end = ' >>>')
            return x in self.data

>>> if __name__ == '__main__':
    X = Iters([1,2,3,4,5])
    print(3 in X)
    for i in X:
        print(i,end ='')
```

```
            print()
            print([i**2 for i in X])
            print(list(map(bin,X)))

            i = iter(X)
            while 1:
                try:
                    print(next(i),end = '>>>')
                except StopIteration:
                    break
```

contains:True
iter => next:1next:2next:3next:4next:5next:
iter => next:next:next:next:next:next:[1, 4, 9, 16, 25]
iter => next:next:next:next:next:next:['0b1','0b10','0b11','0b100','0b101']
iter => next:1 >>> next:2 >>> next:3 >>> next:4 >>> next:5 >>> next:

显然，这里优先启动了 __contains__。如果注释掉 __contains__，则得到如下测试结果：

iter => ###next:...next:...next:...True
iter => ###next:...1next:...2next:...3next:...4next:...5next:...
iter => ###next:...next:...next:...next:...next:...next:...[1, 4, 9, 16, 25]
iter => ###next:...next:...next:...next:...next:...next:...['0b1', '0b10',
'0b11', '0b100', '0b101']
iter => ###next:...1@ next:...2@ next:...3@ next:...4@ next:...5@ next:...

显然，这里优先启动了 __iter__。

6. __getattr__ 和 __setattr__

__getattr__ 方法用属性点号（.）访问一个未定义（即不存在）的属性名时会被自动调用。__setattr__ 方法会拦截所有属性的引用语句，如果定制了这个方法，self.attr = value 会变成 self.__setattr__('attr',value)。

代码5-21 __getattr__ 和 __setattr__ 用法示例。

```
>>> class Rectangle:
    def __init__(self,width = 0.0,height = 0.0):
        self.width = width
        self.height = height
    def __setattr__(self, name, value):                  #定制__setattr__
        print ('set attr', name, value)
        if name == 'size':
            self.width, self.height = value
        else:
            self.__dict__[name] = value
    def __getattr__(self, name):                         #定制__getattr__
```

```
            #print ('The rectangle size  is ', name)
            if name == 'size':
                print ('The rectangle size  is: ', self.width, self.height)
            else:
                print ('No such attribute!! ')
                raise AttributeError
```

```
    >>> r = Rectangle(2,3)
set attr width 2
set attr height 3
    >>> print (r.size)                              #访问时不存在属性 size
The rectangle size  is:  2 3
None
    >>> r.size = (5,6)
set attr size (5, 6)
set attr width 5
set attr height 6
    >>> print(r.aa)
No such attribute!!
Traceback (most recent call last):
  File "<pyshell#27>", line 1, in <module>
    print(r.aa)
  File "<pyshell#20>", line 17, in __getattr__
    raise AttributeError
AttributeError
    >>> r.aa = (7,8)
set attr aa (7, 8)
```

5.2.3 Python 魔术属性

除了魔法方法，Python 还为所有类准备了具有特别用途的成员——魔术属性，如表 5.8 所示。

表 5.8 **Python** 魔术属性

成　员　名	说　　明
__doc__	类的文档字符串
__module__	类定义所在的模块
__class__	当前对象的类
__dict__	类的属性组成字典
__name__	泛指当前程序模块
__main__	直接执行的程序模块
__slots__	列出可以创建的合法属性（但并不创建这些属性），防止随心所欲地动态增加属性

代码5-22　常用内置特别属性的应用示例。

```
>>> class A:                          #定义类A
    'ABCDE'
    pass

>>> a = A()                           #创建对象a
>>> a.__class__                       #获取对象的类
<class '__main__.A'>
>>> A.__doc__                         #获取类A的文档串
'ABCDE'
>>> a.__doc__                         #获取对象a所属类的文档串
'ABCDE'
>>> a.__module__                      #获取对象a所在模块名
'__main__'
>>> A.__module__                      #获取类A定义所在模块名
'__main__'
>>> __main__ == '__main__'            #判断当前模块是否为'__main__'
True
>>> A.__dict__                        #获取类A的属性
mappingproxy({'__module__': '__main__', '__doc__': 'ABCDE', '__dict__':
<attribute'__dict__'of'A'objects>,'__weakref__':<attribute'__weakref__'
of 'A' objects>})
>>> a.__dict__                        #获取对象a的属性
{}
```

说明：

1）模块是对象且所有模块都有一个内置属性 __name__。__name__ 可以表示模块或文件，也可以表示模块的名字，具体看用在什么地方，即一个模块的 __name__ 的值取决于如何应用模块。如果 import 一个模块，那么模块 __name__ 的值通常为模块文件名，不带路径或者文件扩展名。

2）Python 程序模块有两种执行方式：调用执行与直接（立即）执行。__main__表示主模块，应当优先执行。所以，若在一段代码前添加 "if __name__ =='__main__': "，就表示后面书写的程序代码段要直接执行。

3）__dict__ 代表了类或对象中的所有属性。从上面的测试可以看出，类 A 中有许多成员。这么多的成员从何而来呢？主要来自两个方面：一是 Python 内置的一些特别属性，如'__module__':'__main__'；二是程序员定义的一般属性，如 '__doc__':'ABCDE' 等。对于实例，取得的是实例属性。本例的实例 a 没有创建任何实例属性，仅取得一个空字典。

4）__slots__ 用于对实例属性进行限制，列出可以使用的属性，以防随心所欲地定义不相干的属性。注意：只列出属性，不创建它们，需要用时再创建。

代码5-23　内置特别属性 __slots__ 的应用示例。

```
>>> class PhoneBook:
        __slots__ = 'name', 'telNumber'          #在类中规定了对所定义属性的限制
        def __init__ (self,name):
            self. name = name


>>> f1 = PhoneBook('chener')
>>> f1. telNumber = 12345678921
>>> dir(f1)
['__class__', '__delattr__', '__doc__', '__format__', '__getattribute__',
'__hash__','__init__','__module__','__new__','__reduce__','__reduce_ex__',
'__repr__', '__setattr__', '__sizeof__', '__slots__', '__str__', '__subclass-
hook__', 'name', 'telNumber']
>>> f1. age = 'f'


Traceback (most recent call last):
  File "<pyshell#18>", line 1, in <module>
    f1. age = 25
AttributeError: 'PhoneBook' object has no attribute 'age'
```

习题 5.2

1. 代码分析题

阅读下面的代码，给出输出结果。

（1）

```
class A:
    def __init__(self,a,b,c):self. x = a + b + c
a = A(3,5,7);b = getattr(a,'x');setattr(a,'x',b + 3);print(a. x)
```

（2）

```
class Person:
    def __init__(self, id):self. id = id


wang = Person(357); wang. __dict__['age'] = 26
wang. dict_['major'] = 'computer';print (wang. age + len(wang. __dict__))
```

（3）

```
class A:
    def __init__(self,x,y,z):
        self. w = x + y + z


a = A(3,5,7); b = getattr(a,'w'); setattr(a,'w',b + 1); print(a. w)
```

（4）

```
class Index:
    def getitem(self,index):
        return index


x = Index()
for i in range(8):
    print(x[i],end = '*')
```

（5）

```
class Index:
    data = [1,3,5,7,9]
    def __getitem__(self,index):
        print('getitem:',index)
        return self.data[index]


>>> x = Index(); x[0]; x[2]; x[3]; x[-1]
```

（6）

```
class Squares:
    def __init__(self,start,stop):
        self.value = start - 1
        self.stop = stop
    def __iter__(self):
        return self
    def __next__(self):
        if self.value == self.stop:
            raise StopIteration
        self.value += 1
        return self.value ** 2



for i in Squares(1,6):
    print(i,end = '<')
```

（7）

```
class Prod:
    def __init__(self, value):
        self.value = value
    def __call__(self, other):
        return self.value * other


p = Prod(2); print (p(1)); print (p(2))
```

（8）

```
class Life:
    def __init__(self, name = 'name'):
        print('Hello', name )
        self.name = name
    def __del__(self):
        print ('Goodby', self.name)

brain = Life('Brain') ;brain = 'loretta'
```

2. 实践题

（1）编写一个类，用于实现下列功能。

1）将十进制数转换为二进制数。

2）二进制的四则计算。

3）对于带小数点的数，用科学计数法表示。

（2）编写一个三维向量类，实现下列功能。

1）向量的加、减计算。

2）向量和标量的乘、除计算。

5.3 继承

在面向对象程序设计中，类对象是一类对象的框架，而不同类之间的组织则形成不同问题的求解模式。类的继承（inheritance）是基于已有类创建新类、实现代码复用的一条重要途径。另一条由已有类创建新类的途径是组合。下面仅介绍继承。

5.3.1 类的继承

1. 类的继承

类的继承就是一个新类继承了一个或多个已有类的成员，或者从一个或多个已有类派生（derived）出一个新类。这时，将被继承的类称为基类（base class）或者父类（parent class）、超类（super class），将继承的类称为派生类（derived class）或子类（sub class, child class）。子类可以从父类那里继承属性和方法，并且可以对从父类那里继承的属性或方法进行改造，也可以增加新的属性和方法。总之，父类表现出共性和一般性，子类表现出个性和特殊性。

2. 子类的创建与继承关系的测试

Python 同时支持单继承与多继承。继承的基本语法格式如下：

```
class 类名(父类1, 父类2,…):
    类的文档串            #关于类的文档描述,可以省略部分
    类体                  #类的属性和方法的定义
```

说明：

1）只有一个父类的继承称为单继承，存在多个父类的继承称为多继承。

2）子类会继承父类的所有属性和方法。

3）子类的类体中新增的属性和方法，可以覆盖父类中同名的变量和方法。

代码5-24　类的继承与测试示例。

```
>>> class A:                              #定义A类
    x = 3
    y = 5
    def disp(self):
        print(self.x,self.y)


>>> dir(A)                                #获取A类中的全部名字列表
['__class__', '__delattr__', '__dict__', '__dir__', '__doc__', '__eq__',
'__format__', '__ge__', '__getattribute__', '__gt__', '__hash__', '__init__',
'__init_subclass__', '__le__', '__lt__', '__module__', '__ne__', '__new__',
'__reduce__', '__reduce_ex__', '__repr__', '__setattr__', '__sizeof__',
'__str__', '__subclasshook__', '__weakref__', 'disp', 'x', 'y']
>>> vars(A)                               #获取A类中的全部实例属性字典
mappingproxy({'__module__':'__main__','x':3,'y':5,'disp':<function A disp
at 0x0000015828463E18>,'__dict__':<attribute '__dict__'of 'A' objects>,
'__weakref__': <attribute '__weakref__' of 'A' objects>, '__doc__': None})
>>>
>>> class B(A):                           #定义B类
    x = 7                                 #与父类同名
    z = 9


>>> B.__bases__                           #获取B类中的父类名
(<class '__main__.A'>,)
>>> issubclass(B,A)                       #测试B是否为A的子类
True
>>> dir(B)                                #获取B类中的全部名字列表
['__class__', '__delattr__', '__dict__', '__dir__', '__doc__', '__eq__',
'__format__', '__ge__', '__getattribute__', '__gt__', '__hash__', '__init__',
'__init_subclass__', '__le__', '__lt__', '__module__', '__ne__', '__new__',
'__reduce__', '__reduce_ex__', '__repr__', '__setattr__', '__sizeof__',
'__str__', '__subclasshook__', '__weakref__', 'disp', 'x', 'y', 'z']
>>> vars(B)                               #获取B类中的全部实例属性字典
mappingproxy({'__module__': '__main__', 'x': 7, 'z': 9, '__doc__': None})
>>>
>>> class C:pass                          #定义C类
```

```
>>> class D(B,C):pass                              #定义 D 类


>>> D.__bases__                                    #获取 D 类中的父类名
(<class '__main__.B'>, <class '__main__.C'>)
>>> issubclass(D,A)                                #测试 D 是否为 A 的子类
True
>>> dir(D)                                         #获取 D 类中的全部名字列表
['__class__', '__delattr__', '__dict__', '__dir__', '__doc__', '__eq__',
'__format__', '__ge__', '__getattribute__','__gt__', '__hash__', '__init__',
'__init_subclass__', '__le__', '__lt__', '__module__', '__ne__', '__new__',
'__reduce__', '__reduce_ex__', '__repr__', '__setattr__', '__sizeof__',
'__str__', '__subclasshook__', '__weakref__', 'disp', 'x', 'y', 'z']
>>> vars(D)                                        #获取 D 类中的全部实例属性字典
mappingproxy({'__module__': '__main__', '__doc__': None})
```

说明：

1）issubclass( ) 用于判断一个类是否为另一个类的子类。其语法格式如下：

   issubclass（类名，父类名）

注意： issubclass( ) 会把自身作为自身的子类，也会把多级派生类作为子类。

2）__bases__ 用于获取一个类的父类组成元组。

3）在这里还会看到 dir( ) 与 vars( ) 的差别：如果把派生类也看成是父类的实例，则 vars( ) 针对的是实例的实例属性，而 dir( ) 针对的是全部名字。

4）派生类中的成员会覆盖父类中的同名成员。

3. 继承与代码复用

程序设计是一项强度极大的智力劳动。在这种程序员个人的有限智力与客观问题的无限复杂性之间的博弈中，人们悟出了三个基本原则：抽象、封装和复用。面向对象程序设计就是这三个基本原则成功应用的结晶：它把问题域中的客观事物抽象为相互联系的对象，并把对象抽象为类；它把属性和方法封装在一起，使得内外有别，维护了对象的独立性和安全性；通过继承和组合，实现了代码复用，进而实现了结构和设计思想的复用。这也是面向对象程序设计发展的优势。

继承是一种代码复用机制，它可以使子类继承父类甚至祖类的代码，有效地提高了程序设计的效率和可靠性。对于一个开发成功的类，只要将其所在模块导入，并把它作为基类，无需对其进行修改，就可以通过派生的方法进行功能扩张，从而实现开闭原则（open-closed principle），即对扩展开放（open for extension），对修改关闭（closed for modification）。对于内置的类来说，连导入都可以省略，直接用其作为基类就可以了。这样的例子很多，后面会专门讲到。Python 默认所有的类都是 object 的直接或间接子类，就是因为在 object 中已经定义了所有类都要用得到的方法和属性，为写类的定义减轻了许多负担。

5.3.2　Python 新式类与 object 类

1. 新式类和旧式类

以"一个接口（界面）多种实现"为特点的多态性是现代程序设计的一个目标，它能使程序具有更大的灵活性。为实现这一目标，Python 2.2 引进了"新式类（new style class）"的概念，目的是将类（class）和类型（type）统一起来。在此之前，类和类型是不同的。例如，a 是类 A 的一个实例，那么 a.__class__ 返回的是 class __main__.ClassA，而 type(a) 返回的总是 <type 'instance'>。引入新式类后，把之前的类称为旧式类（或经典类），并且从兼容性考虑，两种类并存了一段时间，直到进入 Python 3.0 之后。例如，B 是一个新类，b 是 B 的实例，则 b.__class__ 和 type(b) 返回的都是 class '__main__.ClassB'，这样就从原来的两个界面统一为一个界面了。

引入新式类还带来一些其他的好处，如将会引入更多的内置属性、描述符，以及属性可以计算等。特别需要说明的是，新式类引入了内置方法 mro()，可以在多继承的情况下用来获取子类对父类的继承顺序。这种继承顺序与经典类不同，在类多重继承的情况下，经典类是采用从左到右深度优先原则进行匹配的；而新式类是采用 C3 算法（不同于广度优先）进行匹配的。这个算法生成的访问序列被存储在一个称为 MRO（Method Resolution Order）的只读列表中，使用 mro() 函数可以获取这个列表。

代码 5-25　mro() 函数应用示例。

```
>>> class A:pass
>>> class B(A):pass
>>> class C(A):pass
>>> class D(A):pass
>>> class E(B,C,D):pass
>>> E.mro()
[<class '__main__.E'>, <class '__main__.B'>, <class '__main__.C'>,
<class '__main__.D'>, <class '__main__.A'>, <class 'object'>]
```

这个代码中的五个类形成的继承关系可以用图 5.1 所示的 UML 类图形象地表示出来。在这个图中，矩形框是类的简化画法，中空的三角箭头用于指向继承的类，虚线就是子类属性从超类中继承的顺序。这个顺序就是 C3 算法给出的顺序，也是 mro() 检测到的顺序。

从图 5.1 中还可以看出，在 Python 中，所有的类都继承生自 object。这也是新式类与经典类的一个显著区别。在 Python 3.0 之前，要求显式写出，例如：

```
class A(object):pass
```

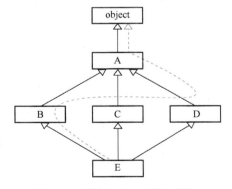

图 5.1　代码 5-25 的 UML 类图

2. object 类

进入 Python 3.0 之后，Python 就隐式地将 object 作为所有类的基类了，也就不再区分新式类和经典类了。为了说明 object 的作用，首先观察一下 object 类的内容。

代码5-26　object 类的内容。

```
>>> dir(object)
['__class__','__delattr__','__dir__','__doc__','__eq__','__format__',
'__ge__','__getattribute__','__gt__','__hash__','__init__','__init_subclass__',
'__le__','__lt__','__ne__','__new__','__reduce__','__reduce_ex__','__repr__',
'__setattr__', '__sizeof__', '__str__', '__subclasshook__']
>>> class A:pass
>>> dir (A)
['__class__','__delattr__','__dict__','__dir__','__doc__','__eq__',
'__format__','__ge__','__getattribute__','__gt__','__hash__','__init__',
'__init_subclass__','__le__','__lt__','__module__','__ne__','__new__',
'__reduce__','__reduce_ex__','__repr__','__setattr__','__sizeof__',
'__str__','__subclasshook__','__weakref__']
```

显然，每一个类都继承了 object 类的成员。

5.3.3　子类访问父类成员的规则

在 Python 中，每个类都可以拥有一个或者多个父类，并从父类那里继承属性和方法。如果一个方法在子类的实例中被调用，或者一个属性在子类的实例中被访问，但是该方法或属性在子类中并不存在，那么就会自动地去其父类中查找。但如果这个方法或属性在子类中被重新定义，就只能访问子类的这个方法或属性。

代码5-27　在子类中访问父类成员。

```
>>> class A:
    x = 5
    def output(cls):
        return ("AAAAA")

>>> class B(A):           #类 B 为类 A 的子类,没有与类 A 的同名成员
    pass

>>> b = B()
>>> b.x                   #类 B 的实例访问类 A 的属性
5
>>> b.output()            #类 B 的实例调用类 A 的方法
'AAAAA'
>>> class C(A):           #类 C 为类 A 的子类,有与类 A 同名的成员
    x = 1
    def output(cls):
        return ('CCCCC')
```

```
>>> c = C()
>>> c.x                              #类C的实例访问与类A中同名的属性
1
>>> c.output()                       #类C的实例调用与类A中同名的方法
'CCCCC'
```

显然，子类实例在访问或调用时，其成员屏蔽了父类中的同名成员。

5.3.4 子类实例的初始化与 super

1. 子类创建实例时的初始化问题

按照 5.3.3 节得出的规则，并且由于所有类中的初始化方法 __init__ 都是同名的，所以，在子类创建实例时就会出现如下两种情况。

（1）子类没有重写 __init__ 方法

当子类没有重写 __init__ 方法时，Python 就会自动调用基类的首个 __init__ 方法。

代码 5-28　子类没有重写 __init__ 方法示例。

```
>>> class A:
    def __init__(self,x = 0):
        self.x = x
        print('AAAAAA')


>>> class B:
    def __init__(self,y = 0):
        self.y = y
        print('BBBBBB')


>>> class C:pass

>>> class D(A,B):pass

>>> d1 = D(1)
AAAAAA
>>> d2 = D(1,2)                      #企图初始化继承来的两个实例变量
Traceback (most recent call last):
  File "<pyshell#24 >", line 1, in <module >
    d2 = D(1,2)
TypeError: __init__() takes 2 positional arguments but 3 were given
>>> class E(B,A):pass
>>> e = E(3)
BBBBB
>>> class F(C,B,A):pass
>>> f = F(4)
BBBBB
```

```
>>> class G(F,A):pass
>>> g = G(5)
BBBBB
```

说明：代码 5-28 中七个类之间的继承路径如图 5.2 中的虚线所示。

（2）在多继承时，子类中没有重写 __init__

在多继承时，如果子类中没有重写 __init__，则实例化时将按照继承路径去找上层类中第一个有 __init__ 定义的那个类的 __init__ 作为自己的 __init__。例如，D 实例化 d1 时，会以 A 的 __init__ 作为自己的 __init__；E 实例化 e 时，首先找到的是 B 的 __init__，则以这个 __init__ 作为自己

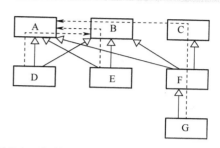

图 5.2　代码 5-28 中七个类之间的继承路径

的 __init__；F 实例化 f 时，首先找 C，但 C 没有定义 __init__，接着找到 B 有 __init__，遂以此作为自己的 __init__；G 实例化 g 时，首先找到 F，F 没有定义 __init__，再找 C 也没有定义 __init__，接着找到 B 有 __init__，则以此 __init__ 作为自己的 __init__。

注意：沿着继承路径向上找 __init__ 时，只能使用一个，不可使用两个或多个。若没有满足的 __init__，就会触发 TypeError 错误。

2. 在子类初始化方法中显式调用基类初始化方法

当子类中重写 __init__ 方法时，如果不在该 __init__ 方法中显式调用基类的 __init__ 方法，则只能初始化子类实例中的实例变量。因此，要能够在子类实例创建时有效地初始化从基类中继承来的属性，必须在子类的初始化方法中显式地调用基类的初始化方法。具体可以采用两种形式实现：直接用基类名字调用和用 super( ) 函数调用。

例 5.1　创建自定义异常 AgeError，处理职工年龄出现不合法异常。

我国禁止任何单位或者个人为不满 16 周岁的未成年人介绍就业。禁止不满 16 周岁的未成年人开业从事个体经营活动。所以，一个单位的职工年龄小于 16，就是一个非法年龄。

Exception 是常规错误的基类。Exception 类包含的内容如代码 5-29 所示。

代码 5-29　Exception 类的内容。

```
>>> vars(Exception)
mappingproxy({'__init__':<slot wrapper '__init__' of 'Exception' objects>,
'__new__': <built-in method __new__ of type object at 0x000000007211CCF0>,
'__doc__': 'Common base class for all non-exit exceptions.'})
```

所以，以其作为基类，就会继承这些内容。

代码 5-30　由 Exception 派生 AgeError 类：在子类初始化方法中，用基类名字调用基类初始化方法。

```
>>> class AgeError(Exception):          #自定义异常类
    def __init__(self,age):
        Exception.__init__(self,age)    #用基类名调用基类初始化方法
        self.age = age
```

```
        def __str__(self):
            return (self.age + '非法年龄( < 16)')

>>> class Employee:                          #定义一个应用类
        def __init__(self,name,age):
            self.name = name
            if age < 16:
                raise AgeError(str(age))
            else:
                self.age = age

>>> e1 = Employee('ZZ',16)
>>> e2 = Employee('WW',15)
Traceback (most recent call last):
  File "<pyshell#19>", line 1, in <module>
    e2 = Employee('WW',15)
  File "<pyshell#15>", line 5, in __init__
    raise AgeError(str(age))
AgeError: 15 非法年龄( < 16)
```

　　说明： 调用一个实例的方法时，该方法的 self 参数会被自动绑定到实例上，这称为绑定方法。但是，直接用类名调用类的方法（如 Exception.__init__）就没有实例与之绑定。这种方式称为调用未绑定的基类方法。这样就可以自由地提供需要的 self 参数。

　　代码 5-31 由 Exception 派生 AgeError 类：在子类初始化方法中，用 super() 函数调用基类初始化方法。

```
>>> class AgeError(Exception):               #自定义异常类
        def __init__(self,age):
            super(AgeError,self).__init__(age)#用 super()函数调用基类初始化方法
            self.age = age
        def __str__(self):
            return (self.age + '非法年龄( < 16)')
>>> #其他代码与代码 5 - 27 中的代码相同
```

　　说明： super() 会返回一个 super 对象，这个对象负责进行方法解析，解析过程中会自动查找所有的父类以及父类的父类。

　　例 5.2 由硬件（Hard）和软件（Soft）派生计算机系统（System）。

　　代码 5-32 由硬件和软件派生计算机系统：用类名（即类对象）直接调用父类初始化方法。

```
>>> class Hard:
        def __init__(self,cpuName,memCapacity):
            self.cpuName = cpuName
            self.memCapacity = memCapacity
```

```
        def dispHardInfo(self):
            print('CPU:' + self.cpuName)
            print('Memory Capacity:' + self.memCapacity)


>>> class Soft:
        def __init__(self,osName):
            self.osName = osName
        def dispSoftInfo(self):
            print('OS:' + self.osName)


>>> class System(Hard,Soft):
        def __init__(self,systemName,cpuName,memCapacity,osName):
            self.systemName = systemName
            Hard.__init__(self,cpuName,memCapacity)     #用类名调用父类方法
            Soft.__init__(self,osName)                  #用类名调用父类方法
        def dispSystemInfo(self):
            print('System name:' + self.systemName)
            Hard.dispHardInfo(self)                     #用类名调用父类方法
            Soft.dispSoftInfo(self)                     #用类名调用父类方法

>>> def main():
        s = System('Lenovo R700','Intel i5','8G','Linux')
        s.dispSystemInfo()


>>> main()
System name:Lenovo R700
CPU:Intel i5
Memory Capacity:8G
OS:Linux
```

3. 关于 super

下面对 super 做进一步说明。

代码 5-33　关于 super 实质的测试。

```
>>> type(super)
<class 'type'>
>>> dir(super)
['__class__','__delattr__','__dir__','__doc__','__eq__','__format__',
'__ge__','__get__','__getattribute__','__gt__','__hash__','__init__',
'__init_subclass__','__le__','__lt__','__ne__','__new__','__reduce__',
'__reduce_ex__','__repr__','__self__','__self_class__','__setattr__',
'__sizeof__','__str__','__subclasshook__','__thisclass__']
```

说明：

1）由上述测试可以看出，super 实际上是一个类名，所使用的语法格式如下：

```
super(类名[,self])
```

super() 实际上是 super 类的构造方法，它构建了一个 super 对象。在这个过程中，super 类的初始化方法除了进行参数的传递外，并没有做其他事情。

2）super() 返回的对象可用于调用类层次结构中任何被重写的同名方法，而并非只可调用 __init__。

3）super() 返回的对象是 MRO 列表中的第二项。在多继承情况下，用它调用一个每个类都重写的同名方法，并且每个类都使用 super()，就会迭代地一直追溯到这个类层次结构的根类，使各个父类的函数被逐一调用，而且保证每个父类函数只调用一次，因为这个迭代的路径是按照一个统一的 MRO 列表进行的。

代码 5-34　super 按照 MRO 列表向上层迭代过程的测试。测试使用的还是代码 5-25，只是增加了一些显示信息的语句。

```python
>>> class A:
    def __init__(self):
        print("Enter A",end = ' =>')
        print("Leave A",end = ' =>')


>>> class B(A):
    def __init__(self):
        print("Enter B",end = ' =>')
        super(B, self).__init__()
        print("Leave B",end = ' =>')


>>> class C(A):
    def __init__(self):
        print("Enter C",end = ' =>')
        super(C, self).__init__()
        print("Leave C",end = ' =>')


>>> class D(A):
    def __init__(self):
        print("Enter D",end = ' =>')
        super(D, self).__init__()
        print("Leave D",end = ' =>')


>>> class E(B,C,D):
    def __init__(self):
        print("Enter E",end = ' =>')
        super(E, self).__init__()
```

```
print("Leave E")
>>> e = E()
Enter E => Enter B => Enter C => Enter D => Enter A => Leave A => Leave D => Leave C
=> Leave B => Leave E
>>> E.mro()
[<class '__main__.E'>, <class '__main__.B'>, <class '__main__.C'>,
<class '__main__.D'>, <class '__main__.A'>, <class 'object'>]
```

从测试结果可以看出，它与图 5.2 是一致的。

4）混用 super 类和非绑定的函数是一个危险行为，这可能导致应该调用的父类函数没有被调用或者一个父类函数被调用多次。

习题 5.3

1. 判断题

判断下列描述的对错。

（1）子类是父类的子集。（　　）

（2）Python 类不支持多继承。（　　）

（3）子类可以覆盖父类的私密方法。（　　）

（4）子类可以覆盖父类的初始化方法。（　　）

（5）所有的对象都是 object 类的实例。（　　）

（6）父类中非私密的方法能够被子类覆盖。（　　）

（7）在设计派生类时，基类的私有成员默认是不会继承的。（　　）

（8）当创建一个类的实例时，该类的父类初始化方法会被自动调用。（　　）

（9）如果一个类没有显式地继承自某个父类，则默认它继承自 object 类。（　　）

2. 代码分析题

阅读下面的代码，给出输出结果。

（1）

```
class Parent(object):
    x = 1

class Child1(Parent):
    pass

class Child2(Parent):
    pass

print(Parent.x, Child1.x, Child2.x)
Child1.x = 2
print(Parent.x, Child1.x, Child2.x)
```

```
        Parent. x = 3
        print (Parent. x, Child1. x, Child2. x)
```
（2）
```
    class FooParent(object):
        def __init__(self):
            self. parent = 'I\'m the parent. '
            print ('Parent')

        def bar(self,message):
            print ( message,'from Parent')

    class FooChild(FooParent):
        def __init__(self):
            super(FooChild,self). __init__()
            print ('Child')

        def bar(self,message):
            super(FooChild, self). bar(message)
            print ('Child bar fuction')
            print (self. parent)

    if __name__ == '__main__':
        fooChild = FooChild()
        fooChild. bar('HelloWorld')
```
（3）
```
    >>> class A(object):
        def tell(self):
            print ( 'A tell')
            self. say()
        def say(self):
            print ('A say' )
            self. __work()

        def __work(self):
            print ( 'A work')

    >>> class B(A):
        def tell(self):
            print ('\tB tell')
            self. say()
            super(B,self). say()
```

```
            A. say(self)
        def say(self):
            print ('\tB say')
            self.__work()

        def __work(self):
            print ('\tB work')
            self.__run()

        def __run(self): # private
            print ('\tB run')

>>> b = B();b.tell()
```

3. 实践题

（1）编写一个类，由 int 类型派生，并且可以把任何对象转换为数字进行四则运算。

（2）编写一个方法，当访问一个不存在的属性时，会提示"该属性不存在"，但不停止程序运行。

（3）为学校人事部门设计一个简单的人事管理程序，满足如下管理要求：

1）学校人员分为三类：教师、学生、职员。

2）三类人员的共同属性是姓名、性别、年龄、部门。

3）教师的特别属性是职称、主讲课程。

4）学生的特别属性是专业、入学日期。

5）职员的特别属性是部门、工资。

6）可以统计学校总人数和各类人员的人数，并随着新人进入注册和离校人员注销而动态变化。

（4）为交管部门设计一个机动车辆管理程序，功能如下：

1）车辆类型（大客车、大货车、小客车、小货车、摩托车）、生产日期、牌照号、办证日期。

2）车主姓名、年龄、性别、住址、身份证号。

（5）编写一个继承自 str 的 Word 类，要求：

1）重写一个比较操作符，用于对两个 Word 类对象进行比较。

2）如果传入带空格的字符串，则取第一个空格前的单词作为参数。

（6）定义"圆"Cirlcle 类，圆心为"点"Point 类，构造一圆，求圆的周长和面积，并判断某点与圆的关系。

第6章
基于库模块的 Python 应用编程举例

Python 之所以广受青睐，一个优势在于它集命令式编程、函数式编程和面向对象编程于一体，使程序员可以博采众长，根据问题的性质自由发挥；另一个优势是它具有所有脚本语言中最丰富、最庞大的库，来扩展内核的功能。它的库分为两级：一级是标准库，另一级是第三方库。它们所包含的应用模块几乎渗透到了计算机所有的应用领域。因此，学习 Python 编程，一方面要学习并掌握其内核的基本语法知识，另一方面要学习其库模块的用法，扩展自己的应用开发能力。

链6-1　Python
常用库目录

实际上，Python 基于库模块的应用开发并不复杂，关键就是三点：一是要熟悉应用领域；二是要能找到合适的模块；三是熟悉所选模块的用法。本章以数据库、TCP/UDP 以及 WWW 三个基本应用为例，向读者展示如何进入一个应用领域的 Python 开发。

6.1　Python Socket 编程

6.1.1　TCP/IP 与 Socket API

1. Internet 与 TCP/IP

计算机网络是计算机技术与通信技术相结合的产物。为了降低设计与建造的复杂性，提高计算机网络的可靠性，需要把计算机网络组织成层次结构。不同的计算机网络有不同的体系，现在实际的计算机广域标准网是 Internet。Internet 的网络拓扑结构如图 6.1a 所示。

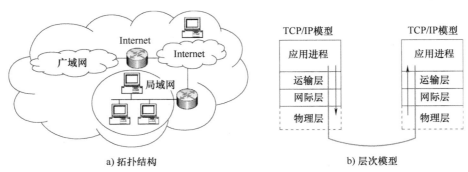

a) 拓扑结构　　　　　　　　　　b) 层次模型

图 6.1　Internet 的网络拓扑结构和层次模型

Internet 已经连接了世界上几乎所有的城域网络、部门网络、企业网络和个人网络，成为了一个网上之网，从而连接了世界上几乎所有的计算机及其应用，在发展中逐步形成如图 6.1b 所示的层次模型。

（1）应用进程

Internet 上有多种应用，不同的应用采用不同的应用协议，如 DNS（域名系统）、WWW（万维网）、FTP（文件传输）、电子邮件等。这些不同的应用程序可以在其应用层平行展开，同时运行。为了便于描述，将每个运行程序称为一个进程（process）。计算机网络上的一次应用过程就是两个同类进程通信的过程。进程产生的数据要通过运输层和网际层的组织和协调，才能送到物理网上传输。

（2）TCP/UDP

运输层位于网际层和应用层之间，上接应用层，下接网际层：把某个应用进程产生的应用数据转交给网际层传输到网络中，或将网络中传来的数据交付给某一个应用进程。为了实现这一功能，运输层对下将数据交给网际层时，要确定网络中数据的传输方式——用什么样的协议进行传输。Internet 规定运输层有两种传输协议：传输控制协议（Transmission Control Protocol，TCP）和用户数据报协议（User Datagram Protocol，UDP）。TCP 是一种面向连接的传输，很像打电话，拨号连接后，才可以传输数据（通话），是一种可靠的传输协议。UDP 是一种无连接的传输，有点像传信件，一封信发出后，不管走哪条路径，只要送到就行，是一种尽可能传送的协议。

（3）端口

运输层要与应用层交换数据，必须区分上层是哪个应用进程。由于网络上的应用很多，为了简单地区分不同的应用，采用了编号的方式，并把这种应用进程的编号称为端口（port）。不同的传输协议适合不同的应用，由于在 Internet 中 TCP 和 UDP 两个协议是独立的，因此各自的端口号也相互独立。例如，TCP 有 235 端口，UDP 也可以有 235 端口，两者并不冲突。从管理的角度把端口分为如下三类：

1）公认端口（Well Known Ports）：0～1023，由 Internet 号码分配机构（Internet Assigned Numbers Authority，IANA）直接管理。其中 1～255 为知名端口，分配给 Internet 知名服务，比如 21 端口分配给 FTP（文件传输协议）服务，25 端口分配给 SMTP（简单邮件传输协议）服务，80 端口分配给 HTTP 服务，135 端口分配给 RPC（远程过程调用）服务等。其中 256～1023 称为保留端口，通常都是由 Unix 系统占用。

2）注册端口（Registered Ports）：1025～49151。它们松散地绑定于一些服务，多数没有明确的定义服务对象，不同程序可根据实际需要自己定义。但是也有一些在应用中已经相对固定，例如，人们也常用"8080"作为 WWW 服务的端口。

3）动态端口（Dynamic Ports）：49152～65535。之所以称为动态端口，是因为它一般不固定分配某种服务，而是动态分配。有人也把 1024～65535 之间的端口称为动态端口或短暂端口。这些端口在进程创建时分配，并在进程结束时被回收。

（4）IP

运输层是负责端口到端口的传输。由于两台通信的主机往往位于不同的物理网络，因此网络层主要解决两个问题。第一个问题是对主机和它所在的网络进行规范编码——称为 IP 地址。IP 地址的编码规则由 IP 协议（Internet Protocol）规定。目前 IP 有两个标准：IPv4

（32 位的地址编码标准）和 IPv6（128 位的地址编码标准）。网际层的另一个任务是解决从一台主机出发找到另一台主机的路径问题，为此人们开发出了多种计算标准——路由协议。IP 协议只有一个称呼，而路由协议有多种，所以人们习惯地将网际层称为 IP 层。在运输层有两个协议，人们也把运输层称为 TCP/UDP 层。

链 6-2　IP 地址
与端口号

IP 与 TCP/UDP 是 Internet 的关键性两层，所以也把 Internet 称为 TCP/IP 网络。如果把 TCP/UDP 层比作运输公司，那么 IP 层就是其车队。因此 IP 地址与端口号是 TCP/IP 网络工作时最重要的两个参数。

2. Socket 通信

计算机网络虽然看起来层次简单，但具体实现起来还是非常复杂的。为了便于应用程序与网络的通信，降低网络应用程序的开发难度，人们在应用层与运输层之间添加了一个 Socket 层（套接层），形成如图 6.2 所示的通信模型。其基本思想是不管哪种应用，在 TCP 和 IP 两层中都形成相同的传输机制，使网络开发人员没有必要在这两层的操作细节上做与别人完全相同的工作，程序员只需指定需要的操作并给出相关的参数，相应的方法就会在内核中实现指定操作的细节。或者说，在面向对象的程序设计中，这个套接层就把计算机网络对应用程序复杂的支持操作简化为两个 Socket 对象之间的通信。

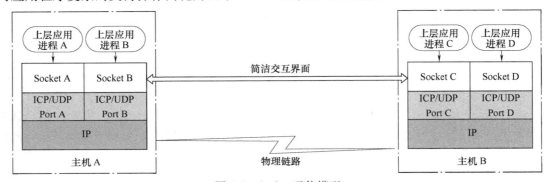

图 6.2　Socket 通信模型

在 Socket 编程中，把网络通信中的端点用套接字（socket）抽象表示，每个套接字用 IP 地址和端口号表示。这样，一个端点对端点的通信所需要信息包括连接使用的协议、本地套接字和远程套接字，即连接使用的协议、本地主机的 IP 地址、本地进程的协议端口、远地主机的 IP 地址和远地进程的协议端口。

由于运输层有两个相互独立的协议 TCP 和 UDP，套接字也对应地分为流式套接字（SOCK_STREAM）和数据报套接字（SOCK_DGRAM）两类。流式套接字使用 TCP 协议，提供面向连接、可靠的数据传输服务，可以保证数据能够实现无差错、无重复发送，并按顺序接收。数据报套接使用 UDP 协议，提供无连接的服务，不保证可靠性的服务，即数据有可能在传输过程中丢失或出现数据重复，且无法保证顺序地接收到数据。

3. Python Socket API

为方便用户开发，Python Socket 模块提供了一些可以由 Socket 直接调用的常量和方法。

（1）Socket 常量

Socket 常量包括：

地址类型：socket. AF_UNIX、socket. AF_INET、socket. AF_INET6。

套接字类型：socket. SOCK_STREAM、socket. SOCK_DGRAM、sock-et. SOCK_RAW。

常用地址：socket. INADDR_ANY、socket. INADDR_BROADCAST、socket. INADDR_LOOPBACK。

链 6-3　Socket
模块中定义的
常量和方法

（2）Socket 方法

Socket 方法有一下几类。

1）Socket 方法包括：创建 Socket 对象（socket. socket(family，type[，proto]) ）、获取 IP 地址、获取端口号、获取三元组（原始主机名、域名列表、IP 地址列表）等。

代码 6-1　网络参数获取示例。

```
>>> import socket
>>> socket.gethostname()                              #获取在用主机名
'DESKTOP - GVKNACA'
>>> socket.gethostbyname('DESKTOP - GVKNACA')         #将给定主机名解释为 IP 地址
'192.168.1.104'
>>> socket.gethostbyname('www.163.com')
'183.235.255.174'
>>> socket.gethostbyname_ex('www.163.com')            #获取三元组
('www.163.com', [], ['183.235.255.174'])
>>> sock = socket.socket(socket.AF_INET,socket.SOCK_STREAM)
                                                      #创建一个 socket 对象
```

2）两端之间通信时的连接、监听、绑定套接字、阻塞、发送、接收以及 Socket 对象的创建与撤销等，由于基于不同的传输协议，用法不完全一样。这些将在后面的应用中再行介绍。

4. Socket 通信的 C/S 模型

在计算机网络中，最基本的通信是端对端通信。在两端间进行通信时，有一端是主动发起通信的一端（如电话通信时拨号的一端），称为客户（client）端；另一端是被动接受通信的一方，称为服务器（server）端。这种结构简称为 C/S 结构或 C/S 模型。由于服务器端是被动端，所以它的进程要先创建，然后处于倾听状态，等待客户端的请求到来。

在 Socket 通信中，把客户端称为 Socket 端，把服务器端称为 ServerSocket 端。

6.1.2　TCP 的 Python Socket 编程

1. TCP 协议的三次握手和四次挥手

TCP 是运输层的一种面向连接的、可靠的、基于字节流的传输层通信协议。

"面向连接"要求进行数据传输之前要先建立虚电路，并且在数据传输结束后释放虚电路。这样就形成了 TCP 传输的三个过程：建立连接、数据传输和连接释放。"可靠"要求这三个阶段都要可靠，即可靠的连接建立、可靠的数据传输和可靠的连接释放。

为了可靠的连接建立，它采取了三次握手（问候）的方式。

为了可靠的数据传输，它的发送端每发送一个报文块都要求接收方进行校验和验证，并要求接收方应答。发送方在规定时间内没有收到接收方的应答或接收方验证失败，就要重发。同时每一个数据包都要有序列号。

为了可靠的连接释放，它采取了四次挥手（告别）的方式。

图 6.3 所示为一个完整的 TCP 传输过程。

链 6-4　TCP 连接的三次握手与四次挥手

在 Socket 通信中，这些可靠措施都在内核中完成。三次握手过程由 connect() 方法触发；四次挥手过程由通信双方的 close() 方法触发；数据传输中的可靠性措施由 send()（或 write()）和 recv()（或 read()）方法触发。这样，应用程序的编写就简单多了。

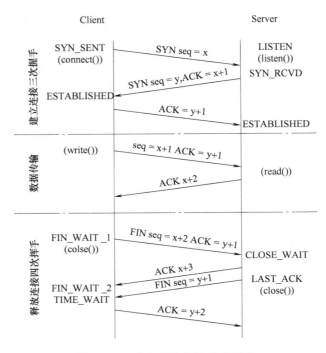

图 6.3　一个完整的 TCP 传输过程

2. TCP Socket 工作流程

图 6.4 所示为建立在 Socket 之上的 TCP 在 C/S 模式下的工作流程。

（1）客户端

客户端是 TCP 连接的主动方，它是在需要连接时才创建 Socket 对象并发起连接请求。连接成功，两端就可以通过发送（send）和接收（recv）方法进行通信了。通信结束，释放所创建的对象。

（2）服务器端

服务器端是 TCP 连接的被动方，它接收到一个连接请求，才开始创建 Socket 对象并开始工作。Socket 对象需要用本端的 Socket 字（主机地址或主机名，端口号）实例化，如果没有实例化，则需要执行绑定（bind）操作，然后倾听（listen for）并处于阻塞（accept，停止任何操作）状态，静候一个连接到来。接收到一个新的连接请求后，将创建一个新的

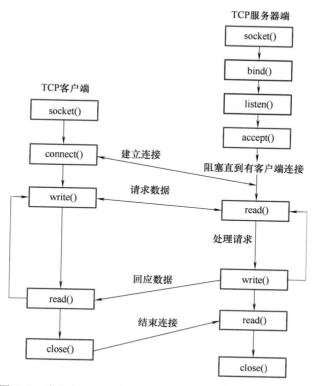

图 6.4 建立在 Socket 之上的 TCP 在 C/S 模式下的工作流程

Socket 对象用于发送和接收数据。原来的那个 Socket 继续倾听、阻塞，等待接收下一个连接。

3. 一个简单 TCP 服务器端的 Python Socket 实现

代码 6-2 带有时间戳的 TCP 服务器端程序。

```
>>> from socket import *
>>> from time import ctime
>>>
>>> def tcpServerProg():
        #参数配置
        HOST = ''
        PORT = 8000
        BUFSIZ = 1024
        ADDR = (HOST,PORT)

        #创建服务器端套接字对象,并处于倾听状态
        sSock = socket(AF_INET,SOCK_STREAM)
        sSock.bind(ADDR)
        sSock.listen(5)
```

```
#创建连接对象,以便进行数据接收和发送
while True:
    print('Waiting for connection...')
    conn.addr = sSock.accept()        #创建连接对象,使原来的套接口对象继续监听
    print('...connected from:',addr)

    while True:
        data = conn.recv(BUFSIZ)
        if not data or data.decode() == 'exit':
            break
        print ('Received message:',data.decode())
        content = '[%s]%s' % (ctime(), data)
        conn.send(content.encode())
    conn.close()                      #释放连接对象
sSock.close()                         #释放套接口对象
```

4. 一个简单 TCP 客户端的 Python Socket 实现

代码6-3　带有时间戳的 TCP 的客户端程序。

```
>>> from socket import *
>>>
>>> def tcpClientProg():

    HOST = '192.168.1.104'
    PORT = 8000
    BUFSIZ = 1024
    ADDR = (HOST,PORT)

    cSock = socket(AF_INET,SOCK_STREAM)
    cSock.connect(ADDR)

    while True:
        data = input('>')
        cSock.send(data.encode())
        if not data or data == 'exit':
            break
        data = cSock.recv(BUFSIZ)
        if not data:
            break
        print(data.decode())
    cSock.close()
```

5. 程序运行情况讨论

服务器端和客户端程序运行情况如图 6.5 所示。

a) 服务器端程序 (代码 6-2) 运行情况   b) 客户端程序 (代码 6-3) 运行情况

图 6.5　服务器端和客户端程序运行情况

从代码 6-2 的运行结果可以看出，服务器端从客户端发来的连接请求可以获悉其端口号为 56974，这就是一个短暂端口。在 Socket 编程中用两个对象模拟，即服务器端的 Socket 对象创建之后，一直处于倾听状态；当有连接请求到来时，便会创建一个连接对象进行消息的接收和发送。所以，这两个对象应当是并行工作的，但在代码 6-2 中可以看到是串行工作的。改进的方法是利用多线程技术使它们并发工作。本书不介绍 Python 多线程技术，有兴趣者可参考其他著作。

图 6.6 所示为代码 6-2 与代码 6-3 执行过程的时序图。时序图可以描述系统中各对象的创建、活动以及对象之间的消息传递关系与时序。

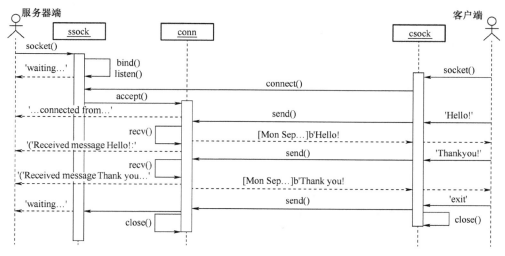

图 6.6　代码 6-2 与代码 6-3 执行过程的时序图

说明：在时序图中，最上端的矩形表示对象，其名称标有下画线。由对象向下引出的虚线是时间（或称生命）线；时间线上的纵向矩形表示对象被激活的时间段。水平方向的带箭头的线表示消息传递，其中实线是主动消息（包括自身消息），虚线是返回消息。

6.1.3　UDP 的 Python Socket 编程

UDP 的特点是没有连接过程的"想发就发"。图 6.7 为基于 Socket 的 UDP 工作流程。

代码 6-4　带有时间戳的 UDP 服务器端程序。

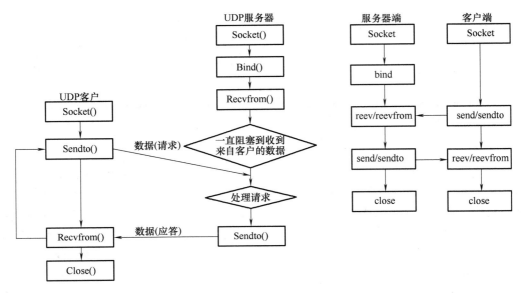

图 6.7　基于 Socket 的 UDP 工作流程

```
>>> from socket import *
>>> from time import ctime
>>>
>>> def udpServerProg():
    #参数配置
    HOST = ''
    PORT = 8002
    BUFSIZ = 1024
    ADDR = (HOST,PORT)

    #创建服务器端套接字对象
    sSock = socket(AF_INET,SOCK_DGRAM)
    sSock.bind(ADDR)

    while True:
        print('Waiting for connection...')
        data,addr = sSock.recvfrom(BUFSIZ)
        if not data or data.decode() == 'exit':
            break
        print('Received message:',data.decode())
        content = '[%s] %s' % (ctime(), data)
        sSock.sendto(content.encode(),addr)
    sSock.close()
```

代码6-5　带有时间戳的 UDP 客户端程序。

```
>>> from socket import *
>>>
>>> def udpClientProg():

    HOST = 'localhost'
    PORT = 8002
    BUFSIZ = 1024
    ADDR = (HOST,PORT)

    cSock = socket(AF_INET,SOCK_DGRAM)

    while True:
        data = input('>')
        cSock.sendto(data.encode(),ADDR)
        if not data or data == 'exit':
            break
        data,ADDR = cSock.recvfrom(BUFSIZ)
        if not data:
            break
        print(data.decode())
    cSock.close()
```

服务器端程序（代码 6-4）和客户端程序（代码 6-5）运行情况如图 6.8 所示。

注意：与 TCP 不同，UDP 创建 Socket 对象时的使用不同，发送和接收时使用的方法不同、参数也不同，即 UDP 每次发送都需要对方的地址，因为它没有连接。

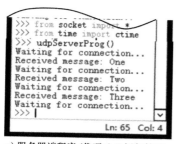

a) 服务器端程序 (代码 6-4) 运行情况

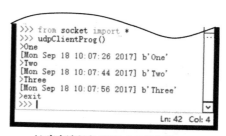

b) 客户端程序 (代码 6-5) 运行情况

图 6.8 服务器端程序（代码 6-4）和客户端程序（代码 6-5）运行情况

习题 6.1

1. 填空题

（1）在 Internet 层次结构中，核心的部分是_____层和_____层。

（2）在 Internet 中，用_____标识一台主机，而主机上的资源用_____标识。

（3）创建服务器端 socket 对象并绑定到 IP 地址后，可以使用_____和_____对象方法进行倾听和接收连接。

（4）客户端 socket 对象通过＿＿＿＿＿＿方法尝试建立到服务器端 socket 对象的连接。

2. 判断题

（1）使用 TCP 协议进行通信时，必须首先建立连接，然后进行数据传输，最后再关闭连接。（　　）

（2）TCP 是可以提供良好服务质量的传输层协议，所以在任何场合都应该优先考虑使用。（　　）

3. 简答题

（1）对于面向连接的 TCP 通信程序，客户机与服务器建立连接后，如何发送和接收数据？

（2）对于非面向连接的 UDP 通信程序，客户机与服务器间如何发送和接收数据？

（3）如何将一个文件发送到对方主机指定的端口？

（4）用 Python 进行 socket 程序开发，可以使用的模块有哪些？

4. 实践题

（1）用 Python 编写一个小 FTP 客户端程序，实现 FTP 上传、下载、删除、更名等。

（2）两人合作用 Python 编写一个简单的半双工聊天程序。半双工指仅创建一个连接，双方都可以发送，但不可同时发送。

6.2　Python WWW 应用开发

美国著名的信息专家、《数字化生存》的作者 Negroponte 教授认为，1989 年是 Internet 历史上划时代的分水岭。这一年，英国计算机科学家 Tim Berners-Lee 成功开发出世界上第一台 Web 服务器和第一个 Web 客户机，并用 HTTP 进行了通信。这项技术赋予了 Internet 强大的生命力，WWW 浏览的方式给了 Internet 靓丽的青春。

6.2.1　WWW 及其关键技术

WWW 是 World Wide Web 的缩写，从字面上看可以翻译为"世界级的巨大网"或"全球网"，中国将之命名为"万维网"，有时也简称为 Web 或 W3。它的重要意义在于连接了全球几乎所有的信息资源，并能使人在任何一台连接在网上的终端都能进行获取信息。随着 20 世纪 60 年代问世的 Internet 逐渐火爆，万维网向人类展现了一个虚拟的世界。下面介绍 WWW 的几个关键技术。

1. 超文本与超媒体

（1）超文本

超文本是将各种不同空间的文字信息组织在一起的网状文本，是在计算机网络环境中才可以实现的一项技术，它可以使人从当前的网络阅读位置跳跃到其他相关的位置，丰富了信息来源。这个概念由美国学者 Ted Nelson 提出，将之称为 The Original Hypertext Project——Hypertext（中文将之译为超文本），并于 1960 年开始进行这个想法的实际项目：Xanadu。图 6.9 所示为他画的超文本草图。

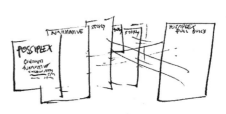

图 6.9　超文本草图

（2）超媒体

超文本的关键技术是超链接。靠超链接将若干文本组合起来形成超文本。同样道理，超链接也可将若干多媒体或流媒体文件链接起来，组合成为超媒体。

2. 浏览器/服务器架构

（1）B/S 架构

浏览器/服务器（Browser/Server，B/S）架构是 C/S 架构的延伸，是随着 WWW 兴起而出现的网络工作模式。由于在 WWW 系统中从所有超链接的数据资源中搜寻需要的数据，需要有充足的软硬件和数据资源，这非一般客户力所能及。所以，需要由服务器专门承担数据搜寻任务。这样，客户机上只安装一个浏览器即可，从而形成了 B/S 架构。

（2）HTML

在 B/S 架构中，客户端的主要工作有两项：一项是向服务器发送数据需求；另一项是把服务器端发送来的数据以合适的格式展现给用户，这就需要一种语言进行描述。目前最常用的是超文本标记语言（Hypertext Markup Language，HTML）及富文本格式（Rich Text Format，RTF）。

代码6-6　一段 HTML 文档示例。

```
<html>                                                          页面开始

<!-- 简单的 HTML 文档 -->                                        注释

<head>

    <title>一个注册页</title>
                                                                标题
    <meta http-equiv="content-type" content="text/html; charset=UTF-8">

</head>

<body bgcolor="rgb(235,214,120)">                               页面内容开始

    <h1 align="center">三春晖</h1>                              1级题头

<form action="tada2">                                           表单定义开始

        <table>                                                 表格定义开始

            <tr>

            <td>

            <img src="041002.jpg" width="180" height="220"/>    一张图片

            </td>

            <td><br/><br/><br/><br/><br/>

            Name:<input type="text" name="param1"/><br/>

            Password:<input type="text" name="param2"/><br/>

            <input type="button" value="注册"/>

                </td>

        </tr>

        </table>                                                表格定义结束

    </form>                                                     表单定义结束

</body>                                                         页面内容结束

</html>                                                         页面结束
```

代码 6-6 在客户端解释后显示情况如图 6-10 所示。

链 6-5　图 6.10 彩图

图 6.10　代码 6-6 在客户端解释后显示情况

说明： HTML 提供了一套标记（tag）用于说明浏览器展现这些信息的形式。多数 HTML 标记要成对使用在有关信息块的两端，部分标记可以单个使用。加有 HTML 标记的 HTML 文档，在服务器端以文件形式存放，称为网页（web page）文件，扩展名为 html、htm、asp、aspx、php、jsp 等。客户端需要哪个页面，就向服务器端发送请求。这个页面文件传到客户端后，浏览器就对该 HTML 文件就行解释并显示出来。

3. HTTP 与 HTTPS

（1）HTTP 及其特点

要实现 Web 服务器与 Web 浏览器之间的会话和信息传递，需要一种规则和约定——超文本传输协议（Hypertext Transfer Protocol，HTTP）。

HTTP 建立在 TCP 可靠的端到端连接之上，如图 6.11 所示。它支持客户（浏览器）与服务器间的通信，相互传送数据。一个服务器可以为分布在世界各地的许多客户服务。

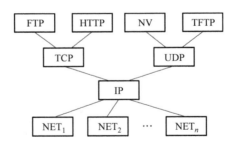

图 6.11　HTTP 在 TCP/IP、协议栈中的位置

HTTP 的主要特点如下：

1）基于 TCP，是面向连接传输，端口号为 80。

2）允许传输任意类型的数据对象。

3）支持客户端/服务器模式。

4）支持基本认证和安全认证。

5）HTTP 是无状态协议。无状态是指协议对于事务处理没有记忆能力。

6）从 HTTP 1.1 起开始采用持续连接，使一个连接可以传送多个对象。

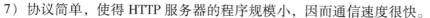

7）协议简单，使得 HTTP 服务器的程序规模小，因而通信速度很快。

注意： 在实际工作中，某些网站使用 Cookie 功能来挖掘用户喜好。当用户（User）访问某个使用 Cookie 的网站时，该网站就会为 User 产生一个唯一的识别码并以此作为索引在服务器的后端数据库中产生一个项目，内容包括这个服务器的主机名和 Set-cookie 后面给出的识别码。当用户继续浏览这个网站时，每发送一个 HTTP 请求报文，其浏览器就会从其 Cookie 文件中取出这个网站的识别码并放到 HTTP 请求报文的 Cookie 首部行中。

（2）HTTP 请求方法

根据 HTTP 标准，现在 HTTP 请求可以使用表 6.1 所示的八种请求方法。其中，HTTP 1.0 定义了 GET、HEAD 和 POST 三种请求方法；HTTP 1.1 又新增了其余五种请求方法。其中最常用的是 GET 和 POST。

表 6.1　HTTP 1.1 的八种请求方法

序号	方　　法	描　　　　述
1	GET	向服务器发出索取数据的请求，并返回实体主体
2	HEAD	类似于 GET 请求，只不过返回的响应中没有具体的内容用于获取报头
3	POST	向指定资源提交数据进行处理请求（如提交表单或者上传文件）。数据被包含在请求体中。POST 请求可能导致新资源的建立和/或已有资源的修改
4	PUT	从客户端向服务器传送的数据取代指定文档的内容
5	DELETE	请求服务器删除指定的页面
6	CONNECT	HTTP 1.1 中预留给能够将连接改为管道方式的代理服务器
7	OPTIONS	允许客户端查看服务器的性能
8	TRACE	回显服务器收到的请求，主要用于测试或诊断

（3）HTTP 状态码

服务器执行 HTTP，就是对浏览器端的请求进行响应。作为面向连接的交互，这个响应要告诉浏览器端相应的情况如何。为了简洁地表示相应情况，HTTP 使用了三位数字的五组状态码。

$1xx$：一般不用。

$2xx$：表示基本 OK，具体又细分为多种。

$3xx$：表示多种情况。

$4xx$：表示响应不成功。

$5xx$：表示服务器错误。

（4）HTTPS

安全超文本传输协议（Secure Hypertext Transfer Protocol，HTTPS）是 HTTP 的安全版。它基于 HTTP，用在客户计算机和服务器之间，使用安全套接字层（SSL）进行信息交换。或者说，HTTPS = SSL + HTTP。所以，HTTPS 要比 HTTP 复杂。

4. 统一资源定位符

TimBerners-Lee 对万维网的贡献不仅在于他成功开发了世界上第一个以 B/S 架构运行的系统，更在于他发明了统一资源定位符（Uniform Resource Locator，URL），为 Internet 上信息资源的位置和访问方法提供了一种简洁的表示。其语法格式如下：

```
sckema:path
```

这里，sckema 表示连接模式，它是资源或协议的类型。WWW 浏览器将多种信息服务集成在同一软件中，用户无需在各个应用程序之间转换，界面统一，使用方便。目前支持的连接模式主要有 HTTP（超文本传输协议）、FTP（远程文件传输协议）、Gopher（信息鼠）、WAIS（广域信息查询系统）、news（用户新闻讨论组）和 mailto（电子邮件）。

path 部分一般包含有主机全名、端口号、类型和文件名、目录号等。其中，主机全名以双斜杠"//"打头，一般为资源所在的服务器名，也可以直接使用该 Web 服务器的 IP 地址，但一般采用域名体系。

path 部分的具体结构形式随连接模式而异，下面介绍两种 URL 格式。

（1）HTTP URL 语法格式

```
http://主机全名[:端口号]/文件路径和文件名
```

由于 HTTP 的端口号默认为 80，因而可以不指明。

（2）FTP URL 语法格式

```
ftp://[用户名[:口令]@]主机全名/路径/文件名
```

其中，默认的用户名为 anonymous，用它可以进行匿名文件传输。如果账户要求口令，口令应在 URL 中编写或在连接完成后登录时输入。

5. 搜索引擎

Internet 上的信息很多，而且毫无秩序，所有的信息像汪洋上的一个个小岛，网页链接是这些小岛之间纵横交错的桥梁，而搜索引擎则为用户绘制一幅一目了然的信息地图，供用户随时查阅。搜索引擎（search engine）指自动从 Internet 搜集信息，并经过一定的整理提供给用户进行查询的系统。它们提取各个网站的信息（以网页文字为主），建立起数据库，并能检索与用户查询条件相匹配的记录，按一定的排列顺序返回结果。

世界上最早的搜索引擎是 Archie。此后，各种各样的搜索引擎大量涌现。不过，目前主流的搜索引擎还是全文搜索引擎。全文搜索引擎的工作内容包括三大部分。

（1）信息搜集

搜索引擎的自动搜集信息以两种方式进行：一种是定期搜索，即每隔一段时间（如 Google 一般是 28 天），搜索引擎主动派出网页抓取程序（spider），俗称"网络爬虫"或"网络蜘蛛"，也称"机器人"（robot），顺着网页中的超链接连续抓取网页；另一种是提交网站搜索，即网站拥有者主动向搜索引擎提交网址，让搜索引擎在一定时间内（2 天到数月不等）定向向这些地址的网站派出"网络爬虫"程序进行网页扫描，抓取网页信息。这些被抓取的网页被称为网页快照。

（2）处理网页

搜索引擎抓到网页后，还要做大量的预处理工作，才能提供检索服务。其中，最重要的就是提取关键词，建立索引文件。还包括去除重复网页、分词（中文）、判断网页类型、分析超链接、计算网页的重要度和丰富度等。

（3）提供检索服务

当用户以关键词查找信息时，搜索引擎会在数据库中进行搜寻，如果找到与用户要求内容相符的网站，便采用特殊的算法（通常根据网页中关键词的匹配程度、出现的位置、频次、链接质量）计算出各网页的相关度及排名等级，然后根据关联度高低按顺序将这些网页链接返回给用户。

6.2.2　用 urllib 模块库访问网页

1. Python 的 Web 资源与 urllib 模块库

（1）Python 的 Web 资源

Web 是 Internet 最为重要的应用之一，它涉及的技术较多。为支持 Web 开发，Python 提供了很多模块，如：

- html（HTML 支持）。
- xml（XML 处理模块）。
- cgi（CGI 支持）。
- urllib（URL 处理模块库）。
- urllib. parse（解析 URL）。
- http（HTTP 模块库）。
- http. client（HTTP 客户端）。

链 6-6　Python 3 标准模块库中与 Web 有关的模块

面对这么多的模块，本书选择最常用的 urllib 库，抛砖引玉。

（2）urllib 模块库简介

在 WWW 中，数据资源主要以网页形式呈现，而网页资源的搜索要依靠 URL。为此，Python 设立了 urllib 模块，并将其作为网络应用开发的核心模块。但与其说它是一个模块，不如说它是一个库更为恰当。因为它由如下五个子库（子模块）组成。

1）urllib. request：创建 URL 对象，读取 URL 资源数据。

2）urllib. response：定义响应处理的有关接口，如 read（ ）、readline（ ）、info（ ）、geturl（ ）等，响应实例定义的方法可以在 urllib. request 中调用。

3）urllib. parse：解析 URL，可以将一个 URL 字符串分解为 IP 地址、网络地址和路径等成分，或重新组合它们，以及通过 base URL 转换 relative URL 到 absolute URL 的统一接口。

4）urllib. error：处理由 urllib. request 抛出的异常。该异常通常是因为没有特定服务器的连接或者特定的服务器不存在。

5）urllib. robotparser：解析 robots. txt（爬虫）文件。

下面主要介绍 urllib. parse 和 urllib. request 模块。

2. urllib. parse 模块与 URL 解析

（1）urllib. parse 模块简介

URL 解析主要由 urllib. parse 模块承担，可以支持 URL 的拆分与合并以及相对地址到绝对地址的转换。urllib. parse 模块的主要方法见表 6.2。

表 6.2　urllib. parse 模块的主要方法

方　　法	用 法 说 明
urllib. parse. urlencode(query, doseq = False, safe = '', encoding = None, errors = None)	将 URL 附上要提交的数据

（续）

方　　法	用 法 说 明
urlunparse（tuple）	用元组（scheme，netloc，path，parameters，query，fragment）组成 URL
urllib. parse. urlparse（urlstring［，default_scheme［，allow _fragments］］）	拆分 URL 为 scheme、netloc、path、parameters、query、fragment
llib. parse. urljoin（base，url［，allow_fragments］ = True）	基地址 base 与 URL 中的相对地址组成绝对 URL

参数说明：

- query：查询 URL。
- doseq：是否是序列。
- safe：安全级别。
- encoding：编码。
- errors：出错处理。
- values：需要发送到 URL 的数据对象。
- scheme：URL 体系，即协议。
- netloc：服务器的网络标志，包括验证信息、服务器地址和端口号。
- path：文件路径。
- parameters：特别参数。
- fragment：片段。
- base：URL 基。
- allow_fragments：是否允许碎片。

（2）urllib. parse 模块应用举例

图 6. 12 所示为一个网页。

图 6. 12　江南大学的一个文件——物联网工程学院新闻网

代码 6-7　解析图 6. 12 所示网页 URL 的代码。

```
>>> from urllib import parse
>>> url = 'http://iot.jiangnan.edu.cn/info/1051/2304.htm'
```

```
>>> parse.urlparse(url)
ParseResult(scheme = 'http', netloc = 'iot.jiangnan.edu.cn', path = '/info/
1051/2304.htm',
    params = '', query = '', fragment = '')
```

代码 6-8　URL 反解析——组合 URL。

```
>>> from urllib import parse
>>> urlTuple = ('http', 'iot.jiangnan.edu.cn', '/info/1051/2304.htm',
'', '', '')
>>> unparsedURL = parse.urlunparse(urlTuple)
>>> unparsedURL
'http://iot.jiangnan.edu.cn/info/1051/2304.htm'
```

代码 6-9　URL 连接。

```
>>> from urllib import parse
>>> url1 = 'http://www.jiangnan.edu.cn/'
>>> url2 = '/info/1051/2304.htm'
>>> newUrl = parse.urljoin(url1,url2)
>>> newUrl
'http://www.jiangnan.edu.cn/info/1051/2304.htm'
```

3. urllib.request 模块与网页抓取

（1）urllib.request 模块概况

urllib.request 模块的功能可以从它包含的成员看出。表 6.3 为 urllib.request 模块的主要属性和方法。

表 6.3　urllib.request 模块的主要属性和方法

属性/方法	用 法 说 明
urllib.request.urlopen (url, data = None [, timeout = socket.GLOBAL_DEFAULT_TIMEOUT], cafile = None, capath = None, context = None)	创建 HTTP.client.HTTPresponse 对象，打开 URL 数据源
urllib.request.Request(url, data = None, headers = {}, origin_req_host = None, unverifiable = False, method = None)	Request 对象的构造方法
urllib.request.full.url	Request 对象的 URL
urllib.request.host	主机地址和端口号
urllib.request.data	传送给服务器添加的数据
urllib.request.add_data(data)	传送给服务器添加一个数据
urllib.request.add_header(key, val)	传送给服务器添加一个 header

参数说明：

1）url：URL 字符串。

2）data：可选参数，向服务器传送的数据对象，需为 UTF-8。

3）headers：字典，向服务器传送，通常是用来"恶搞"User-Agent 头的值，即用一组值替换掉原 User- Agent 头的一组值。

4）timeout：设置超时时间，用于阻塞操作，默认为 socket. GLOBAL_DEFAULT_ TIMEOUT。

5）cafile、capath：指定一组被 HTTPS 请求信任的 CA 证书。cafile 指向一个包含 CA 证书的文件包，capath 指向一个散列的证书文件的目录。

6）context：描述各种 SSL 选项的对象。

7）origin_req_host：原始请求的主机名或 IP 地址。

8）unverifiable：请求是否无法核实。

9）method：表明一个默认的方法，method 类本身的属性。

（2）获取网页内容的基本方法

代码6-10　创建 http. client. HTTPMessage 对象，打开并获取指定 URL 内容。

```
>>> import urllib.request
>>> with urllib. request.urlopen('http://www.baidu.com') as rsp:
        rsp.info()
        rsp.getcode()
        rsp.geturl()

<http.client.HTTPMessage object at 0x029CBF70 >
200
'http://www.baidu.com'
>>> with urllib.request.urlopen('http://www.baidu.com') as rsp:
        print(rsp.read().decode())

<html >
<head >
<title >daidu.com </title >
<script type = "text/javascript" >
if(self ! = top) top.location.href = ' http:// ' +location.hostname +
' /? redir = frame&uid =www59c45d37405703.00367765' :
</script >
<script type = "text/javascript" src = "http://return.uk.uniregistry.com/
return.js.php? d=daidu.com&s =1506041143" ></
</head >
<frameset rows = "1, * , 1" border =0 >
  < frame name = "top" src = "t.php? uid =www59c45d37405703.00367765&src =
&cat - travel&kv - Beijing&sc =china" scrolling * no
0 noresize framespacing =0 marginvidth =0 marginheight =0 >
  < frame src =" search.php? uid * www59c45d37405703.00367765ksrc =" scroll-
ing = "auto" framespacing =0 marginwidth =0 mar oresize >
  < frame src = "page. php? www59c45d37405703.00367765" ></frame >
</frameset >
```

```
<noframes >
You found daidu.com, so will your customers. It's a great label for your web-
site and will help you define your he Web.
</noframes >
</html >
```

说明： 应用 urllib. request 模块的几行代码是根据百度（见图 6.13）的 URL 读取其远程
网页的情况。其主要步骤为：

1）首先导入 urllib. request 模块。

2）使用 urllib. request 模块的方法 urlopen(url, data, timeout)打开一个 URL 资源 rsp。

3）使用 rsp. info( ) （或使用 print(rsp)）语句获取 rsp 对象的基本信息，命令语句
如下：

```
<http. client. HTTPMessage object at 0x029CBF70 >
```

这表明 rsp 是一个 http. client. HTTPMessage 对象，其内存地址为 0x029CBF70。

4）使用 rsp. getcode( ) 获取 HTTP 的状态码：如果是 HTTP 请求，200 表示请求成功完
成；404 表示网址未找到。

5）使用 rsp. geturl( ) 获取资源对象的 URL。

6）使用内置的 read( ) 函数读出 HTTPresponse 对象 rsp 的代码内容。

图 6.13　百度网页

代码 6-11　使用 Request 对象再创建。

```
>>> from urllib import request
>>> url = 'http://www. baidu. com'
>>> rqst = request. Request(url)
>>> resp = request. urlopen(rqst)
```

```
>>> print(resp.read().decode())
<!DOCTYPE html>
<!--STATUS OK-->
```

4. 网页提交表单

（1）表单及其结构

表单（form）是在网页中负责数据采集的组件，包含文本框、密码框、隐藏域、多行文本框、复选框、单选框、下拉选择框和文件上传框等。它们都由三个基本部分组成。

1）表单标签（header）：也称为表头，用于声明表单，定义采集数据的范围，也就是 ＜form＞ 和 ＜/form＞ 里面包含的数据将被提交到服务器或者电子邮件。

2）表单域：用于采集用户的输入或选择的数据，具体形式有文本框、多行文本框、密码框、隐藏域、复选框、单选框和下拉选择框等。

3）表单按钮：用于发出提交指令。

（2）GET 方法和 POST 方法的实现

通常用于表单提交的 HTTP 方法是 GET 和 POST。它们的比较见表 6.4。

表 6.4　GET 请求与 POST 请求的比较

比 较 内 容	GET 请求	POST 请求
请求目的	索取数据，类似查询，不会被修改	可能修改服务器上资源的请求
数据形式	数据作为 URL 的一部分，对所有人可见	数据在 HTML Header 内独立提交，不作为 URL 的一部分
数据适合性	适合传输中文或者不敏感的数据	适合传输敏感数据和不是中文字符的数
数据大小限制	URL 最大长度为 2048B，数据长度有限制	不限制提交的数据大小
安全性	URL 别人可见；参数保留在浏览器历史中，别人可查；安全性差	数据不在 URL 中，参数不会保存在浏览器历史或 Web 日志中

其中，从形式上看，GET 方法是把表单数据编码至 URL；而 POST 方法提交的表单数据不是被加到 URL 上，而是以请求的一个单独部分发送。

代码 6-12　用 GET 方法提交表单数据的代码片段。

```
>>> import urllib
>>> from urllib import parse,request
>>> url = 'http://www.abcde.org/cgi/search.cgi? words=python +
socket&max=25&source=www'
>>> data = parse.urlencode([('words', 'python socket'), ('max', 25),
('source', 'www')])
>>> rqst = request.Request(url+data)          #将表单数据编码到 URL
>>> fd = request.urlopen(rqst)
```

代码 6-13　用 POST 方法提交表单数据的代码片段。

```
>>> import urllib
>>> from urllib import request,parse
```

```
    >>> url = 'http://www.abcde. org/cgi/search. cgi? words =python +
socket&max =25&source =www'
    >>> data = parse. urlencode([ ('words', 'python socket'), ('max', 25),
('source', 'www') ])
    >>> rqst = request. Request(url,data)    #将表单数据作为 Request 实例的第二个
                                               数据成员
    >>> fd = request. urlopen(rqst)
```

说明：在 POST 方法中，附加数据作为 Request 实例的第二个数据成员传送到 urlopen( ) 方法。

（3）发送带有表头的表单数据

表头（header）是服务器以 HTTP 传送 HTML 数据到浏览器前送出的字串，包括：

1）User- Agent：可携带浏览器名及版本号、操作系统名及版本号、默认语言等信息。

2）Referer：可用来防止盗链，有一些网站图片显示来源 http：// ***. com，就是用于 Referer 检查鉴定的。

3）Connection：表示连接状态，记录 Session 的状态。

代码 6-14　用 POST 方法提交 header 和表单数据的代码片段。

```
    >>> from urllib import request,parse
    >>> url = 'http://localhost/login.php'
    >>> user_agent = 'Mozilla/4.0  (compatible; MSIE 5.5; Windows NT)'
    >>> values = {'act' : 'login','login[email]' : 'abcdefg@ xyz. com','login
[password]' : 'abcd123'}
    >>> headers = { 'User -Agent' : user_agent }
    >>> data = urllib. parse. urlencode(values)
    >>> rqst = urllib. request. Request(url, data, headers)
    >>> resp = urllib. request. urlopen(rqst)
    >>> the_page = resp. read()
    >>> print(the_page. decode("utf8"))
```

5. urllib. error 模块与异常处理

urllib. error 主要处理由 urllib. request 抛出的两类异常：URLError 和 HTTPError。

（1）URLError 异常

通常引起 URLError 的原因是无网络连接（没有找到目标服务器的路由）或访问的目标服务器不存在。此时，异常对象会 reason 一个二元元组属性：（错误码，错误原因）。

代码 6-15　捕获 URLError 的代码片段。

```
    >>> from urllib import request,error
    >>> url = 'http://www. baidu. com'
    >>> try:
        reps = request. urlopen(url)
    except error. URLError as e:
        print(e. reason)
```

（2）HTTPError

HTTPError 异常是 URLError 的一个子类，只有在访问 HTTP 类型的 URL 时，才会引起。

如前所述，每一个从服务器返回的 HTTP 响应都带有一个三位数字组成的状态码。其中，100~299 表示成功，300~399 是 urllib. error 模块默认的处理程序可以处理的重定向状态。所以，能够引起 HTTPError 异常的状态码范围是 400~599。当引起错误时，服务器会返回 HTTP 错误码和错误页面。

HTTPError 异常的实例对象包含一个整数类型的 code 属性成员，用以表示服务器返回的错误状态码；此外还包含有 read、geturl、info 等方法。

代码 6-16 捕获 HTTPError 的代码片段。

```
>>> from urllib import request,error
>>> url = 'http://news.jiangnan.edu.cn/info/1081/49056.htm'
>>> try:
    reps = request.urlopen(url)
except error.HTTPError as e:
    print(e.code)
    print(e.read())
```

6. webbrowser 模块

webbrowser 模块提供了展示基于 Web 文档的高层接口，供在 Python 环境下进行 URL 访问管理。webbrowser 模块的常用方法见表 6.5。

表 6.5 webbrowser 模块的常用方法

方　　法	说　　明
webbrowser. open(url, new = 0, autoraise = True)	在系统的默认浏览器中访问 URL 地址
webbrowser. open_new(url)	相当于 open(url, 1)
webbrowser. open_new_tab(url)	相当于 open(url, 2)
webbrowser. get( )	获取到系统浏览器的操作对象
webbrowser. register( )	注册浏览器类型

参数说明：

1）在 open 方法中，new 用于说明是否在新的浏览器窗口中打开指定的 URL：

new = 0，URL 会在同一个浏览器窗口中打开。

new = 1，新的浏览器窗口会被打开。

new = 2，新的浏览器 TAB 会被打开。

2）autoraise 参数用于说明是否自动加注，取逻辑值。

代码 6-17 打开百度浏览器。

```
>>> import webbrowser
>>> webbrowser.open('www.baidu.com')
```

6.2.3　Python 网络爬虫与 scrapy 框架

1. 网络爬虫概述

（1）网络爬虫及其分类

网络爬虫（spiders）是搜索引擎的重要组成部分，是一种用于自动获取网页数据的程序。搜索引擎优化很大程度上就是针对爬虫而做出的优化。一般分为传统爬虫和聚焦爬虫。

链 6-7　网络爬虫
五个小实例

1）传统爬虫从一个或若干初始网页的 URL 开始，获得初始网页上的 URL，在抓取网页的过程中，不断从当前页面上抽取新的 URL 放入队列，直到满足系统一定的停止条件。通俗地讲，也就是通过源码解析来获得想要的内容。

2）聚焦爬虫的工作流程较为复杂，需要根据一定的网页分析算法过滤与主题无关的链接，保留有用的链接并将其放入等待抓取的 URL 队列。然后，它将根据一定的搜索策略从队列中选择下一步要抓取的网页 URL，并重复上述过程，直到达到系统的某一条件时停止。另外，所有被爬虫抓取的网页将会被系统存储，进行一定的分析、过滤，并建立索引，以便之后的查询和检索；对于聚焦爬虫来说，这一过程所得到的分析结果还可能对以后的抓取过程给出反馈和指导。

（2）爬虫框架

一般说来，需要有网页下载器、网页解析器、URL 管理器、调度器、应用程序（爬取的有价值数据）来构成爬虫活动框架。

1）网页下载器（downloader）。下载器通过传入一个 URL 地址来获取网页中的数据，并将网页数据转换成字符串传送给网页解析器。Python 官方基础模块中的网页下载器有 urllib2。

2）网页解析器（web parser）。网页解析器将一个网页字符串进行解析，可以按照用户要求提取出其中有用的信息。目前，常用的网页解析器有：

① 正则表达式：使用第三方库 re。特点是直观，可将网页转成字符串，通过模糊匹配的方式来提取有价值的信息。当文档比较复杂的时候，使用该方法提取数据就会非常的困难。

② html. parser：Python 自带。

③ beautifulsoup：第三方插件，可以使用 Python 自带的 html. parser 进行解析，也可以使用 lxml 进行解析，相对于其他几种来说要强大一些。

④ lxml：第三方插件，可以解析 xml 和 HTML。

3）URL 管理器。URL 管理器通过内存、数据库或缓存数据库实现对待爬取的 URL 地址和已爬取的 URL 地址的存储与管理，防止重复抓取 URL 和循环抓取 URL。

4）调度器（Scheduler）。调度器主要负责调度 URL 管理器、下载器、解析器之间的协调工作。它有一个引擎（scrapy engine）用来处理整个系统的数据流，触发事务。

5）应用程序。应用程序从网页中提取的有用数据组成的一个应用。

（3）网络爬虫工作流程

一个粗略的网络爬虫工作流程如图 6.14 所示。

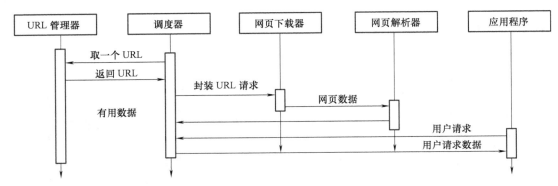

图 6.14　爬虫工作流程

1）调度器从 URL 管理器的欲爬取 URL 队列中取出一个 URL。

2）调度器的引擎把 URL 封装成一个请求包（Request）传给网页下载器。

3）网页下载器把资源下载下来，并封装成应答包（Response）送网页解析器解析。

4）解析出的有用数据送 URL 管理器。

5）用户请求，URL 管理器按用户请求发送有用数据给用户。

2. Scrapy 框架概述

Scrapy 是一个纯 Python 网络爬虫框架，是一个为了爬取网站数据，提取结构性数据而编写的应用框架。它用途广泛，可用于数据挖掘、信息处理或存储历史数据、监测和自动化测试等一系列程序中。

（1）Scrapy 组成

图 6.15 所示为 Scrapy 机体的组成结构。

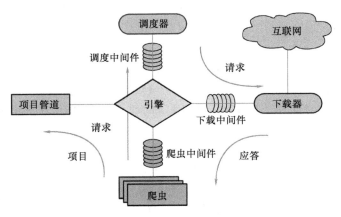

图 6.15　Scrapy 机体组成结构

1）调度器（Scheduler）：接受引擎发过来的 URL 请求，形成欲抓取网页网址或链接的优先队列，以及抓取到的 URL 队列，以便引擎再次请求的时候返回，并避免抓取重复的网址。

2）下载器（Downloader）：用于下载网页内容，并将网页内容返回给爬虫。

3）爬虫（Spiders）：用于从特定的网页中抽取需要的项目（Item）——数据和 URL，并交给引擎。

4）项目管道（Item Pipeline）：主要用于处理并存储引擎传来的项目数据、验证项目数据的有效性、清除不需要的数据。

5）引擎（Scrapy Engine）：在不同模块之间传递数据与信号，触发事务。

6）中间件（Middlewares）：起中间处理及连接作用。分为下载中间件（Downloader Middlewares）、爬虫中间件（Spider Middlewares）和调度中间件（Scheduler Middlewares），分别用于处理下载器、爬虫和调度器与 Scrapy 引擎之间的请求及响应。

（2）Scrapy 的工作流程

1）爬虫将 URL 请求经引擎交调度器排序，压入队列。

2）调度器将请求 URL 封装成一个请求（Request）包，经引擎、下载中间件（还可能有 User_Agent，Prox）传给下载器。

3）下载器向 Internet 发送请求包，获取并下载资源，再封装成应答包（Response），经引擎交爬虫。

4）爬虫解析 Response。若解析出的是实体（Item），则交给项目管道保存；若解析出的是链接（URL），则交给调度器进入下一个过程等待。

3. 编程

（1）创建项目

```
scrapy startproject 项目名
```

（2）创建爬虫

```
scrapy genspider spider 名称 网站域名
```

创建后会生成一个包含文件名的 spider 类，其中有三个属性和一个方法。

三个属性：

- name：每个项目唯一的名字。
- allow_domains：允许爬取的域名。
- start_urls：在启动时爬取的 URL 列表。

一个方法：利用 parse() 函数，这个方法是负责解析返回的响应、提取数据或进一步生成要处理的请求。默认情况下，被调用 start_urls 里面的链接构成的请求完成下载执行后，返回的响应就会作为唯一的参数传递给这个函数。

（3）创建与使用 Item

1）Item 是保存爬虫的容器，其用法与字典类似。Item 继承 scrapy. Item 类，且定义类型是 scrapy. Field 字段，获取到的内容有 text、author、tags 等。

代码6-18　Item 定义格式示例。

```
import scrapy
class spider 名 Item(scrapy. Item):
    text = scrapy. Field()
    author = scrapy. Field()
    tags = scrapy. Field()
```

2）解析 response。在 scrapy. Item 类中可以直接对 response 变量包含的内容进行解析

- divclass 名 . css('. text')：获取有此标签的节点。

- divclass 名.css('. text::text')：获取正文内容。
- divclass 名.css('. text'). extract( )：获取整个列表。
- divclass 名.css('. text::text'). extract( )：获取整个列表的内容。
- divclass 名.css('. text::text'). extract_first( )：获取第一个。

3）对新创建的 spider 进行改写。

代码6-19　改写新创建 spider 的代码。

```
import scrapy
from 项目名.item import spider 名 Item
class spider 名 Spider(scrapy.Spider):
    name = '爬虫名'
    allow_domains = ["quotes. toscrape. com"]
    start_urls = ["http://quotes. toscrape. com"]

    def parse(self,response):
        r = response. css('. quote')
        for i in r:
            item = spider 名 Item()
            item['text'] = i. css['. text::text']. extract_first()
            item['author'] = i. css['. author::text']. extract_first()
            item['tags'] = i. css('. tags . tag::text'). extract_first()
            yield item
```

代码6-20　后续的页面抓取代码。

```
class spider 名 Spider(scrapy. Spider):
    name = '爬虫名'
    allow_domains = ["quotes. toscrape. com"]
    start_urls = ["http://quotes. toscrape. com"]

    def parse(self,response):
        r = response. css('. quote')
        for i in r:
            item = spider 名 Item()
            item['text'] = i. css['. text::text']. extract_first()
            item['author'] = i. css['. author::text']. extract_first()
            item['tags'] = i. css('. tags . tag::text'). extract_first()
            yield item

        next_page = response. css ('. pager . next a::attr ("href")'). extract_
first()
        url = response. urljoin (next_page)
        yield scrapy. Request (url = url,callback = self. parse)
                                         #url 是请求链接,callback 是回调函数
```

　　说明：当指定了回调函数的请求完成之后，获取到响应，引擎将把这个响应作为参数传递给回调函数，回调函数将进行解析或生成下一个请求。

（4）创建与使用 spider

1）创建 spider，代码如下：

```
scrapy crawl spider 名
```

2）保存到 JSON 文件。

代码6-21　保存到 JSON 文件的代码。

```
#保存到 JSON 文件
scrapy crawl spider 名 -o spider 名.json      #输入
# 输出
scrapy crawl spider 名 -o spider 名.jl
scrapy crawl spider 名 -o spider 名.jsonlines
scrapy crawl spider 名 -o spider 名.csv
scrapy crawl spider 名 -o spider 名.pickle
scrapy crawl spider 名 -o spider 名.xml
scrapy crawl spider 名 -o spider 名.marshal
scrapy crawl spider 名 -o ftp://username:password@.../spider 名.xml
```

（5）使用 Item Pipeline

　　如果想存入到数据库或筛选有用的 Item，此时需要用到用户自己定义的 Item Pipeline。一般使用 Item Pipeline 进行如下操作：

1）清理 HTML 数据。

2）验证爬取数据，检查爬取字段。

3）查重并丢弃重复内容。

4）将爬取结果保存到数据库。

代码6-22　在 pipelines.py 文件中编写的代码。

```
import pymongo
from scrapy.exceptions import DropItem
class TextPipeline(obj):
    def __init__(self):
        self.limit =50

    def process_item(self,item,spider):
        if item['text']:
            if len(item['text']) > self.limit:
                item['text'] = item['text'][0:self.limit].rstrip() +'...'
            return item
        else:
            return DropItem('Missing Text')

class MongoPipeline(obj):
```

```
        def __init__(self,mongo_uri,mongo_db):
            self.mongo_uri = mongo_uri
            self.mongo_db = mongo_db

        @classmethod
        def from_crawler(cls,crawl):
            return cls(
                mongo_uri = crawler.settings.get('MONGO_URI'),
                mongo_db = crawler.settings.get('MONGO_DB')
            )

        def open_spider(self,spider):
            self.client = pymongo.MongoClient(self.mongo_uri)
            self.db = self.client[self.mongo_db]

        def process_item(self,item,spider):
            name = item.__class__.__name__
            self.db[name].insert(dict(item))
            return item

        def close_spider(self,spider):
            self.client.close()
```

代码6-23 在 settings.py 中编写的代码。

```
ITEM_PIPELINES = {
    '项目名.pipelines.TextPipeline':300,
    '项目名.pipelines.MongoPipeline':400,
}
MONGO_URI = 'localhost'
MONGO_DB = '项目名'
```

4. 经典案例赏析

链6-8 使用 scrapy 爬虫框架　　　　链6-9 腾讯课堂：Python3
爬取慕课网全部课程信息　　　　爬虫三大案例实战分享

习题6.2

1. 选择题

（1）下列关于 TCP 与 UDP 的说法中，正确的是_____。

A. TCP 与 UDP 都是面向连接的传输　　　B. TCP 与 UDP 都不是面向连接的传输

C. TCP 是面向连接的传输，UDP 不是　　D. UDP 是面向连接的传输，TCP 不是

（2）下列关于 C/S 模式的说法中，错误的是_____。

A. 客户端先工作，等待服务器端发起连接请求

B. 服务器端先工作，等待客户端发起连接请求

C. 服务器端是资源提供端，客户端是资源消费端

D. 一个通信过程服务器端是被动端，客户端是主动端

（3）下列关于 Socket 的说法中，最正确的是_____。

A. Socket 是建立在运输层与应用层之间的套接层，它封装了运输层和网际层的细节

B. Socket ＝ IP 地址 ＋ 端口号

C. Socket 就是端口号

D. Socket 就是 IP 地址

（4）下列关于超文本的说法中，正确的是_____。

A. 超文本就是文本与非文本的组合　　B. 超文本就是多媒体文本

C. 超文本就是具有相互链接信息的文字　D. 以上说法都不对

（5）下列关于 B/S 的说法中，正确的是_____。

A. B/S ＝ Basic/System　　　　　　B. B/S ＝ Byte/Section

C. B/S ＝ Break/Secrecy　　　　　　D. B/S ＝ Browser/Server

（6）下列关于 HTTP 与 HTTPS 的说法中，不正确的是_____。

A. HTTP 连接简单，HTTPS 安全

B. HTTP 传送明文，HTTPS 传送密文

C. HTTP 有状态，HTTPS 无状态

D. HTTP 的端口号为 80，HTTPS 的端口号为 443

（7）下列关于 HTTP 状态码的说法中，正确的是_____。

A. HTTP 状态码是 3 位数字码　　　　B. HTTP 状态码是 4 位数字码

C. HTTP 状态码是 3 位字符码　　　　D. HTTP 状态码是 4 位字符码

（8）下列关于 GET 方法和 POST 方法的说法中，不正确的是_____。

A. GET 方法是将数据作为 URL 的一部分提交，POST 方法是将数据与 URL 分开独立提交

B. GET 方法是一种数据安全提交，POST 方法是一种不太安全的数据提交

C. GET 方法对提交的数据长度有限制，POST 方法没有

D. GET 方法适合敏感数据提交，POST 方法适合非敏感数据提交

2. 实践题

（1）编写一个同学之间相互聊天的程序。

（2）编写代码，读取本校网页上的一篇报道。

（3）编写代码，从 Python 登录自己的信箱。

3. 资料收集题

（1）收集支持 Python Web 开发的模块，写出每个模块的特点。

（2）收集支持 Python Web 开发的模块应用的关键代码段。

（3）收集支持 Python 网络开发的模块，对每个模块进行概要介绍。

6.3 Python 数据库操作

6.3.1 数据库与 SQL

1. 数据库技术的特点

数据库是以文件技术为基础，发展起来的一项数据大容器。它采取了三级模式、两级独立性和数据模型化技术，摒弃了文件系统的数据独立性差、数据共享性差、冗余大、一致性差等弊病，减少了数据管理和维护的工作量，是数据管理的重要技术。数据库出现后，先采用了网状模型和层次模型。

链 6-10　数据库技术特点

2. 关系数据库

现在应用极为广泛的是以数据关系模型为基础的关系数据库技术。关系模型是有着"关系数据库之父"之称的 IBM 公司研究员 Edgar Frank Codd（1923—2003）于 1970 年提出，它用二维表来表示与存储实体及其之间的联系，每一张二维表都称为一个关系，描述了一个实体集。表中每一行在关系中称为元组（记录），每一列在关系中称为属性（字段）。表中每张二维表都有一个名称，也即为该关系的关系名。表 6.6 为一个学生数据的关系模型。

表 6.6　学生数据的关系模型

学　号	姓　　名	性　别	出生日期	专　业	所在系
20123040158	张伞	女	2002-1-10	网络工程	信息工程系
20123030101	王武	男	1999-12-26	国际经济与贸易	经济管理系
20123010102	李斯	男	2001-6-18	德语	外国语系
20123020103	程柳	女	2000-10-2	媒体传播	文化传播系

3. 结构化查询语言 SQL

为了方便关系数据库的操作，1974 年由 Boyce 和 Chamberlin 提出的一种介于关系代数与关系演算之间的结构化查询语言（Structured Query Language，SQL）。这是一个通用的、功能极强的关系型数据库语言。它包含如下六个部分。

1）数据查询语言（Data Query Language，DQL）：用以从表中获得数据，确定数据怎样在应用程序中给出，使用最多的保留字是 SELECT，此外还有 WHERE、ORDER BY、GROUP BY 和 HAVING。

2）数据操作语言（Data Manipulation Language，DML）：也称为动作查询语言，其语句包括动词 INSERT、UPDATE 和 DELETE，分别用于添加、修改和删除表中的行。

3）事务处理语言（Transaction Process Language，TPL）：其语句包括 BEGIN TRANS-ACTION、COMMIT 和 ROLLBACK，用于确保被 DML 语句影响的表的所有行及时得以更新。

4）数据控制语言（Data Control Language，DCL）：用于确定单个用户和用户组对数据库对象的访问，或控制对表单个列的访问。

5）数据定义语言（Data Definition Language，DDL）：其语句包括动词 CREATE 和 DROP，用于在数据库中创建新表或删除表等。

6）指针控制语言（Cursor Control Language，CCL）：其语句包括 DECLARE CURSOR、FETCH INTO 和 UPDATE WHERE CURRENT，用于对一个或多个表单独行的操作。

1986 年 10 月，美国国家标准协会对 SQL 进行规范后，将其作为关系型数据库管理系统的标准语言（ANSI X3. 135-1986），1987 年在国际标准组织的支持下成为国际标准。

目前，SQL 已经成为最重要的关系数据库操作语言，并且其影响已经超出数据库领域，得到其他领域的重视和采用。例如，人工智能领域的数据检索，第四代软件开发工具中嵌入 SQL 的语言等。

需要说明的是，尽管 SQL 成为国际标准，但各种实际应用的数据库系统在其实践过程中都对 SQL 规范做了某些编改和扩充。所以，实际上不同数据库系统之间的 SQL 不能完全相互通用。据统计，目前已有超过 100 种的 SQL 数据库产品遍布于从微机到大型机的各类计算机中，其中包括 DB2、SQL/DS、Oracle、Ingres、Sybase、SQL Server、DBASE Ⅳ、Paradox、Microsoft Office Access 等。

6.3.2 应用程序通过 ODBC 操作数据库

1. 应用程序访问数据库

任何数据库都有自己的访问渠道。对于关系数据库来说，其访问渠道是 SQL，一般高级语言程序是不能直接访问数据库的。为了访问数据库，必须有一个桥梁——采用专门的模块。这种作为应用程序访问数据库的桥梁模块有两大类：

1）通用模块：开放式数据库连接（Open Database Connectivity，ODBC）模块。

2）专用模块：SQLite。

ODBC 是微软公司与 Sybase、Digital 于 1991 年 11 月共同提出的一组有关数据库连接的规范，目的在于使各种程序能以统一的方式处理所有的数据库访问，并于 1992 年 2 月推出了可用版本。ODBC 提供了一组对数据库访问的标准 API（应用程序编程接口），利用 ODBC API，应用程序可以传送 SQL 语句给数据库管理系统（Data Base Management System，DBMS）。

2. ODBC 组成

从用户的角度，ODBC 的核心部件是 ODBC API、ODBC 驱动程序（driver）和 ODBC 驱动程序管理器（driver manager）。ODBC 驱动程序是 ODBC 和数据库之间的接口。通过这种接口，可以把用户提交到 ODBC 的请求，转换为对数据源的操作，并接收数据源的操作结果。ODBC API 以一组函数的形式供应用程序调用。当应用程序调用一个 ODBC API 函数时，Driver Manager 就会把命令传递给适当的驱动程序。然后，驱动程序再将命令传递给特定的后端数据库服务器，并用可理解的语言或代码对数据源进行操作，最后将结果或结果集通过 ODBC 传递给客户端。

不同的数据库有不同的驱动程序，例如有 ODBC 驱动、SQL Sever 驱动、MySQL 驱动等。因此，想要 Python 应用程序连接一个数据库，首先要下载适合的数据库驱动程序。表 6.7 为常用数据库的 ODBC 驱动程序名。

表 6.7　常用数据库的 ODBC 驱动程序名

数　据　库	ODBC 驱动程序名
Oracle	oracle. jdbc. driver. OracleDriver
DB2	com. ibm. db2. jdbc. app. DB2Driver
SQL Server	com. microsoft. jdbc. sqlserver. SQLServerDriver
SQL Server2000	sun. jdbc. odbc. JdbcOdbcDriver
SQL Server2005	com. microsoft. sqlserver. jdbc. SQLServerDrive
Sybase	com. sybase. jdbc. SybDriver
Informix	com. informix. jdbc. IfxDriver
MySQL	org. gjt. mm. mysql. Driver
PostgreSQL	org. postgresql. Driver
SQLDB	org. hsqldb. jdbcDriver

3. ODBC 工作过程

Python 使用 ODBC 的基本工作过程如图 6.16 所示。

1）加载 ODBC 驱动程序。每个 ODBC 驱动都是一个独立的可执行程序，它一般被保存在外存中。加载就是将其调入内存，以便随时执行。

2）连接数据源。连接数据源即建立 ODBC 驱动与特定数据源（库）之间的连接。由于数据源必须授权访问，因此连接数据源需要数据源定位信息和访问者的身份信息。这些信息用字符串表示，称为连接字符串。

连接字符串的内容一般有：数据源类型、数据源名称、服务器 IP 地址、用户 ID、用户密码等，并且可以分为数据源名（Data Source Name，DSN）和 DSN- LESS（非DNS）两种方式。

DSN 方式就是采用数据源的连接字符串。在 Windows 系统中，这个数据源名可以在"控制面板"里面的"OD-BC Data Sources"中进行设置，如"Test"，则对应的连接字符串为："DSN = Test;UID = Admin;PWD = XXXX;"。

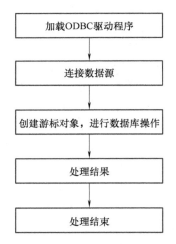

图 6- 16　Python 使用 ODBC 的
基本工作过程

DSN- LESS 是非数据源方式的连接方法，使用方法是："Driver = ｛Microsoft Access Driver（ * . mdb）｝; Dbq = \somepath \mydb. mdb;Uid = Admin;Pwd = XXXX;"

访问不同的数据源（驱动程序）需要提供的连接字符串有所不同。表 6.8 为常用数据源对应的连接字符串。

3）创建游标对象，进行数据库操作。在数据库中，游标（cursor）是一个十分重要的处理数据的方法。用 SQL 语言从数据库中检索数据后，结果放在内存的一块区域中，且结果往往是一个含有多个记录的集合。游标提供了在结果集中一次以单行或者多行前进或向后浏览数据的能力，使用户可以在 SQL Server 内逐行地访问这些记录，并按照用户自己的意愿来显示和处理这些记录。所以游标总是与一条 SQL 选择语句相关联。在 Python 中，游标一般由 connection 的 cursor() 方法创建，也称打开游标。在当前连接中对游标所指位置由 OD-BC 驱动传递 SQL，进行数据库的数据操作。

4）处理结果。把 ODBC 返回的结果数据，转换为 Python 程序可以使用的格式。

5）处理结束，依次关闭结果资源、语句资源和连接资源。

表 6.8　常用数据源对应的连接字符串

数据源类型	连接字符串
SQL Server(远程)	" Driver = {SQL Server}; Server = 130. 120. 110. 001; Address = 130. 120. 110. 001，1052; Network = dbmssocn; Database = pubs; Uid = sa; Pwd = asdasd;" 注: Address 参数必须为 IP 地址、端口号和数据源名
SQL Server(本地)	" Driver = {SQL Server}; Database = 数据库名; Server = 数据库服务器名(localhost); UID = 用户名(sa); PWD = 用户口令;" 注: 数据库服务器名(local)表示本地数据库
Oracle	" Driver = {microsoft odbc for oracle}; server = oraclesever. world; uid = admin; pwd = pass;"
Access	" Driver = {microsoft access driver(* . mdb)}; dbq = * . mdb; uid = admin; pwd = pass;"
SQLite	" Driver = {SQLite3 ODBC Driver}; Database = D:\SQLite\ * . db"
MySQL(Connector/Net)	" Server = myServerAddress; Database = myDataBase; Uid = myUsername; Pwd = myPassword;"

4. pyodbc

pyodbc 是 ODBC 的一个 Python 封装，它允许任何平台上的 Python 具有使用 ODBC API 的能力。这意味着，pyodbc 是 Python 语言与 ODBC 的一条桥梁。下面介绍 Python 应用程序使用 pyodbc 进行数据库操作的过程及其参考代码。

（1）加载 pyodbc

```
import pyodbc
```

（2）创建数据库连接对象（connection）

```
#创建数据库连接对象: Windows 系统,非 DSN 方式,使用微软? SQL Server 数据库驱动
cnxn = pyodbc. connect ('DRIVER = {SQL Server}; SERVER = localhost; PORT =
1433; DATABASE = testdb; UID = me; PWD = pass')
#创建数据库连接对象: Linux 系统,非 DSN 方式,使用 FreeTDS 驱动
cnxn = pyodbc. connect ('DRIVER = {FreeTDS}; SERVER = localhost; PORT = 1433;
DATABASE = testdb; UID = me; PWD = pass; TDS_Version = 7.0')

#创建数据库连接对象:使用 DSN 方式
cnxn = pyodbc. connect ('DSN = test; PWD =password')
```

（3）用 connection 的方法创建一个游标对象（cursor）

```
cursor = cnxn. cursor ()
```

（4）用 cursor 的有关方法进行数据库的访问

1）使用 cursor. execute() 方法。

链6-11　游标对象常用方法

```
cursor. fetchone                              #用于返回一个单行(row)对象
cursor. execute("select user_id, user_name from users")
row = cursor. fetchone()
if row:
    print(row)
```

2）使用 cursor. fetchone( ) 方法生成类似元组（tuples）的 row 对象。

```
cursor. execute("select user_id, user_name from users")
row = cursor. fetchone()
print('name:',row[1])                         #使用列索引号来访问数据
print('name:',row. user_name)                 #或者直接使用列名来访问数据
```

3）若所有行都已被检索，则用 fetchone( ) 返回 None。

```
while 1:
    row = cursor. fetchone()
    if not row:
         break
    print('id:', row. user_id)
```

4）使用 cursor. fetchall( ) 方法一次性将所有数据查询到本地，然后再遍历。

```
cursor. execute("select user_id, user_name from users")
rows = cursor. fetchall()
for row in rows:
    print(row. user_id, row. user_name)
#由于 cursor. execute()总是返回游标(cursor)，所以也可以简写成
for row in cursor. execute("select user_id, user_name from users"):
    print(row. user_id, row. user_name)
```

5）插入数据：使用相同的函数——传入 Insert SQL 和相关占位参数执行插入数据。

```
cursor. execute("insert into products (id, name) values ('pyodbc', 'awesome li-
brary')")
cnxn. commit()
cursor. execute("insert into products (id, name) values (?, ?)", 'pyodbc', '
awesome library')
cnxn. commit()
```

6.3.3 用 SQLite 引擎操作数据库

1. SQLite 及其特点

SQLite 是一种开源的、嵌入式轻量级数据库引擎，它的主要特点如下：

1）支持各种主流操作系统，包括 Windows、Linux、UNIX 等，能与多种程序设计语言（包括 Python）紧密结合。

2）SQLite 称为轻量级数据库引擎。其特点是在编程语言内直接调用 API 实现，不需要

安装和配置服务器，具有内存消耗少、延迟时间短、整体结构简单的特点。

3）SQLite 不进行数据类型检查。如表 6.9 所示，SQLite 与 Python 具有直接对应的数据类型，还可以使用适配器将更多的 Python 类型对象存储到 SQLite 数据库，甚至可以使用转换器将 SQLite 数据转换为 Python 中合适的数据类型对象。

表6.9 SQLite 与 Python 直接对应的数据类型

SQLite 数据类型	NULL	INTEGER	REAL	TEXT	BLOB
与 Python 直接对应的数据类型	None	int	float	str	bytes

注意：由于定义为 INTEGER PRIMARY KEY 的字段只能存储 64 位整数，当向这种字段保存除整数以外的数据时，将会产生错误。

4）SQLite 实现了多数 SQL-92 标准，包括事务、触发器和多种复杂查询。

2. Python 程序连接与操作 SQLite 数据库的步骤

Python 的数据库模块一般都有统一的接口标准，所以数据库操作都有统一的模式，基本上包括如下步骤。

（1）导入 sqlite3 模块

Python 自带的标准模块 sqlite3 包含了以下常量、函数和对象：

```
sqlite3.version              #常量,版本号
sqlite3.connect(database)    #函数,连接数据库,返回 connect 对象
sqlite3.connect             #对象,连接数据库对象
sqlite3.cusor               #对象,游标对象
sqlite3.row                 #对象,行对象
```

因此，要使用 SQLite，必须先用如下命令导入 sqlite3：

```
import sqlite3              #导入模块
```

SQLite 的官方网址为：http://www.sqlite.org。

（2）实例化 connection 对象，并操作数据库

sqlite3 的 connect（）用连接字符串（核心内容是数据库文件名）作参数，来实例化（创建）一个 connection 对象。这意味着，当数据库文件不存在的时候，就只会自动创建这个数据库文件名；如果已经存在这个数据库文件，则打开这个文件。语法如下：

```
conn = sqlite3.connect(连接字符串)
```

应用示例如下：

```
conn = sqlite3.connect("d:\\test.db")
```

这个数据库创建在外存。有时，也需要在内存创建一个临时数据库，语法如下：

```
conn = sqlite3.connect(':memory:')
```

数据库连接对象一经创建，数据库文件即被打开，就可以使用这个对象调用有关方法实现相应的操作，主要方法如表 6.10 所示。

表 6.10 connection 对象的主要方法（由 sqlite. conn. 调用）

方 法 名	说 明
execute(SQL 语句[,参数])	执行一条 SQL 语句
executemany(SQL 语句[,参数序列])	对每个参数，执行一次 SQL 语句
executescript(SQL 脚本)	执行 SQL 脚本
commit( )	事务提交
rollback( )	撤销当前事务，事务回滚到上次调用 connect( )处的状态
cursor( )	实例化一个游标对象
close( )	关闭一个数据库连接

代码 6-24 SQLite 数据库创建与 SQL 语句传送。

```
>>> import sqlite3                                          #导入 sqlite3
>>> conn = sqlite3. connect(r"D:\code0516.db")              #创建数据库
>>> conn. execute("create table region(id primary key, name, age)")
<sqlite3. Cursor object at 0x0000020635E82B90>
>>> regions = [('2017001', '张三', 20), ('2017002', '李四', 19), ('2017003', '
王五', 21)]                                                 #定义一个数据区块
>>> conn. execute("insert into region(id, name, age)values('2017004', '陈六
', 22)")                                                    #插入一行数据
<sqlite3. Cursor object at 0x0000020635E82C00>
>>> conn. execute("insert into region(id, name, age)values(?, ?, ?)",
('2017005', '郭七', 23))                                    #以? 作为占位符的插入
<sqlite3. Cursor object at 0x0000020635E82B90>
>>> conn. executemany("insert into region(id, name, age)values(?, ?, ?)",
regions)                                                    #插入多行数据
<sqlite3. Cursor object at 0x0000020635E82C00>
>>> conn. execute("update region set name = ? where id = ?", ('赵七',
'2017005'))                                                 #修改用 id 指定的一行数据
<sqlite3. Cursor object at 0x0000020635E82B90>
>>> n = conn. execute("delete from region where id = ?", ('2017004', ))
                                                            #删除用 id 指定的一行数据
>>> print('删除了', n. rowcount, '行记录')
删除了 1 行记录
>>> conn. commit()                                          #提交
>>> conn. close()                                           #关闭数据库
```

（3）创建 cursor 对象并执行 SQL 语句

SQLite 游标对象，由 cconnection 对象使用它的 cursor( ) 方法创建。创建示例如下：

```
cu = conn. cursor()
```

游标对象创建后，就可以由这个游标对象调用其有关方法进行数据库的读写等操作了，表 6.11 列出了游标对象的主要方法。

表 6.11　游标对象的主要方法（由 sqlite.cu. 调用）

方 法 名	说 明
execute(SQL 语句[,参数])	执行一条 SQL 语句
executemany(SQL 语句[,参数序列])	对每个参数，执行一次 SQL 语句 ·
executescript(SQL 脚本)	执行 SQL 脚本
close( )	关闭游标
fetchone( )	从结果集中取一条记录，返回一个行（Row）对象
fetchmany( )	从结果集中取多条记录，返回一个行（Row）对象列表
fetchall( )	从结果集中取出剩余行记录，返回一个行（Row）对象列表
scroll( )	游标滚动

说明：从表 6.10 和表 6.11 可以发现，两张表中都定义有 execute( )、executemany( ) 和 executescript( )。也就是说，向 DBMS 传递 SQL 语句的操作，可以由 connection 对象承担，也可以由 cusor 对象承担。这时，两个对象的调用等效。因为实际上，使用 connection 对象调用这三个方法执行 SQL 语句时，系统会创建一个临时的 cursor 对象。

cursor 对象的主要职责是从结果集中取出记录，有三个方法：fetchone( )、fetchmany( ) 和 fetchall( )，可以返回 Row 对象或 Row 对象列表。

代码 6-25　SQLite 数据库查询。

```
>>> import sqlite3
>>> conn = sqlite3. connect(r"D:\code0516.db")
>>> cur = conn.execute("select id,name from region")    #创建一个游标对象
>>> for row in cur:                                      #迭代式查询指定列
    print(row)


('2017005', '赵七')
('2017001', '张三')
('2017002', '李四')
('2017003', '王五')
>>> cur.close()                                          #关闭游标对象
>>> conn.close()                                         #关闭数据库
```

习题 6.3

1. 填空题

（1）数据库系统主要由计算机系统、数据库、_____、数据库应用系统及相关人员组成。

（2）根据数据结构的不同进行划分，常用的数据模型主要有_____、_____、_____。

（3）数据库的_____形成了其两级独立性：_____之间的相互独立以及_____之间的相互独立。

（4）DBMS 中必须保证事物的 ACID 属性为_____、_____和

_____。

2. 简答题

（1）什么是 DBMS？

（2）常用的数据模型有哪几种？

（3）什么是关系模型中的元组？

（4）数据库的三级模式结构分别是哪三级？

（5）DBMS 包含哪些功能？

（6）收集关于 Python 连接数据库的形式。

（7）收集 SQL 常用语句。

3. 代码设计题

（1）设计一个 SQLite 数据库，包含学生信息表、课程信息表和成绩信息表。请写出各个表的数据结构的 SQL 语句，以 "CREATE TABLE" 开头。

（2）设计一个用 SQLite 存储通讯录的程序。

附录　二维码链接目录

参 考 文 献

［1］ CHUN W J. Python 核心编程 ［M］. 宋吉广，译. 2 版. 北京：人民邮电出版社，2008.

［2］ 周伟，宗杰，等. Python 开发技术详解 ［M］. 北京：机械工业出版社，2009.

［3］ SNEERINGER L. Python 高级编程 ［M］. 宋沄剑，刘磊，译. 北京：清华大学出版社，2016.

［4］ 张基温. Python 大学教程 ［M］. 北京：清华大学出版社，2018.

［5］ 张基温. 新概念 Python 程序设计 ［M］. 北京：机械工业出版社，2019.